圧縮性流体力学・衝撃波

工学博士 佐宗 章弘 著

コロナ社

まえがき

　圧縮性流体力学は，圧力波と流れの相互作用を捉える学問といってもよい。シンプルに美しく体系化されており，衝撃波はその象徴である。原理の基本は検査体積に適用される保存関係であり，それほど高度な数学を使わなくても，多くの問題に取り組める。流路の拡大縮小，熱の出入り，力の作用によって，流れがどのように変化するかも，重要な点である。

　原理はシンプルであるが，その適用範囲は奥深く，本書は当初の予定をはるかに上回る紙数に達してしまった。できれば短期間で一冊を通して読破いただきたいが，原理の理解を重視するなら，詳細に過ぎると感じた部分は読み飛ばしていただいても構わない。また，実際の問題に取り組むために，まず必要箇所から利用することもできるはずである。

　本書を出版することができたのも，私を研究者の道に導いてくださった荒川義博東京大学名誉教授，圧縮性流体力学・衝撃波の分野に導いてくださった藤原俊隆名古屋大学名誉教授，高山和喜東北大学名誉教授のご指導の賜物である。心から，感謝の意を表する。本書の執筆にあたり，数年来本書の原型である学部授業「圧縮性流体力学」の教材準備に協力くださった松田晶子さん，式変形を含めた内容の確認，画像・データ・情報の提供などを通して協力いただいた名古屋大学大学院工学研究科航空宇宙工学専攻 衝撃波・宇宙推進研究グループをはじめとする関係諸氏，そして約束の期限を十年以上超過してしまったにもかかわらず，心暖かく執筆の機会を与えてくださった，コロナ社の方々に厚くお礼申し上げる。

　最後に，ここまで自分を支えてくれた両親，妻 美智代と娘 麻子，智子に本書を捧げることとしたい。

　2017年1月

佐宗 章弘

本書の執筆に協力いただいた方々

【画像・データ・情報提供ならびに執筆補助】

伊東 亜沙子（イラストレーター）　　　岩川　輝（名古屋大学）
大林　茂（東北大学）　　　　　　　　小川 俊広（東北大学）
笠原 次郎（名古屋大学）　　　　　　　酒井 武治（鳥取大学）
西成 活裕（東京大学）　　　　　　　　姜　宗林（中国科学院力学研究所）
Joanna Austin（カリフォルニア工科大学）　Adam P. Bruckner（ワシントン大学）
Luke J. Doherty（オクスフォード大学）　David Gildfind（クイーンズランド大学）
Carl Knowlen（ワシントン大学）　　　　David J. Mee（クイーンズランド大学）
Evgeny E. Meshkov（サロフ物理・技術研究所）　Richard Morgan（クイーンズランド大学）
Joseph E. Shepherd（カリフォルニア工科大学）
三菱重工業株式会社　　　　　　　　　宇宙航空研究開発機構

（ご所属は，2016年11月現在）

【原稿レビュー（名古屋大学大学院生）】

青木 勇磨　　今泉 貴博　　家弓 昌也　　川崎 広勝　　後藤 啓介
丹波 高裕　　古川 大貴　　堀内 拓未　　摩嶋 亮祐　　吉水 大介

（敬称略）

目　　次

1. 圧力波の伝播

1.1 音の伝播 ……………………………………………………………………… 1
1.2 飛行体が出す音波 …………………………………………………………… 3
1.3 一次元粒子列の運動と波の伝播 …………………………………………… 4
   1.3.1 ピストン-小球の衝突 ………………………………………………… 4
   1.3.2 小球-小球衝突 ………………………………………………………… 4
   1.3.3 ピストンと小球の動き ………………………………………………… 5
   1.3.4 特性速度 ………………………………………………………………… 5
   1.3.5 平均粒子速度 …………………………………………………………… 5
   1.3.6 運動エネルギー ………………………………………………………… 5
   1.3.7 圧縮比 …………………………………………………………………… 7
   1.3.8 ピストンにかかる力 …………………………………………………… 7
1.4 固体衝突における圧力波の伝播 …………………………………………… 8

2. 気体粒子の運動と熱力学

2.1 熱力学の基礎 ………………………………………………………………… 10
2.2 熱速度と流速 ………………………………………………………………… 13
2.3 圧力 …………………………………………………………………………… 14
2.4 エネルギーと温度 …………………………………………………………… 17
2.5 理想気体と状態方程式 ……………………………………………………… 20
2.6 エントロピー ………………………………………………………………… 24
2.7 エンタルピー，全温，全圧 ………………………………………………… 25
2.8 多成分混合気体 ……………………………………………………………… 29

3. 流れの基礎式

3.1 流れの保存式 ………………………………………………………………… 32
   3.1.1 質量保存式 ……………………………………………………………… 32
   3.1.2 運動量保存式 …………………………………………………………… 33

3.1.3 エネルギー保存式 ··· 35
3.1.4 そのほかの関係式 ··· 37
3.1.5 非粘性流れの相似性 ··· 38
3.2 ガリレイ変換 ··· 38
3.2.1 慣性座標系 ··· 38
3.2.2 ガリレイ変換 ··· 39
3.2.3 流体の保存方程式のガリレイ変換 ·· 41

4. 不連続面

4.1 不連続面の条件と種類 ·· 44
4.1.1 ランキン・ユゴニオ関係式 ··· 44
4.1.2 不連続面の分類 ··· 45
4.2 垂直衝撃波 ··· 47
4.2.1 一般的な性質 ··· 47
4.2.2 熱量的完全気体に対する関係式 ··· 51
4.2.3 グランシングインシデンス ··· 59
4.2.4 衝撃波面の安定性 ··· 60
4.2.5 境界層を伴う衝撃波伝播 ··· 60
4.3 斜め衝撃波 ··· 61
4.3.1 斜め衝撃波の関係式 ·· 61
4.3.2 マッハ波 ·· 62
4.3.3 二つの解と背後のマッハ数 ··· 63
4.3.4 付着衝撃波と離脱衝撃波 ··· 65
4.4 界面と不安定性 ·· 68
4.4.1 レイリー・テイラー不安定性 ·· 68
4.4.2 リヒトマイアー・メシュコフ不安定性 ·································· 69
4.4.3 ケルビン・ヘルムホルツ不安定性 ··· 72

5. 準一次元流れ

5.1 検査体積と基礎式 ·· 73
5.1.1 検査体積 ·· 73
5.1.2 質量保存 ·· 74
5.1.3 運動量保存 ·· 74
5.1.4 エネルギー保存 ··· 75
5.1.5 状態方程式 ·· 76
5.1.6 音速の関係式 ··· 76
5.1.7 マッハ数 M の定義 ··· 76

5.1.8　微分関係式の導出 ·· 76
5.2　流 れ の 性 質 ·· 78
　5.2.1　影 響 係 数 ·· 78
　5.2.2　流路断面積変化の効果 ·· 78
　5.2.3　加熱/冷却の効果 ·· 79
　5.2.4　摩擦力の効果 ·· 80
　5.2.5　外 力 の 効 果 ·· 80
　5.2.6　閉 塞 条 件 ·· 81
5.3　摩擦のある管内流れ ·· 81

6. 生成項を伴う系

6.1　一般化されたランキン・ユゴニオ関係式 ·· 84
6.2　デトネーション/デフラグレーション ·· 88
　6.2.1　解の存在範囲 ·· 88
　6.2.2　デトネーション ·· 89
　6.2.3　デフラグレーション ·· 91
　6.2.4　エントロピーの変化 ·· 92
　6.2.5　エネルギーの変化 ·· 93
　6.2.6　ZND モデル ·· 94
　6.2.7　デトネーションのセル構造 ·· 95
6.3　ラ ム 加 速 器 ·· 97
　6.3.1　作動原理と特徴 ·· 97
　6.3.2　推 力 の 導 出 ·· 99
　6.3.3　熱閉塞点の性質 ·· 101
　6.3.4　ラム加速器の実験 ·· 102
6.4　ジェット推力の一般化 ·· 104
6.5　空気吸込みエンジン ·· 105

7. 二 次 元 流 れ

7.1　圧縮波・膨張波とプラントル・マイヤー関数 ·· 108
7.2　プラントル・マイヤー膨張 ·· 115
7.3　超音速流れに置かれた円錐周りの流れ ·· 116
7.4　衝 撃 波 の 反 射 ·· 120
　7.4.1　定常流れにおける反射形態 ·· 120
　7.4.2　衝 撃 波 極 線 ·· 121
　7.4.3　二衝撃波理論 ·· 122

7.4.4 三衝撃波理論	123
7.4.5 反射形態の遷移基準	124
7.4.6 擬似定常流れにおける衝撃波の反射	125
7.5 衝撃波・境界層干渉	126
7.6 演習：三角翼周りの超音速流れ	127

8. 非定常一次元流れ

8.1 音　　　波	132
8.2 特性速度と不変量	133
8.3 圧　縮　波	138
8.4 膨　張　波	141
8.5 垂直衝撃波前後の圧力波伝播	145
8.6 断面積が変化する流路を伝わる衝撃波	146
8.7 爆　　　風	149

9. リーマン問題

9.1 問題の定義と解	151
9.2 衝　撃　波　管	158
9.3 垂直衝撃波の反射	162
9.4 イクスパンションファンの反射	165
9.5 垂直衝撃波どうしの干渉	168
9.5.1 Head-on 衝突	168
9.5.2 先行する衝撃波に別の衝撃波が追いつく場合	170
9.6 衝撃波と接触面の干渉	171

10. 特性曲線法

10.1 超音速ノズルの設計	178
10.1.1 特性線と流れの変化の扱い	178
10.1.2 ラバールノズルの設計手順	183
10.2 衝撃波管作動の波動線図	184

11. 圧縮性流れの発生と利用

11.1 ノズルとオリフィス	187

    11.1.1　断面積と等エントロピー流れの関係 ……………………………… 188
    11.1.2　流　　　　　量 …………………………………………………… 189
    11.1.3　推　　　　　力 …………………………………………………… 191
    11.1.4　ノズル圧力比と流れの形態 ………………………………………… 194
 11.2　超音速ディフューザー ……………………………………………………… 196
    11.2.1　一次元的取扱い ………………………………………………… 197
    11.2.2　多 次 元 効 果 …………………………………………………… 200
    11.2.3　擬 似 衝 撃 波 …………………………………………………… 201
 11.3　超音速流れの試験方法 ……………………………………………………… 202
    11.3.1　超 音 速 風 洞 …………………………………………………… 202
    11.3.2　超音速自由飛行 ………………………………………………… 204
 11.4　非定常ドライバー …………………………………………………………… 204
 11.5　衝　撃　風　洞 ……………………………………………………………… 206
 11.6　イクスパンション管 ………………………………………………………… 210
 11.7　バリスティックレンジ ……………………………………………………… 213

12. 類　似　現　象

 12.1　浅　水　流　れ ……………………………………………………………… 217
 12.2　交　　通　　流 ……………………………………………………………… 219
    12.2.1　平衡連続流体モデル ……………………………………………… 219
    12.2.2　運動方程式を取り入れたモデルと特性速度 …………………… 224
    12.2.3　粒 子 モ デ ル …………………………………………………… 225

付　　　　　録

 付録1　各種の座標系における微分演算子（3章関連） ……………………… 232
 付録2　デカルト座標系以外の座標系における保存式（3章関連） ………… 234
 付録3　圧縮性流体の応力テンソル（3章関連） ……………………………… 234
 付録4　等エントロピー圧縮率（8章関連） …………………………………… 235
 付録5　特性速度と不変量の一般的導出（8章関連） ………………………… 236

 索　　　引 ………………………………………………………………………… 242

1

圧力波の伝播

　気体や液体は，形を変えて流れることができるので，**流体**（fluid）と総称される。エアコンから出てくる空気や川の水の流れなど，日常生活で現れる流れのほとんどは，流体が伸び縮みする性質，すなわち**圧縮性**（compressibility）の影響を考える必要がない。しかし高速流れや，流れの速度や圧力が急激に変化する場合には，圧縮性が重要になってくる。流体の伸縮は，密度の変化であり，圧力が変化する波，すなわち**圧力波**（pressure wave）として伝わる。**圧縮性流体力学**（compressible fluid dynamics）では，圧力波の伝播と流れの変化との関係を扱う。ここでは，いくつかの例をとおして，圧力波の伝播の基本的な考え方を学ぶことにしよう。

1.1 音の伝播

　圧力波の中で最も弱い波を**音波**（sound wave）と呼ぶ。静止気体中に音波が伝わると，気体の粒子は定点の周りを振動するようになる。振動の振幅と周波数特性によって，音の強さと高さ，音色が決まる。音波が伝わっても，重心の移動，すなわち「流れ」は生じないが，その音を発したなんらかの「情報」が伝わることになる。

　図1.1の例を考えてみよう。Aさんの背後で風船が割れたとき，割れた瞬間にはAさんにその音は伝わらない。図（a）は割れる直前の状態，図（b）では割れてから少しだけ時間が経過しているが，まだその音はAさんにまで到達していない。図（c）で「ばん！」という音が聞こえて，初めてそれを知ることになる。

　風船が発した音が到達した領域とそうでない領域は，図（d）の**波動線図**（wave diagram）で区別することができる。風船とAさんを結ぶ直線に沿ってx

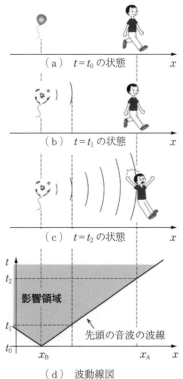

図1.1 Aさんの背後で風船が割れたときの様子

座標をとり，Aさんと風船の位置を，それぞれ x_A, x_B とする。図（a）風船が割れた時刻を t_0，図（b）の時刻を t_1，図（c）の時刻を t_2 とする。音は，**音速**（speed of sound）で伝わる。(x_B, t_0) を頂点とした逆三角形の領域（灰色で示す部分）が風船が割れた音が伝わっている**影響領域**（domain of influence）であり，その外側は伝わっていない領域である。この二つの領域を分けているのが，先頭の音の**波線**（ray）で，音速は波線の傾き dt/dx の逆数の大きさに等しい。波線の傾きが小さいほど，波は速く伝わることに注意しよう。

音速が一定であれば，あとから出た音は先に出した音に，決して追いつけない。**図1.2** を例にとろう。Aさんがある問題の答えを聞かれたとき，時刻 t_0 で「XX です」と答えた（図（a））。そのあとすぐに誤りに気が付いて，訂正した（図（b））。しかし，取消しの声は，先に発した答えの声に追いつくことができないので，答えを取り消すことはできない。

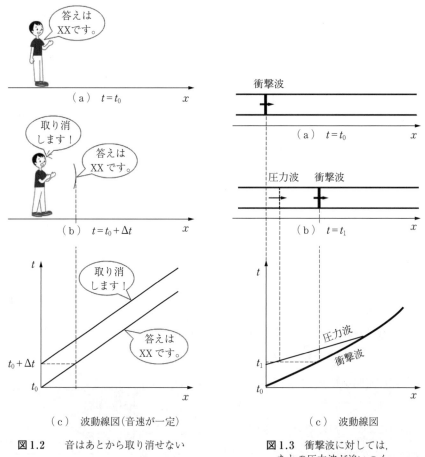

図1.2 音はあとから取り消せない

図1.3 衝撃波に対しては，あとの圧力波が追いつく

圧縮性流れに現れる波は，音波だけではない。強い圧力波が伝わると，流れが変化する。変化量が大きいほど，より強い波ということになる。波の強さは，通常，圧力増加量で評価

する．高速流れや，流速が急に変化する流れでは，**衝撃波**（shock wave）が発生する．衝撃波に対しては，あとの圧力波が追いつくことができ，その強さを変えることができる（**図1.3**）．これは，圧縮性流体力学の重要な性質の一つであり，詳しいことは順を追って学んでいく．

1.2 飛行体が出す音波

飛行体が周囲に発する音波の伝播を考えよう．その伝播形態は，飛行速度が音速よりも高いか低いかによって大きく異なる．

音速よりも低い速度で飛行するとき（**亜音速飛行**，subsonic flight），図1.4に示すように，飛行体から発した音波は全方向に伝わっていく．図1.2に示したように，先に発した音波はあとから発した音波に追いつかれることはなく，前の時間に発生した波面のほうがより前方までも伝わっていく．図には数少ない音波しか表示していないが実際には時間をさかのぼって多数の音波が到達しており，十分時間が経ったときには，飛行体の影響領域は，周囲の広い範囲に及ぶ．

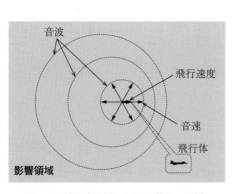

図1.4 亜音速飛行における音波の伝播
（灰色部分は飛行体の影響領域）

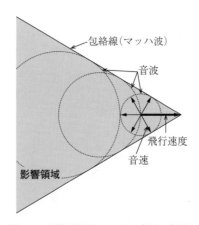

図1.5 超音速飛行における音波の伝播
（灰色部分は飛行体の影響領域）

飛行速度が音速よりも高いとき（**超音速飛行**，supersonic flight），図1.5に示すように，飛行体から発する音波は包絡線を形成する．この音波の包絡線は**マッハ波**（Mach wave）と呼ばれる．飛行体の大きさを無視すると，包絡線は円錐状のマッハ波（**マッハコーン**，Mach cone）をなす．影響領域は，マッハコーンの内側（灰色で示す領域）になる．大きさを持ったものが飛行すると，より強い圧力波（圧縮波，衝撃波）が発生する．これについては4章以降で学ぶ．

1.3 一次元粒子列の運動と波の伝播

波の伝播と流れの変化を，簡単な一次元モデルで定量的に扱ってみよう．**図1.6**に示すような小球列モデルを考える．x軸に沿って，等間隔lで直線状に並んでいる小球（質量m）の列に，質量m_pのピストンが左から一定速度u_pで衝突する．ピストンの質量は，球に比べて十分大きい（$m \ll m_p$）とする．このような単純な系でも，情報（波）の伝わり方や集団としての挙動について，圧縮性流れの重要な性質がよく現れる[†]．これを解析してみよう．

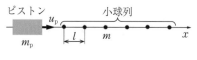

図1.6 小球列モデル

1.3.1 ピストン-小球の衝突

衝突前に小球は静止しているとする．衝突前のピストン，小球の速度をそれぞれu_p, uとし，衝突後の値にはプライム（ $'$ ）を付ける．小球の内部エネルギーや外部へのエネルギー損失を無視，すなわち弾性衝突を仮定すると，以下の式が成り立つ．

$$\text{運動量保存式}: m_p u_p = m_p u_p' + m u' \tag{1.1}$$

$$\text{エネルギー保存式}: \frac{1}{2} m_p u_p^2 = \frac{1}{2} m_p u_p'^2 + \frac{1}{2} m u'^2 \tag{1.2}$$

式(1.1)，(1.2)より衝突後の速度を求めて，$m/m_p \ll 1$を適用すると

$$u' = \frac{2 u_p}{1 + m/m_p} \cong 2 u_p \tag{1.3}$$

$$u_p' = \frac{1 - m/m_p}{1 + m/m_p} u_p \cong u_p \tag{1.4}$$

すなわち，ピストンが静止している小球に衝突すると，小球は速度$2u_p$ではじかれ，ピストンの速度は変化しない．すなわち，重いものを軽いものにぶつけると，軽いものは，重いものの速さの最大2倍ではじかれる．物体を高速で射出するために，この原理を利用することもある．

1.3.2 小球-小球衝突

小球1が，静止している同質量の小球2に，左から速度$2u_p$で衝突することを考える．式(1.3)，(1.4)の最初の等式で，$u_p \to u_1$, $u \to u_2$, $m_p \to m$とすると

$$u_1' = 0 \tag{1.5}$$

[†] Beads on a Wire Mode：J. R. Asay, M. Shahinpoor (Eds.)：High-Pressure Shock Compression of Solids, Springer-Verlag, New York, pp.12-14 (1993)

$$u_2' = u_1 \tag{1.6}$$

となる。小球1にはじかれた小球2は，速度 u_1 ($=2u_\mathrm{p}$) で右側にはじかれ，小球1は静止する。右側に静止した小球が並んでいると，同様な衝突が続けて起こり，小球の運動がつぎつぎに右側に伝わる。

1.3.3 ピストンと小球の動き

この系の動きを，波動線図（図1.7）で表してみよう。図で，傾きが小さいほど速度が高いことになる。ピストンの速度は u_p で一定であるので，その軌跡は直線になる。ピストンと小球が衝突する時間間隔を τ とすると

$$\tau = \frac{l}{u_\mathrm{p}} \tag{1.7}$$

となり，それぞれの小球は，衝突が起こってから $\tau/2$ のあいだ速度 $2u_\mathrm{p}$ で運動し，つぎの時間 $\tau/2$ で静止し，この動きを繰り返す。

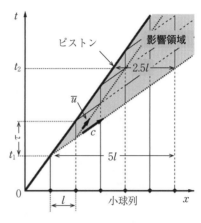

（灰色部がピストンの影響領域）
図1.7　ピストンと小球の軌跡

1.3.4 特性速度

小球列の中に，ピストンがぶつかってきているという「情報」が，どこまで伝わっているだろうか？　その情報，すなわち波が伝わる速度 c を**特性速度**（velocity of characteristic）と呼ぶ。この波は，動いている小球の中で一番先（右）を行くものによって伝えられるので

$$c = 2u_\mathrm{p} \tag{1.8}$$

となり，波が伝わった背後（灰色で示す領域）が，ピストンの影響領域となる。

1.3.5 平均粒子速度

小球運動の1サイクルについて時間平均すると，平均粒子速度 $\bar{u}$（図1.7）は

$$\bar{u} = \frac{l}{\dfrac{\tau}{2} + \dfrac{\tau}{2}} = u_\mathrm{p} \tag{1.9}$$

で表される。

1.3.6 運動エネルギー

いくつかの方法で，粒子の運動エネルギーの平均値 K を求めてみよう。

〔1〕**平均運動エネルギー K_1**　　十分長い時間が経って，たくさんの小球が動いている

ことを考える。どの瞬間を考えても，半分の小球は速度 $2u_p$ で運動し，残りの半分は静止しているから，K_1 は次式で表される。

$$K_1 = \frac{1}{2}m(2u_p)^2 \times \frac{1}{2} + \frac{1}{2}m \cdot 0^2 \times \frac{1}{2} = mu_p^2 \tag{1.10}$$

〔2〕 **ピストンが系に与えるエネルギーから求めた平均運動エネルギー K_2** ピストンが最初に小球に衝突してから，十分長い時間 τ' が経過したとする。このとき

$$(影響領域内の小球の個数) = \frac{c\tau'}{l} = \frac{2u_p\tau'}{l} \tag{1.11}$$

$$(ピストンが右側の小球に衝突した回数) = \frac{u_p\tau'}{l} \tag{1.12}$$

(1回の衝突でピストンから小球に与えられる運動エネルギー)

$$= \frac{1}{2}m(2u_p)^2 = 2mu_p^2 \tag{1.13}$$

が成り立ち，K_2 は次式で表される。

$$K_2 = \frac{2mu_p^2 \frac{u_p\tau'}{l}}{\frac{2u_p\tau'}{l}} = mu_p^2 \tag{1.14}$$

これは式(1.10)と一致する。

〔3〕 **見かけの平均運動エネルギー K_3** 平均速度 $\bar{u}$ を用いて運動エネルギー K_3 を計算すると

$$K_3 = \frac{1}{2}m\bar{u}^2 = \frac{1}{2}mu_p^2 \tag{1.15}$$

となり，$K_1 = K_2 = 2K_3$ となる。これには，どのような物理的な意味があるのだろうか？

平均速度 $\bar{u}$ は，波の背後にある系の重心速度に等しい。すなわち，K_3 は重心の運動エネルギーを個数で割ったものである。しかし，重心とともに動く座標からみると，小球の半分は速さ u_p で右向きに動き，あとの半分は左向きに動いている。すなわち，影響領域内の小球全体は重心周りに等方的な運動，すなわち熱運動をしている。この熱エネルギー K_4 は

$$K_4 = \frac{1}{2} \cdot \frac{1}{2}m(-u_p)^2 + \frac{1}{2} \cdot \frac{1}{2}m(+u_p)^2 = \frac{1}{2}mu_p^2 \tag{1.16}$$

となり，気体の併進エネルギーと等価である[†]。以上より，粒子の平均エネルギーの関係は次式で表される。

$$K_1 = K_2 = K_3 + K_4 \quad (K_3 = K_4) \tag{1.17}$$

[†] 2章参照。

1.3.7 圧縮比

単位長さ当りの小球の質量を ρ とする。ピストンが小球列との衝突を繰り返すことによって，小球列は長さが短くなる，すなわち「圧縮」される。このとき，圧縮前後の密度（単位長さ当り）ρ を比べてみよう†。

・圧縮前：$\rho_0 = \dfrac{m}{l}$ (1.18)

・圧縮後：$\rho_1 = \dfrac{2u_\mathrm{p}\tau'}{2u_\mathrm{p}\tau' - u_\mathrm{p}\tau'} \cdot \dfrac{m}{l} = \dfrac{2m}{l}$ (1.19)

したがって，**圧縮比**（compression ratio）は次式となる。

$$\frac{\rho_1}{\rho_0} = 2 \tag{1.20}$$

1.3.8 ピストンにかかる力

ピストンにかかる力 F_1 を，物体に及ぼす力積の時間平均として求めると

$F_1 = (1 回の衝突で小球に与える力積) \times (衝突周波数)$

$$= m \cdot 2u_\mathrm{p} \cdot \frac{u_\mathrm{p}}{l} = \frac{m}{l} \cdot u_\mathrm{p} \cdot 2u_\mathrm{p} = \rho_0 u_\mathrm{p} c \tag{1.21}$$

となる。別の考え方でも，ピストンにかかる力を求めることができる。ピストンが最初に小球に衝突してから $\tau'(\gg \tau)$ 経過したとき，最初の衝突位置と影響領域の先端との距離は $c\tau'$ である。この領域に含まれる小球の重心速度は，$\overline{u}(=u_\mathrm{p})$ である。力 F_2 は，単位時間に小球システムに与えた運動量に等しいので

$$F_2 = \frac{m \dfrac{c\tau'}{l} \overline{u}}{\tau'} = \rho_0 \overline{u} c \tag{1.22}$$

となる。$\overline{u} = u_\mathrm{p}$ であるから，$F_1 = F_2$ である。両者は，運動量変化の積算の仕方が違うだけで，物理的には等価なものである。式(1.22)は，物体がほかの物体と衝突するときに発生する力，つまり**撃力**（impulsive force）を与える。

以上のように，この小球列の運動モデルで，圧縮性流れに現れる，つぎのような基本的な量を求めることができた。

・波の速度（特性速度）：c（流体では重心の速度の2倍ではない）
・重心の速度（流速）：$\overline{u}$
・粒子1個当りの平均運動エネルギー：$K_1 (= K_3 + K_4)$
・重心の運動エネルギー（粒子1個当りの平均値）：K_3

---

† 通常，流体の密度は単位体積当りの質量であり，ここでは単位が異なる。

・重心周りの粒子の運動エネルギー（熱エネルギー）（平均値）：K_4

・圧縮比：$\dfrac{\rho_1}{\rho_0}$

・撃　力：$F=\rho_0 \bar{u} c$

　なお，ここでは弾性衝突を仮定して議論を進めたが，非弾性衝突の場合，エネルギーがピストンや小球の熱エネルギーにも分配される。流体でも，原子，分子内部での電子励起エネルギー状態の変化，分子の回転エネルギー，原子核間の振動エネルギーなどの内部エネルギーに分配される。

1.4　固体衝突における圧力波の伝播

　通常，固体は流体とはみなされないが，固体どうしが高速で衝突するときの動的挙動は，圧縮性流体力学で扱うものと等価である。例えば，机の上にある本を指で押したり，ゴルフボールをクラブで打ったりすると，静止していた物体が運動を始める。このような場合でも，物体がある場所で受けた力がほかの場所に影響を及ぼすためには，それが波として伝わっているはずである。日常生活では，この波が伝わる時間があまりにも短く，人間の感覚では捉えることができず，瞬間的に動き出すように見える。しかし，物体の内部を伝わる応力波の速度は有限であるので，実は動き出すまでには時間がかかっているはずである。その過程を波動線図で見てみよう（ここではせん断力は無視する）。

　図1.8(a)のように，右向きに速度 u_1 で移動している物体A（状態A1）が，静止している物体B（状態B1）に衝突するとする。AとBは，同じ材質でできていて，大きさも同じであるとする。ここでは x 方向の一次元の運動とみなし，波もその方向のみに伝わるとす

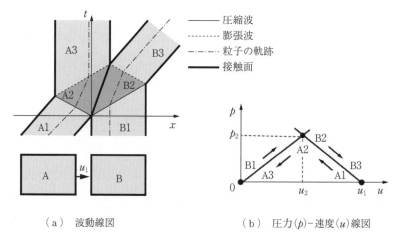

（a）　波動線図　　　　　　　　（b）　圧力(p)–速度(u)線図

図1.8　物体A（速度 u_1）が，静止している物体Bに衝突する様子

る。波の背後で密度が増加する波を**圧縮波**（compression wave），減少する波を**膨張波**（expansion wave）あるいは**希薄波**（rarefaction wave）という。圧縮波によって圧力が高くなり，膨張波によって低くなる。AがBに衝突すると，Bの中を前方に向けて圧縮波が伝播する。Bではまず，左側のAに接触した面（**接触面** contact surface）が圧縮応力（圧力 p_2）を受けて動き出し，その波が右側に伝わっていく。圧縮波の背後（B2）では，右向きの**粒子速度**（particle velocity）u_2 が生じ，圧力が高くなる（$=p_2$, 図1.8(b)）[†1]。Bの内部を圧力波が往復するまでは，この接触面の速度，そこでの圧力は変化しない。圧縮波がBの右面に到達すると，反射波として膨張波が返ってくる[†2]。この膨張波の背後（状態B3）では，右前向きの粒子速度がさらに高く（$=u_1$）なり，圧力は周囲と同じ（図では0としている）になる。一方，Aでは，衝突後に圧縮波が左向きに伝わり，圧力が上がるが，粒子速度は u_2 に低下する（状態A2）。このとき，接触面では，AとBの圧力，粒子速度はそれぞれ等しい。圧縮波はAの左端の自由界面で膨張波として反射する。この反射波の背後の状態（状態A3）では，Aの粒子速度はさらに低下する。図では同じ物質どうしであるために静止し，圧力は0になっている。

以上の過程を巨視的にみると，Aが速度 u_1 でBに衝突し，圧縮波，膨張波が物体内部を伝播したのち，Aが静止し，Bが速度 u_1 で動きだすことになる。これは，弾性衝突の過程を波動伝播解析したもので，固体であっても，圧力波の伝播と媒質の運動について流体と同様に扱うことができる。

以上のように，圧縮性流れの性質は，圧力波の伝播挙動と密接に結びついている。本書では，流れに変化が生じたときの波の挙動，波が伝わることによる流れへの影響，それらの相互作用と流体の物性などを捉えて，圧縮性流れを学んでいく。

[†1] 通常流体力学では，気体に引張応力が働かないため，圧力を正の値とする。これに対して，固体力学では，通常，引張応力を正とする。
[†2] ここでは，簡単のため圧力波を単一の線で表している。

2

気体粒子の運動と熱力学

　気体の系の静的な性質は，**熱力学**（thermodynamics）で記述できる。これは歴史的に，実験で得られた性質を定式化することから始まり，それが気体粒子の集団的挙動と関係づけられることがのちに明らかになった。圧縮性流体力学も，熱力学が前提になっている。ある場所での気体の粒子群の運動は，その重心の動きと，個々の粒子の重心周りの動きに分解することができる。**流れ**（flow）は重心の運動，**流速**（flow velocity，あるいは単に velocity）は重心の速度である。圧力，温度は，熱力学的状態量で，重心周りの運動，すなわち熱運動によって決まるが，力やエネルギーを通して流れは変化する。本章では，流れを構成する粒子群の運動と熱力学的状態量の関係を導く。

2.1 熱力学の基礎

　熱力学では，気体が熱や仕事によってどのように変化するかを扱う。熱力学的な状態を表す量を，熱力学的状態量あるいは単に**状態量**（state valuable あるいは property）と呼び，**温度**（temperature），**圧力**（pressure），**密度**（density），**内部エネルギー**（internal energy），**エンタルピー**（enthalpy），**エントロピー**（entropy）などが挙げられる。ある状態量は，ほかの二つの状態量を独立変数とする関数で表される。例えば，独立変数が温度Tと密度ρであるとすると，内部エネルギーeは次式で与えられる。

$$e = e(T, \rho) \tag{2.1}$$

この関係は，状態量の微分をとるときに重要になる。この例では

$$de = \left(\frac{\partial e}{\partial T}\right)_\rho dT + \left(\frac{\partial e}{\partial \rho}\right)_T d\rho \tag{2.2}$$

のように表される。

　状態量を関係づける代表的なものに，**状態方程式**（equation of state）がある。分子の大きさや分子間力の影響が無視でき，圧力が分子の熱運動のみで決まる気体を**理想気体**（ideal gas）といい，圧力はつぎの状態方程式によって与えられる。

$$p = \rho R T \quad \text{あるいは} \quad p v = R T \tag{2.3}$$

　熱力学では，各変数がどのような単位で表されているか，分野によって異なることがあるので，気をつけなければならない。流体力学では，単位質量当りの量を用いることが多く，

正式には変数の前に「比 (specific)」をつける†。v は単位質量当りの体積で，**比体積** (specific volume) と呼ばれる。また，**気体定数** (gas constant) R も単位質量当りの量で，分子量 m_{mole} を用いることで**一般気体定数** (universal gas constant) $\Re$ と次式の次元関係にある。

$$R\left[\frac{\text{J}}{\text{kg}\cdot\text{K}}\right] = \frac{\Re\left[\frac{\text{J}}{\text{mol}\cdot\text{K}}\right]}{m_{mole}\left[\frac{\text{kg}}{\text{mol}}\right]}, \quad \Re = 8.31446\cdots \tag{2.4}$$

図 2.1(a)に示すように，気体要素が加熱され，膨張することを考える。膨張する気体要素は，周囲に対して圧力と逆向きに変位することになるため，その分周囲に対して仕事をする。逆に，膨張した気体要素の内部エネルギーはその分減少する。また，気体要素から熱を奪うと，収縮し，気体要素に対して外部から仕事がなされる。気体を通じたエネルギーのやり取りは，流体力学のエネルギー保存則にも適用され，**熱力学第 1 法則** (first law of thermodynamics) に従い，次式で表される。

$$\delta q = de + \delta w \tag{2.5}$$

ここで，δq, de, δw は，それぞれ単位質量の気体に加えた熱量，内部エネルギーの増分，単位質量の気体が外部になした仕事を表す。内部エネルギーは状態量であるのでその変化分を d で表しているが，熱や仕事は与え方に任意性があるため δ を付けて表している。このような加熱/冷却，膨張/収縮は，流れがある場合も，図(b)に示すように，その気体要素を流速 u とともに追跡すれば同様に起こる。

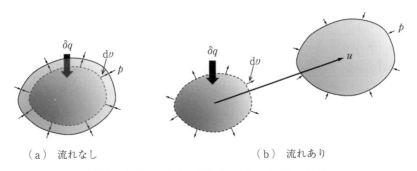

(a) 流れなし　　　　　　(b) 流れあり

破線内が加熱前の状態，実線内が加熱，膨張後の状態
図 2.1 気体要素が加熱され膨張する様子

ここで，熱力学的過程として，**可逆過程** (reversible process) と**非可逆過程** (irreversible process) を区別する必要がある。気体要素をゆっくりと温めて膨張させ，ゆっくりと冷やして元の体積まで収縮させると，最初の元の状態に戻る。このような過程が可逆過程で

---

† 「比エネルギー」，「比エンタルピー」など。「比」が省略される場合も多いので，注意を要する。本書でも，以降自明である場合は省略する。

ある。これに対して，気体要素を急に圧縮すると，元の体積に戻しても，状態量は元には戻らない。これは拡散，摩擦，熱伝導など散逸を伴うときに起こり，非可逆過程となる。後述するように，この要素を急に膨張させると，ゆっくり膨張させるときと圧力が異なるようになり，非可逆過程となる。

熱力学的変化が，どのように進むかを考えるときに重要になるのが，**エントロピー**[†]（specific entropy）s であり，次式で定義される。

$$\mathrm{d}s = \frac{\delta q_{\mathrm{rev}}}{T} \tag{2.6}$$

ここで，添え字 rev は，熱量が**可逆変化**（reversible process）によって加えられたことを表している。エントロピーも状態量であり，単位は〔J/(kg·K)〕である。さらに，圧力 p のもとで気体がゆっくりと $\mathrm{d}v$ だけ膨張すると，外部に対して $p\mathrm{d}v$ だけ仕事をなす。すなわち，可逆過程では

$$\delta w_{\mathrm{rev}} = p\mathrm{d}v \tag{2.7}$$

が成り立つ。したがって，可逆過程に対して，式(2.5)〜(2.7)を適用すると

$$T\mathrm{d}s = \mathrm{d}e + p\mathrm{d}v \tag{2.8}$$

となり，これは熱力学第1法則を，状態量のみを用いて表した式となっており，流体力学でもよく用いられる。

熱力学第1法則は，エネルギーの移動に伴う系の方向を与えるものではない。例えば，温度の高い気体と低い気体が接しているとき，式(2.5)の条件のみでは，温度が高いほうの気体がますます熱くなり，低いほうがますます冷たくなることも可能であることになってしまう。しかし，現実にはこのようなことは起こらない。これを物理法則として律しているのが，**熱力学第2法則**（second law of thermodynamics）である。この説明には，さまざまな表現があるが，その一つとして，「非可逆的に加熱された系のエントロピーは，可逆的に加熱された場合よりもさらに増加する」ということができる。すなわち，つぎの関係が成り立つ。

$$\mathrm{d}s = \frac{\delta q_{\mathrm{irrev}}}{T} + \mathrm{d}s_{\mathrm{irrev}} \geqq \frac{\delta q_{\mathrm{irrev}}}{T}, \qquad \mathrm{d}s_{\mathrm{irrev}} \geqq 0 \tag{2.9}$$

ここで，添え字 irrev は**非可逆変化**（irreversible process）を表し，等式が成り立つのは可逆過程の場合のみとなる。

外部との熱のやり取りがない過程（$\delta q = 0$）を，**断熱過程**（adiabatic process）という。式(2.6)より，断熱可逆過程は

$$\mathrm{d}s = 0 \tag{2.10}$$

[†] 厳密にいえば，「比」エントロピーであるが，以降自明である場合は省略する。

で表される。すなわち，**等エントロピー過程**（isentropic process）となる[†]。

エンタルピー（specific enthalpy）は，つぎのように定義される。

$$h \equiv e + \frac{p}{\rho} = e + pv \tag{2.11}$$

気体が複数の化学種の混合物で，化学反応を伴う場合，その混合比は温度 T，圧力 p の関数になる。しかし，単一の化学種からなる気体で，分子間に働く力が無視できるとき，気体の内部エネルギー，エンタルピーは，p によらず T のみの関数として

$$e = e(T) \tag{2.12}$$
$$h = h(T) \tag{2.13}$$

で表す。このような気体を**熱的完全気体**（thermally perfect gas）と呼ぶ。式(2.8)より，体積変化がない場合，与えられた熱量の分だけ内部エネルギーが増加する。また式(2.8)を式(2.11)を用いて変形すると

$$T ds = d(h - pv) + pdv = dh - v dp \tag{2.14}$$

となる。すなわち，圧力が一定に保たれるとき，与えられた熱量の分だけエンタルピーが増加する。式(2.12)，(2.13)を T で微分すると

$$de = C_v(T) dT \tag{2.15}$$
$$dh = C_p(T) dT \tag{2.16}$$

となる。C_v を**定積比熱**（specific heat at constant volume），C_p を**定圧比熱**（specific heat at constant pressure）と呼び，熱的完全気体の場合は T のみの関数になる。さらに，これらが定数で

$$e = C_v T \quad (C_v = \text{const.}) \tag{2.17}$$
$$h = C_p T \quad (C_p = \text{const.}) \tag{2.18}$$

が成り立つ気体を**熱量的完全気体**（calorically perfect gas）と呼ぶ。常温，常圧の空気に対してこれを適用しても，十分であることが多い。このとき，**比熱比**（specific heat ratio）

$$\gamma \equiv \frac{C_p}{C_v} \tag{2.19}$$

も定数となり，状態量や衝撃波関係式などを陽的な式で表すことができる。

2.2 熱速度と流速

気体中の粒子は，ある頻度で衝突を起こしながらも，それぞれがばらばらに運動している。ここでは，微視的に見た気体粒子の運動とその集団としての特徴を表す巨視量，すなわ

[†] このように，可逆過程，断熱過程，等エントロピー過程は，それぞれ違う過程を意味しており，注意して区別する必要がある。

ち流速や温度，圧力などの状態量との関係を考える。

ある小さな領域に含まれる質量 m の粒子の集団（粒子群[†]）が，重心速度 $\mathbf{u}$ で移動しているとする（図2.2）。個々の粒子の速度 $\mathbf{V}$ は，次式のように $\mathbf{u}$ と重心に対する相対速度 $\mathbf{v}$ の和として表すことができる。

$$\mathbf{V}=\mathbf{u}+\mathbf{v} \tag{2.20}$$

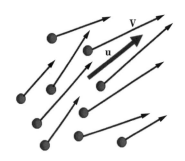
（a） 位置と速度ベクトル

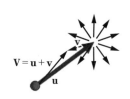
（b） 速度成分分解表示

図2.2 流速 $\mathbf{u}$ を持つ粒子群のある瞬間での運動

ある瞬間に領域内にある粒子群の空間平均量を文字の上に ¯ を付けて表す。一般に，関数 f，g に対して，次式の関係が成り立つ。

$$\left.\begin{array}{l}\overline{f\cdot g}\neq\overline{f}\cdot\overline{g}\\ \overline{\overline{f}}=\overline{f}\\ \overline{f+g}=\overline{f}+\overline{g}\\ \overline{\overline{f}\cdot g}=\overline{\overline{f}\cdot\overline{g}}=\overline{f}\cdot\overline{g}\end{array}\right\} \tag{2.21}$$

式（2.20）に適用すると次式が得られる。

$$\overline{\mathbf{V}}=\overline{\mathbf{u}}+\overline{\mathbf{v}}=\overline{\mathbf{u}}=\mathbf{u},\qquad \overline{\mathbf{v}}=0 \tag{2.22}$$

ここで，$\mathbf{v}$ は，重心周りの速度（**熱速度** thermal velocity）であり，どの方向についても対称に分布し，平均値は0となる。また，$\mathbf{u}$ は重心の速度ベクトルで一定であるので，¯ を省略した。あらためて $\mathbf{u}$ を**流速**（flow velocity）と呼ぶことにする。

2.3　圧　　　　力

圧力 p は，面に垂直，圧縮する向きに作用する単位面積当りの力である。

$$（力）=（質量）\cdot（加速度）=\frac{（質量）\cdot（速度）}{（時間）}=\frac{（運動量）}{（時間）} \tag{2.23}$$

[†] 2.1節で扱った「気体要素」と等価であると考えてよい。

で表される関係からわかるように，物理学における「力」とは，運動量の時間変化をもたらすものである．これに基づいて，粒子群の運動による圧力を導出する．

いま，**図2.3**(a)の破線で囲まれた仮想的な領域を**検査体積**（control volume）として捉え，出入りする粒子を考える．灰色で示す**検査面**（control surface）Aを通過する粒子の単位時間当りの数，運動量の出入りを調べよう．この図を側面から見た図（b）で，粒子1と3は$V_x>0$であり，左側の領域Lから検査体積内に入ると検査体積のx軸正の向きの運動量が増加する．粒子2，4は，検査体積内から外の領域Lに出ていくもので，$V_x<0$である．このとき，x軸負の向きの運動量が減る，すなわちx軸正の向きの運動量は増加する．検査面Aを粒子が通過すると，いずれの場合も検査体積内のx軸の正の向きの運動量が増加する．

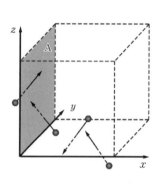 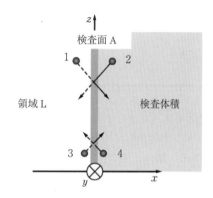

（a）立体図　　　　　（b）検査面Aをy軸方向から見た図

図2.3　検査体積を出入りする粒子の運動

一般に，単位時間に単位面積を通過する物理量を**流束**（flux）と呼ぶ．検査面Aで$V_x>0$である粒子は，領域Lから検査体積に流入する．単位時間内に検査面を通過する粒子は，その単位時間前に$-V_x\leq x\leq 0$の位置にあったものである（**図2.4**）．密度（単位体積当りの質量）をρとすると，図の破線枠内で囲まれた領域内にある速度V_xの粒子の質量，すなわち**質量流束**（mass flux）は

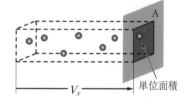

図2.4　単位時間に単位断面積を通過する速度V_xの粒子

$$\rho V_x \tag{2.24}$$

で与えられる．単位質量当りの運動量はV_xであるので，これによってもたらされるx軸方向の**運動量流束**（momentum flux）I_xは

$$I_x=\rho V_x^2 \tag{2.25}$$

となり，正の値をとる．

同様に，検査面 A で $V_x<0$ である粒子は，検査体積より領域 L に流出するものである。これによる質量流束は，式(2.24)と同じ式で与えられるが，$V_x<0$ であるため符号は負になる。しかし I_x は，V_x を乗じることでやはり式(2.25)で与えられる。すなわち，V_x の符号に関わらず I_x は正の値をとる。式(2.21)，(2.22)を用いて平均をとると

$$\overline{I_x}=\rho\overline{V_x^2}=\rho\overline{(u_x+v_x)^2}=\rho(u_x^2+2u_x\overline{v_x}+\overline{v_x^2})=\rho(u_x^2+\overline{v_x^2}) \tag{2.26}$$

となり，式(2.26)の最右辺第1項は，重心の運動による x 方向の運動量流束[†1]，第2項は熱運動よる運動量流束である。

$$\overline{|\mathbf{v}|^2}=\overline{v^2}=\overline{v_x^2}+\overline{v_y^2}+\overline{v_z^2} \tag{2.27}$$

かつ等方性から

$$\overline{v_x^2}=\overline{v_y^2}=\overline{v_z^2}=\overline{v^2}/3 \tag{2.28}$$

となる。したがって

$$\overline{I_x}=\rho u_x^2+p \tag{2.29}$$

$$p=\rho\overline{v^2}/3 \tag{2.30}$$

コラム A：　ロケットエンジンの推力[†2]

2.3 節の考え方を適用すれば，ロケットエンジンの**推力**（thrust）F を求めることができる。エンジンが作動していないとき，エンジンの内部，外部の圧力は，p_0 で一様であり，$F=0$ である。図 A.1 のように，エンジンが作動すると，出口から排気ガスが流速 u_e で排出される。F は，単位時間にエンジン出口から排出される運動量から，その投影面前面に周囲の圧力によって作用する力を引いたものに等しい。エンジン出口での値を添え字 e を付けて次式で表される。

$$F=(\rho_e u_e^2+p_e)A_e-p_0 A_e \tag{A.1}$$

ここで，A_e は，出口の断面積を表す。排気ガスの質量流量 $\dot{m}$ は

$$\dot{m}=\rho_e u_e A_e \tag{A.2}$$

で与えられるので次式となる。

$$F=\dot{m}u_e+(p_e-p_0)A_e \tag{A.3}$$

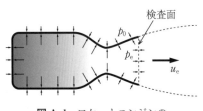

図 A.1　ロケットエンジンの作動と圧力分布

　右辺第1項は，重心の運動量に起因する推力で，**運動量推力**（momentum thrust）と呼ばれる。第2項は，出口と周囲の静圧の差に起因する推力で，**圧力推力**（pressure thrust）と呼ばれる。通常，宇宙輸送用のロケットでは，出口圧力はある上空でつり合うように設計されるために，打上げ時には圧力推力は負の値をとる。ロケット工学では，これを推力損失と呼ぶ。

[†1] この項は，流速に起因する圧力であり，いわゆる**動圧**（dynamic pressure）に似た性質の項であるが，それとは一致しない。非圧縮性流れでは，流れをよどませたときの圧力 $\rho|\mathbf{u}|^2/2$ を動圧と呼ぶが，圧縮性流れをよどませたときの圧力はこの形では与えられない。本書では混乱を避けるためにこの用語は用いないことにする。

[†2] 11.1.3 項参照

2.4 エネルギーと温度

圧力と同様に，粒子群の運動エネルギー e_k の平均を求めると

$$e_k = \frac{1}{2}\overline{|\mathbf{V}|^2} = \frac{1}{2}\overline{|\mathbf{u}+\mathbf{v}|^2} = \frac{1}{2}(\overline{|\mathbf{u}|^2} + 2\overline{\mathbf{u}\cdot\mathbf{v}} + \overline{|\mathbf{v}|^2}) = \frac{1}{2}|\mathbf{u}|^2 + \frac{1}{2}\overline{v^2} \tag{2.31}$$

となる．式(2.31)の最右辺の第1項は重心の運動エネルギー，第2項は重心周りの運動すなわち熱運動のエネルギーで，**内部エネルギー**の一部の**並進エネルギー**（translational energy）に相当する（**図2.5**）．これを e_{tr} とおくと

$$e_{\mathrm{tr}} = \frac{1}{2}\overline{v^2} \tag{2.32}$$

式(2.30)，(2.32)より

$$e_{\mathrm{tr}} = \frac{3}{2}\frac{p}{\rho} \tag{2.33}$$

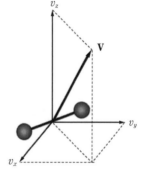

図2.5 二原子分子の並進運動

となる．**温度** T は，分子のエネルギーに比例する量で，「**分子はエネルギー自由度当り $kT/2$ のエネルギーを持つ**」と定められていると考えてよい．$k=1.38\times10^{-23}$ J/K は**ボルツマン定数**（Boltzmann constant）である．エネルギー自由度とは，エネルギーを

$$\frac{1}{2}\alpha X^2 \quad (\alpha は定数) \tag{2.34}$$

という形に書き表されるものである[†2]．エネルギー自由度が ϕ である粒子の内部エネルギーは

$$\frac{\phi}{2}kT \tag{2.35}$$

で与えられる．単位質量当りの量として表すと

$$e = \frac{\phi}{2}RT \tag{2.36}$$

$$R \equiv \frac{k}{m} \tag{2.37}$$

ここで，R は2.1節で扱った気体定数，m は分子の質量である．

[†1] 後出する全圧と区別するために，**静圧**（static pressure）と呼ぶこともある．
[†2] 例えば，市村 浩：統計力学，chap.1，裳華房（1971）

並進エネルギーは，x方向，y方向，z方向それぞれの速度成分（図2.5）に相当する運動エネルギーをこの形で表すことができ，自由度は$\phi=3$である。

$$\frac{1}{2}m\overline{v_x^2}=\frac{1}{2}m\overline{v_y^2}=\frac{1}{2}m\overline{v_z^2}=\frac{1}{2}kT \qquad (2.38)$$

したがって，式(2.28)，(2.32)，(2.38)より，並進エネルギーは

$$e_{\mathrm{tr}}=\frac{3}{2}\frac{k}{m}T=\frac{3}{2}RT \qquad (2.39)$$

となる。分子は熱運動するだけでなく，回転エネルギーe_{rot}（図2.6），振動エネルギーe_{vib}（図2.7），電子励起エネルギーe_{el}（図2.8）からなる**内部自由度**（internal degree of freedom）を併せ持っており，内部エネルギーeは並進エネルギーとこれらのエネルギーの和となる。

$$e=e_{\mathrm{tr}}+e_{\mathrm{rot}}+e_{\mathrm{vib}}+e_{\mathrm{el}} \qquad (2.40)$$

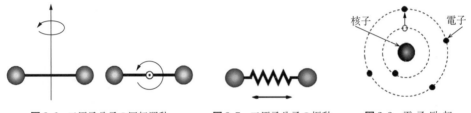

図2.6　二原子分子の回転運動　　図2.7　二原子分子の振動　　図2.8　電子励起

内部自由度のエネルギーは，分子間の衝突によって励起される。分子の並進速度が高いほど，衝突時に励起できるエネルギーおよび頻度が高くなるので，基本的に気体の温度が高くなると自由度が大きくなる。二原子分子は，スピン軸を除く二つのたがいに垂直な回転軸があり，回転の自由度2を持つ（図2.6）。分子気体では，通常数十度以上で回転エネルギーe_{rot}が励起される。さらに，600 K程度（気体の化学種により異なる）以上の高温になると，原子核間の振動エネルギーe_{vib}の影響が加わり，2原子分子の場合は，運動エネルギー，ポテンシャルエネルギーの二つの自由度を持つ（図2.7）。さらに，軌道電子を持つ原子・分子は[†]，数千度以上の高温になると，**電子励起エネルギー**（electronic excitation energy）e_{el}を持つようになる（図2.8）。

流れによって気体の状態が変わっても，十分な時間が経過すれば粒子どうしの衝突によるエネルギー交換によって，内部エネルギーが統計力学的に決まる状態，すなわち**局所熱力学的平衡状態**（local thermodynamic equilibrium）に達する。本書で扱う流れは，特にことわらないかぎり，これが成り立っているものとする。また，希ガスや空気などの気体は，常温

[†]　水素イオンすなわち陽子などは，軌道電子を持たない。

~1 000 K 程度で

$$\phi = \begin{cases} 3\ (\text{常温程度の単原子分子}) = 3\ (\text{並進}) \\ 5\ (\text{常温程度の二原子分子}) = 3\ (\text{並進}) + 2\ (\text{回転}) \end{cases}$$

としてもさしつかえない。

流れが持っている**全エネルギー**(total energy) e_t は，重心の運動エネルギーと**内部エネルギー** e の和になる。

$$e_t = \frac{1}{2}|\mathbf{u}|^2 + e \tag{2.41}$$

コラムB： 熱平衡状態での速度分布と状態量

気体運動論によれば，平衡状態の熱速度 $\mathbf{v}$ の分布は**マクスウェル分布**(Maxwell distribution)(図B.1)に従う[†]。

$$f(v_x, v_y, v_z) = \left(\frac{m}{2\pi kT}\right)^{3/2} \exp\left\{-\frac{m}{2kT}(v_x^2 + v_y^2 + v_z^2)\right\} \tag{B.1}$$

ここで，f は速度分布関数であり，各速度成分が $v_x \sim v_x + dv_x$, $v_y \sim v_y + dv_y$, $v_z \sim v_z + dv_z$ の範囲にある確率が

$$f(v_x, v_y, v_z) dv_x\, dv_y\, dv_z = f(v_x) dv_x\, f(v_y) dv_y\, f(v_z) dv_z \tag{B.2}$$

で与えられる。

$$f(v_x) = \left(\frac{m}{2\pi kT}\right)^{1/2} \exp\left(-\frac{m}{2kT}v_x^2\right) \tag{B.3}$$

であり，つぎの規格化条件を満たす。

$$\int_{v_x=-\infty}^{\infty} f(v_x) dv_x = 1 \tag{B.4}$$

$$\int_{-\infty}^{\infty} \exp(-a\xi^2) d\xi = \sqrt{\frac{\pi}{a}} \tag{B.5}$$

$$\int_{-\infty}^{\infty} \xi^2 \exp(-a\xi^2) d\xi = \frac{\sqrt{\pi}}{2a^{3/2}} \tag{B.6}$$

を用いれば

$$p = \int_{-\infty}^{\infty}\int_{-\infty}^{\infty}\int_{-\infty}^{\infty} \rho v_x^2 f(v_x, v_y, v_z) dv_x dv_y dv_z$$
$$= \rho RT \tag{B.7}$$

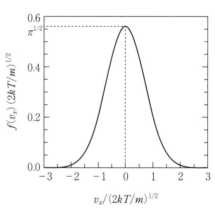

図B.1 v_x に関するマクスウェル分布

$$e_{tr} = \int_{-\infty}^{\infty}\int_{-\infty}^{\infty}\int_{-\infty}^{\infty} \frac{1}{2}(v_x^2 + v_y^2 + v_z^2) f(v_x, v_y, v_z) dv_x dv_y dv_z = \frac{3}{2}\frac{kT}{m} = \frac{3}{2}RT \tag{B.8}$$

が確かめられる。

速度分布関数の式(B.1)を用いて，熱運動の平均速度を求めてみよう。平均の仕方によって多少値が異なり，どのような平均をとるかに注意する必要がある。速度の絶対値(速さ)の平均 $\bar{v}$ は

[†] W. G. Vincenti, Charles H. Kruger：Introduction to Physical Gas Dynamics, Krieger Publishing Co., Malabar, Florida, USA, chap. II-IV ほか (1965)

$$\bar{v} \equiv \int_{-\infty}^{\infty}\int_{-\infty}^{\infty}\int_{-\infty}^{\infty} |v| f(v_x, v_y, v_z) \mathrm{d}v_x \mathrm{d}v_y \mathrm{d}v_z \tag{B.9}$$

で表される。

　速度分布が球対称であることを利用して，次式のように座標変換を行う。
$$\left.\begin{array}{l} \mathrm{d}v_x \mathrm{d}v_y \mathrm{d}v_z = 4\pi v^2 \mathrm{d}v \\ v^2 = v_x^2 + v_y^2 + v_z^2 \end{array}\right\} \tag{B.10}$$

ここで，右辺の v は速さを表すが，絶対値の記号を省略した。式(B.1)，(B.9)，(B.10)より
$$\bar{v} \equiv 4\pi \left(\frac{m}{2\pi kT}\right)^{3/2} \int_0^{\infty} v^3 \exp\left(-\frac{m}{2kT}v^2\right) \mathrm{d}v = \sqrt{\frac{8kT}{\pi m}} \tag{B.11}$$

また，式(B.6)を用いると，**二乗平均平方根**（root mean square）$\sqrt{\overline{v^2}}$ は
$$\sqrt{\overline{v^2}} = \sqrt{\frac{3kT}{m}} \tag{B.12}$$

で表される。速度分布関数を，速さ v の関数として表した式
$$f(v) = 4\pi \left(\frac{m}{2\pi kT}\right)^{3/2} v^2 \exp\left(-\frac{m}{2kT}v^2\right) \tag{B.13}$$

を最大にする v の値 v_m は，これの微分が0になる条件から
$$v_\mathrm{m} = \sqrt{\frac{2kT}{m}} \tag{B.14}$$

のように求めることができる。v_m，$\bar{v}$，$\sqrt{\overline{v^2}}$ は，つぎの大小関係にある。
$$v_\mathrm{m} < \bar{v} < \sqrt{\overline{v^2}} \tag{B.15}$$

2.5　理想気体と状態方程式

　前節までは，分子の大きさや分子間力を考慮せずに，気体の運動と圧力の関係を考えてきた。ここで，その考え方が実際の気体に対してどの程度当てはまるかを考えてみよう。

　気体の**数密度**（number density，単位体積中の分子の数）を n とする。標準状態（$p_0 = 1.013 \times 10^5$ Pa，$T_0 = 273.15$ K，図2.9）での値 n_0 は，**ロシュミット数**（Loschmidt constant）と呼ばれ，$n_0 \cong 2.687 \times 10^{25} \cong 2.7 \times 10^{25}$ m^{-3} であることが知られている。これを用いれば，分子を正方格子状に並べた場合，隣の分子との間隔が $n_0^{-1/3} \cong (1/3) \times 10^{-8}$ m $\cong 3$ nm になることがわかる。分子どうしの衝突の頻度とそれに要する距離は，**衝突断面積**（collision cross-section）σ によって決まる。常温の空気をおもに構成する窒素分子の等価的な直径 d は，約 3.8×10^{-10} m $= 0.38$ nm であり（酸素分子は約 0.36 nm），これをもとに計算すると $\sigma = \pi d^2 \cong 4.5 \times 10^{-19}$ m^2 となる。衝突に要する平均

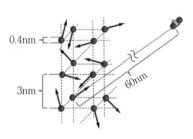

図2.9　標準状態における分子（灰色球）間の状態

距離は，**平均自由行程**（mean free path）λ と呼ばれ，この場合 $\lambda = 1/(\sqrt{2}\sigma n_0) \cong 6 \times 10^{-8}$ m $= 60$ nm になる[†1]。標準状態の気体に対して代表的な寸法，距離をオーダーで評価すると，分子の大きさに対して，分子間距離は1桁（分子が空間に占める体積の割合は 1/1 000 程度[†2]），平均自由行程は2桁大きくなる。このような状態では，分子間力や分子の大きさは無視してもさしつかえない。このような気体が**理想気体**である。

理想気体の**状態方程式**は，式(2.33)，(2.39)より

$$p = \rho RT \tag{2.42}$$

で与えられる。ここで，数密度を n としたとき

$$\rho = mn \tag{2.43}$$

と式(2.37)を式(2.42)に代入して次式を得る。

$$p = nkT \tag{2.44}$$

ここに，V を体積，N をその体積に含まれる分子の数とすると

$$n = \frac{N}{V} \tag{2.45}$$

であり，次式を得る。

$$pV = NkT \tag{2.46}$$

一般気体定数 $\Re$ [J/(mol·K)]，**アボガドロ数**（Avogadro's number）N_A（$\cong 6.022 \times 10^{23}$ mol^{-1}）を用いると

$$pV = \frac{N}{N_A} k N_A T = \widehat{M} \Re T \tag{2.47}$$

が得られる。ここに

$$\text{モル数（mole number）}: \widehat{M} = \frac{N}{N_A} \tag{2.48}$$

$$\Re \equiv k N_A \tag{2.49}$$

である。式(2.42)，(2.44)，(2.47)は，用いる状態量，単位が異なるものの，いずれも同じ内容を表す状態方程式である[†3]。

コラム C： 平均自由行程

ある粒子がほかの粒子に衝突するまでの平均距離を**平均自由行程** λ，その間にかかる時間を**平均自由時間** τ（mean free time）という。これらは，粒子の速さ v を用いて，以下のように関係づけられる。

$$\lambda = v\tau \tag{C.1}$$

図 C.1（a）に示すような二つの粒子の運動を考える。粒子1（速度 $\mathbf{v}_1$）の粒子2（速度 $\mathbf{v}_2$）

[†1] コラム C 参照。
[†2] 分子が球状の剛体であると仮定したオーダー評価。
[†3] 式(2.42)は流体工学で，式(2.44)はプラズマ物理学で，式(2.47)は熱力学で用いられることが多い。

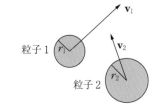

(a) 位置と速度ベクトル　　　　　(b) 相対速度ベクトル

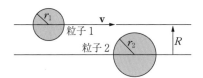
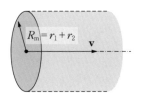

(c) 粒子2から見た粒子1の運動　　(d) 粒子1が円状(半径R_m)の衝突断面積を持って運動する様子

図C.1　二つの粒子1および2の運動

に対する相対速度を $\mathbf{v}$ とする（図(b)）。このとき，$\mathbf{v}$ は次式で表される。

$$\mathbf{v}=\mathbf{v}_1-\mathbf{v}_2 \tag{C.2}$$

この相対速度を用いると，粒子1の運動は，粒子2から図(c)のように見える。それぞれの粒子を半径 r_1, r_2 の剛体球とする。この二つの粒子が衝突するためには，図(c)に示す2本の平行な直線間の距離 R が

$$R \leqq r_1+r_2 \tag{C.3}$$

を満たさなければならない。すなわち，粒子の位置を点と捉えると，粒子1は粒子2に対して半径

$$R_m=r_1+r_2 \tag{C.4}$$

の円状の衝突断面積をなしていることになる。もし，同じ種類の粒子どうしが衝突する場合は，R_m は粒子の直径に等しい。いずれにしても，衝突断面積 σ は，次式で与えられる。

$$\sigma=\pi R_m^2 \tag{C.5}$$

ある粒子がほかの粒子と衝突するための条件は，この粒子が掃引する体積中にほかの粒子の位置が一つ含まれるようになることと等価である。粒子の数密度を n とすると

$$\sigma\lambda n=1 \tag{C.6}$$

すなわち

$$\lambda=\frac{1}{\sigma n} \tag{C.7}$$

となる。式(C.7)は，すべて一定の速さを持つ粒子の集まりであれば成り立つが，実際には「コラムB：熱平衡状態での速度分布と状態量」に示したような速度分布を持つため，λ の値もその影響を受ける。正確な λ の値を求めるために，速度分布関数を用いて衝突頻度を求める。すべて同じ種類（かりに1とする）の粒子から構成される気体を考える。かりに衝突する粒子に1，衝突される粒子に1'の添え字をつける。もちろん，実際には，衝突する，されるの区別はない。単位体積，単位時間当りに起こる粒子衝突頻度 Z_{11} は，衝突までに要する時間の逆

数 $|\mathbf{v}_1-\mathbf{v}_{1'}|\sigma$ を，それぞれの速度分布関数と数密度の積で積分すればよい．式(B.1)を用いて

$$Z_{11} = \frac{n^2\sigma}{2}\left(\frac{m}{2\pi kT}\right)^3 \int d\mathbf{v}_1 \int d\mathbf{v}_{1'} |\mathbf{v}_1-\mathbf{v}_{1'}| \exp\left\{-\frac{m}{2kT}(v_1^2+v_{1'}^2)\right\} \tag{C.8}$$

ここで，1回の衝突を粒子1と粒子1'に対する積分の中で2回数えることになるために，最初の分数の分母にある2で割っている．速度 $\mathbf{v}_1$，$\mathbf{v}_{1'}$ を，次式のように重心速度 $\mathbf{v}_G$ と相対速度 $\mathbf{v}$ に変換する．

$$\mathbf{v}_G = \frac{m_1}{m_1+m_{1'}}\mathbf{v}_1 + \frac{m_{1'}}{m_1+m_{1'}}\mathbf{v}_{1'} = \frac{\mathbf{v}_1+\mathbf{v}_{1'}}{2} \tag{C.9}$$

$$\mathbf{v} = \mathbf{v}_1 - \mathbf{v}_{1'} \tag{C.10}$$

式 (C.9)，(C.10) より

$$\mathbf{v}_1 = \mathbf{v}_G + \frac{\mathbf{v}}{2} \tag{C.11}$$

$$\mathbf{v}_{1'} = \mathbf{v}_G - \frac{\mathbf{v}}{2} \tag{C.12}$$

となり，式(C.8)に式(C.11)，(C.12)を代入して

$$Z_{11} = \frac{n^2\sigma}{2}\left(\frac{m}{2\pi kT}\right)^3 \int d\mathbf{v}_G \int d\mathbf{v}\, v \exp\left\{-\frac{m}{2kT}\left(2v_G^2+\frac{v^2}{2}\right)\right\} = \frac{n^2\sigma}{\sqrt{2}}\sqrt{\frac{8kT}{\pi m}} = \frac{n^2\sigma\bar{v}}{\sqrt{2}} \tag{C.13}$$

が得られる．ある特定の粒子が単位時間にほかの粒子に衝突する回数は，τ の逆数であるので

$$\frac{1}{\tau} = \frac{2Z_{11}}{n} = \sqrt{2}n\sigma\bar{v} \tag{C.14}$$

ここで Z_{11} の前の係数2は，式(2.20)総衝突回数を計算したときとは異なり，ある粒子に着目してほかの粒子との衝突回数を数えたためである．式(C.1)で $v=\bar{v}$ として，式(C.14)を代入すると次式が得られる．

$$\lambda = \frac{\bar{v}}{\sqrt{2}n\sigma\bar{v}} = \frac{1}{\sqrt{2}n\sigma} \tag{C.15}$$

式(C.15)に示すように，粒子の速度分布を考慮すると，そうでない場合（式(C.7)）に比べて係数 $1/\sqrt{2}$ 分だけ異なることに注意しよう．

コラムD：実在気体

気体が高密度になると，分子が占める体積や，分子間力が無視できなくなり，状態方程式は式(2.42)に従わなくなる．このような気体は**実在気体**（real gas）と呼ばれる．2.5節のスケールに関する見積りを，同じ温度で1000倍の圧力（100 MPa）の空気にあてはめると，単純計算で，分子間距離が分子の大きさと同じ程度になってしまう．このくらいの高密度になると，分子間力，分子の体積の影響，すなわち**実在気体効果**（real gas effect）が顕著になる．実在気体の状態方程式として代表的なものは，**圧縮性因子**（compressibility factor）z を用いるものである．

$$p = z\rho RT \tag{D.1}$$

ここで，$z=1$ が理想気体に対応する．図 D.1 に空気の z の値を示す．$T=300\,\mathrm{K}$，$p<15.5\,\mathrm{MPa}$ の範囲では，$z=1.00\pm0.01$ であり，ほぼ理想気体とみなせる．

実在気体のもう一つの代表的な状態方程式として，**ファンデルワールス**（van der Waals）

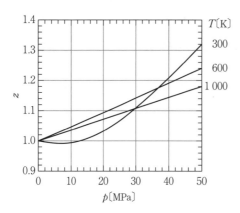
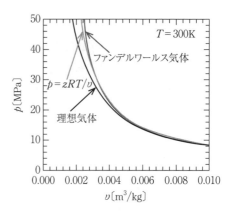

図 D.1　空気の圧縮性因子の圧力依存性[1]

図 D.2　高密度状態の空気におけるファンデルワールス気体と理想気体との比較

の状態方程式がある（図 D.2）。

$$\left(p+\frac{a}{v^2}\right)(v-b) = (p+a\rho^2)\left(\frac{1}{\rho}-b\right) = RT \tag{D.2}[2]$$

ここで，a, b は定数である。一つの分子に働く分子間力は一定の距離にある分子の数すなわち密度に比例し，さらに作用を受ける分子の数も密度に比例するので，分子間力の効果は $\rho^2 = 1/v^2$ に比例する。したがって，a/v^2 は分子間力によって圧力が減少する効果を表す。$-b$ は分子の大きさによって実効的な空間の体積が減少する効果を反映している。

2.6　エントロピー

一般的に，流れは熱の出入り，摩擦，渦，衝撃波などに起因する損失を伴う。この損失を定量的に記述するときに用いられるのが，**エントロピー** s である。エントロピーも熱力学的状態量の一つであるが，直感的に捉えにくく，またその大きさよりも「変化」が重要となる。気体の内部エネルギー e の変化を，エントロピー s と比体積 v の関数として式で表すと

$$de = \left(\frac{\partial e}{\partial s}\right)_v ds + \left(\frac{\partial e}{\partial v}\right)_s dv, \qquad e = e(s,v) \tag{2.50}$$

となり，これと式(2.8)を比較すると

$$\left(\frac{\partial e}{\partial s}\right)_v = T \tag{2.51}$$

$$\left(\frac{\partial e}{\partial v}\right)_s = -p \tag{2.52}$$

---

[1]　D. W. Green, R. H. Perry：Perry's chemical engineers' handbook (6ed ed.). McGraw-Hill (1984)
[2]　空気の場合，$a = 1.6 \times 10^2$ J·m^3/kg^2，$b = 1.3 \times 10^{-3}$ m^3/kg である。

となる。流れに熱を加えなくても，摩擦，渦や衝撃波の発生によって，エントロピーは増加する。

熱量的完全気体に対して式(2.8)を変形すると

$$ds = C_v \frac{dT}{T} + R \frac{d\left(\frac{1}{\rho}\right)}{\frac{1}{\rho}} = C_v d\ln T + R d\ln\left(\frac{1}{\rho}\right) = C_v d\ln(T\rho^{1-\gamma})$$

$$\frac{ds}{C_v} = d\ln(T\rho^{1-\gamma}) = d\ln(p^{1-\gamma}T^{\gamma}) = d\ln(p\rho^{-\gamma}) \tag{2.53}$$

となり，したがって，等エントロピー変化（$ds=0$）に対して次式が得られる。

$$\frac{T}{\rho^{\gamma-1}} = \text{const.}, \quad \frac{p}{T^{\frac{\gamma}{\gamma-1}}} = \text{const.}, \quad \frac{p}{\rho^{\gamma}} = \text{const.} \tag{2.54}$$

2.7 エンタルピー，全温，全圧

定常流れで，流速ベクトルをつないでいくと，**流線**（streamline）が描ける。このとき流れが非粘性であれば，流線という架空の仕切りで流れが分離されているとして扱ってもよい。**図 2.10** のように，流線に囲まれた検査体積内の流体要素（灰色の部分）を考えよう。重力は無視する。流れは，入口（検査面 1）から流入し，出口（検査面 2）から流出する。この間に流体要素はどれだけのエネルギーを得るだろうか？　要素は検査面 1 から p_1A_1 の力を受けている。要素の左側にある流体は，この流体

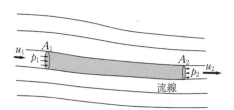

図 2.10 流線に囲まれた流れの要素になされる仕事

要素をピストンで押すのと同じように，単位時間当り u_1 だけ移動して仕事をする。すなわち，$p_1u_1A_1$ の**パワー**（power，**仕事率**）が流体要素に加えられている。検査面 2 では，圧力 p_2 が逆向きにかかり u_2 で流出しているので，流体要素は $p_2u_2A_2$ のパワーを失っている。それぞれの検査面を単位時間に通過する質量が $\rho_1u_1A_1 = \rho_2u_2A_2 (\neq 0)$ であることを用いて，この関係は次式で表される。

$$\left.\begin{array}{l} \rho_2u_2A_2 e_{t,2} - \rho_1u_1A_1 e_{t,1} = p_1u_1A_1 - p_2u_2A_2 \\ \rho_1u_1A_1\left(e_{t,1}+\dfrac{p_1}{\rho_1}\right) = \rho_2u_2A_2\left(e_{t,2}+\dfrac{p_2}{\rho_2}\right) \\ e_{t,1}+\dfrac{p_1}{\rho_1} = e_{t,2}+\dfrac{p_2}{\rho_2} \end{array}\right\} \tag{2.55}$$

ここで

$$e_t = e + \frac{1}{2}u^2 \tag{2.56}$$

であり，**エンタルピー**（式(2.11)）を用いると，次式のように，より簡単に書き表される．

$$h + \frac{1}{2}u^2 = \text{const.} \tag{2.57}$$

エンタルピーに流れの運動エネルギーを加えたもの h_t を**全エンタルピー**（total enthalpy）あるいは**よどみ点エンタルピー**（stagnation enthalpy）と呼ぶ．

$$h_t \equiv h + \frac{1}{2}u^2 \tag{2.58}$$

これを式(2.57)に代入すると次式となる．

$$h_t = \text{const.} \tag{2.59}$$

すなわち，流れに沿って全エンタルピー h_t が保存されることがわかる．流れが物体を通過する場合，流れの岐路によどみ点が生じる（**図2.11**）．h_t は流速 u が 0 になるときのエンタルピーを意味する．h は，特に h_t と区別する必要があるとき**静エンタルピー**（static enthalpy）と呼ばれる．

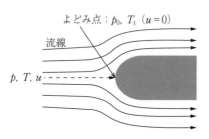

図 2.11 物体周りの流れ（亜音速）とよどみ点

式(2.11)，(2.36)，(2.42)より，エンタルピーは

$$h \equiv e + \frac{p}{\rho} = e + RT = \left(\frac{\phi}{2} + 1\right)RT \tag{2.60}$$

となり，内部エネルギーよりも2自由度分だけ大きな値をとる．熱量的完全気体の e, h, γ はつぎのように与えられる．

$$e = C_v T = \frac{\phi}{2}RT = \frac{1}{\gamma - 1}RT = \frac{1}{\gamma - 1}\frac{p}{\rho} \tag{2.61}$$

$$h = C_p T = \frac{\phi + 2}{2}RT = \frac{\gamma}{\gamma - 1}RT = \frac{\gamma}{\gamma - 1}\frac{p}{\rho} \tag{2.62}$$

$$\gamma = \frac{\frac{\phi+2}{2}}{\frac{\phi}{2}} = \frac{\phi+2}{\phi} = \begin{cases} \dfrac{5}{3} & (\text{常温の単原子分子}, \phi=3) \\ \dfrac{7}{5} & (\text{常温の二原子分子}, \phi=5) \end{cases} \tag{2.63}$$

いま，熱量的完全気体で流速 u，圧力 p，温度 T の流れをよどませて，圧力 p_0，温度 T_t になったとすると，式(2.59)より

$$\frac{\gamma R}{\gamma - 1}T_t = \frac{\gamma R}{\gamma - 1}T + \frac{1}{2}u^2$$

$$T_t = T + \frac{\gamma - 1}{2\gamma R}u^2 \tag{2.64}$$

が得られる。流れをよどませた状態の温度 T_t は，**全温**（total temperature）または**よどみ点温度**（stagnation temperature）と呼ばれる。T は，特に T_t と区別するときには，**静温**（static temperature）と呼ばれる。T_t はエントロピーの変化量に依存しない。例えば，宇宙船が地球の大気圏に再突入するとき，空気に対する相対速度は 8 km/s 程度になる。かりに $T=200$ K で，熱量的完全気体として式(2.64)を用いて全温を求めると

$$T_t = 200 + \frac{1.4-1}{2\times 1.4 \times \frac{8.31}{29\times 10^{-3}}} \times (8\times 10^3)^2 = 3.2 \times 10^4 \text{ K}$$

と 3 万 K 以上になってしまう。実際には，静温の上昇とともに比熱が増加し，流れをよどませても，静温はこれほどにまでには上昇しない。

一方，流れをよどませたとき圧力はどうなるだろう？ 式(2.53)，(2.64)より

$$\frac{p_0}{p} = \left(\frac{T_t}{T}\right)^{\frac{\gamma}{\gamma-1}} \exp\left(-\frac{\Delta s}{R}\right) = \left(1 + \frac{\gamma-1}{2}M^2\right)^{\frac{\gamma}{\gamma-1}} \exp\left(-\frac{\Delta s}{R}\right) \tag{2.65}$$

$$a = \sqrt{\gamma RT} = \sqrt{\frac{\gamma p}{\rho}} \tag{2.66}$$

$$M \equiv \frac{u}{a} \tag{2.67}$$

ここで，a および M は**音速**および**マッハ数**（Mach number，流速と音速の比）である。特に，流れを等エントロピー的（$\Delta s=0$）によどませたときの圧力 p_t は，**全圧**（total pressure）または**よどみ点圧力**（stagnation pressure）と呼ばれる。

$$\frac{p_t}{p} = \left(\frac{T_t}{T}\right)^{\frac{\gamma}{\gamma-1}} = \left(1 + \frac{\gamma-1}{2}M^2\right)^{\frac{\gamma}{\gamma-1}} \tag{2.68}$$

式(2.65)と(2.68)を比べると，エントロピーが増加すると，流れをよどませたときの圧力が因子 $\exp(-\Delta s/R)$ 分だけ低下する，すなわち**圧力損失**（pressure loss）が生じることがわかる。

流れをよどませて流れのマッハ数を測るために，**ピトー管**（Pitot tube，**図 2.12**）が用いられる。管の入口面が流れに垂直になるように向け，流れをよどませて**ピトー圧**（Pitot

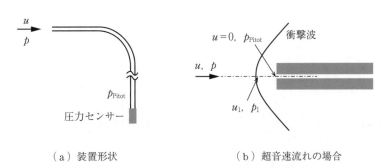

（a）装置形状　　　　　（b）超音速流れの場合

図 2.12　ピトー管

pressure) p_Pitot を測る。また，圧力測定孔（あるいは圧力センサー面）を流れに平行に向けて，静圧も測定する[†1]。

式(2.59)より

$$\mathrm{d}h_t = \mathrm{d}\left(h + \frac{1}{2}u^2\right) = 0 \tag{2.69}$$

式(2.14)で $\mathrm{d}s=0$ とすると

$$\mathrm{d}h - \frac{\mathrm{d}p}{\rho} = 0 \tag{2.70}$$

したがって

$$\frac{\mathrm{d}p}{\rho} + \mathrm{d}\frac{u^2}{2} = 0 \tag{2.71}$$

この式を積分したもの

$$\int \frac{\mathrm{d}p}{\rho} + \frac{u^2}{2} = \text{const.} \tag{2.72}$$

を**ベルヌーイの式**（Bernoulli's equation）という[†2]。ただし，この式は等エントロピー流れが保たれる場合にしか成り立たないことに注意する。

超音速流れの中にピトー管を置くと（図(b)），前方に衝撃波が発生し，エントロピーが増加する[†3]。ピトー管の中心軸上では，衝撃波面は流れに垂直になる。垂直衝撃波背後で流れは亜音速になり，等エントロピー的に減速してピトー管入口で流速が0になる。以上の関係と4章の結果を用いると

$$\frac{p_1}{p} = 1 + \frac{2\gamma}{\gamma+1}(M^2-1) \tag{2.73}$$

$$\frac{\rho_1}{\rho} = \frac{(\gamma+1)M^2}{(\gamma-1)M^2+2} \tag{2.74}$$

$$M_1 = \left(\frac{p_1}{p}\right)^{-1/2}\left(\frac{\rho_1}{\rho}\right)^{-1/2} M \tag{2.75}$$

$$\frac{p_\text{Pitot}}{p_1} = \left(1 + \frac{\gamma-1}{2}M_1^2\right)^{\frac{\gamma}{\gamma-1}} \tag{2.76}$$

これらから，次式の**レイリー**（Rayleigh）**のピトー管公式**が得られる。

[†1] 流れが亜音速の場合は，二重管を用いて，中心でピトー圧，側面で静圧を測定する。ピトー管の先端形状や，側面の静圧孔の位置に注意を要する。

[†2] 非圧縮流れ（$\mathrm{d}\rho=0$）に対しては，$p+\rho u^2/2=\text{const.}$ が成り立つ。圧力差 $p_\text{Pitot}-p=\rho u^2/2$ は動圧と呼ばれる。ただし，圧縮性流れではこの関係は成り立たないので，注意を要する。

[†3] 以降の式導出には，4章の知識が必要である。

$$\frac{p_{\text{Pitot}}}{p} = \frac{p_1}{p} \frac{p_{\text{Pitot}}}{p_1} = \frac{\left(\frac{\gamma+1}{2}M^2\right)^{\frac{\gamma}{\gamma-1}}}{\left(\frac{2\gamma M^2 - \gamma + 1}{\gamma+1}\right)^{\frac{1}{\gamma-1}}} \quad (2.77)$$

これを，全圧（式(2.68)）と比べてみよう（**図 2.13**）。マッハ数が1に近いときは，両者はほぼ一致するが，マッハ数が高くなるとピトー圧は全圧よりも低くなる。これは，垂直衝撃波によるエントロピー増加によるものである。例えば，$M=4.4$ のとき p_{Pitot} は p_t よりも一桁も小さくなる。

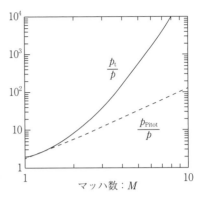

図2.13 ピトー圧と全圧の比較

2.8 多成分混合気体

空気をはじめとして，実在する多くの気体は，複数の化学種の混合気体である。混合気体の状態量と音速を求めよう。それぞれの化学種は理想気体，熱的完全気体として振る舞い，単一温度 T の熱平衡状態にあるとする。圧力 p は，各成分 i（$i=1,\cdots,N$）の分圧 p_i の和をとったものになり（**ドルトンの法則**，Dalton's law）次式で表される。

$$p = \sum_{i=1}^{N} p_i = \sum_{i=1}^{N} \rho_i R_i T = \sum_{i=1}^{N} Y_i \rho \frac{\Re}{W_i} T = \rho \overline{R} T \quad (2.78)$$

$$\overline{R} = \frac{\Re}{\overline{W}} = \Re \sum_{i=1}^{N} \frac{Y_i}{W_i} \quad (2.79)$$

ここで，W_i は化学種 i の**分子量**（molecular mass）〔kg/mol〕，$Y_i(=\rho_i/\rho)$ は**質量分率**（mass fraction）を表す。‾を付けた記号は，質量平均値を表す。$\overline{R}$ は混合気体の気体定数で，SI単位系で〔J/kg·K〕の次元を持つ。

同様に，エンタルピー h も各成分の和をとったものになり，次式で表される。

$$h = \sum_{i=1}^{N} Y_i h_i \quad (2.80)$$

$$h_i = h_{\text{f},i}(T_{\text{ref}}) + \int_{T_{\text{ref}}}^{T} C_{p,i} dT \quad (2.81)$$

h_f は，**標準生成エンタルピー**（standard enthalpy of formation at standard temperature）であり，基準温度 T_{ref} で基準要素となる分子状態（窒素分子，酸素分子，固体炭素など）からその化学種を生成するために必要なエネルギーを表す。式(2.81)で与えられるそれぞれの化学種のエンタルピーは温度のみの関数であるが，混合気体の質量分率 Y_i は温度と圧力の関数であるため，h は圧力にも依存する。**図2.14**に，一定圧力下における平衡空気のエンタルピーを温度の関数として示す。温度が1 000 K 程度まではエンタルピーは温度にほぼ比

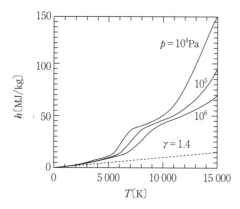

$T_{\mathrm{ref}}=0$ K,破線は熱量的完全気体($\gamma=1.4$)

図 2.14 平衡状態の空気のエンタルピー
(酒井武治鳥取大学教授提供)

例し,$\gamma=1.4$ の熱量的完全気体を仮定しても十分であることがわかる。また,2 000 K 程度までは圧力依存が比較的小さいことがわかる。

混合気体の音速[†]を求めるためには,厳密には圧力の変化に応じた化学反応を考慮する必要がある。化学反応が十分速く圧力(あるいは密度)の変化に追従する場合は化学平衡を仮定してよく,そうでない場合は化学的に非平衡になり,音速の計算も複雑になる。しかし,大抵の場合,圧力(あるいは密度)じょう乱が非常に弱く,それに対する化学組成の変化を無視してもよいことが多い。この条件に対する音速は,**凍結音速**(frozen speed of sound)と呼ばれ,陽的な定式化が可能であり,次式で表される。

等エントロピー変化($\mathrm{d}s=0$)

$$\mathrm{d}h-\frac{\mathrm{d}p}{\rho}=0 \tag{2.82}$$

に対して,熱的完全気体(比熱が温度のみの関数)を仮定すると

$$\mathrm{d}h_i=C_{p,i}\mathrm{d}T \tag{2.83}$$

$$h=\sum_{i=1}^{N}Y_i h_i \tag{2.84}$$

となる。ここで,微小じょう乱によって**質量分率** Y_i(全質量に対する化学成分 i の質量の割合)が変化しない(化学的に凍結)とすると

$$\mathrm{d}h=\sum_{i=1}^{N}(Y_i\mathrm{d}h_i+h_i\mathrm{d}Y_i)=\sum_{i=1}^{N}Y_i\mathrm{d}h_i=\sum_{i=1}^{N}Y_i C_{p,i}\mathrm{d}T \tag{2.85}$$

となる。ここで

$$\overline{C}_p=\sum_{i=1}^{N}Y_i C_{p,i} \tag{2.86}$$

とおいて,式(2.85)を等エントロピー式(2.82)に代入すると次式が得られる。

$$\overline{C}_p\mathrm{d}T-\frac{\mathrm{d}p}{\rho}=\frac{\overline{C}_p}{\overline{R}}\mathrm{d}\left(\frac{p}{\rho}\right)-\frac{\mathrm{d}p}{\rho}=\frac{\overline{C}_p}{\rho\overline{R}}\mathrm{d}p-\frac{p\overline{C}_p}{\rho^2\overline{R}}\mathrm{d}\rho-\frac{\mathrm{d}p}{\rho}=\frac{\overline{C}_p-\overline{R}}{\rho\overline{R}}\mathrm{d}p-\frac{p\overline{C}_p}{\rho^2\overline{R}}\mathrm{d}\rho=0$$

ここで,気体定数 $\overline{R}$ を用いるために式(2.78)を利用している。これを変形して,8 章の式(8.6)に代入すると

$$a_{\mathrm{f}}\equiv\left(\frac{\partial p}{\partial \rho}\right)_{s,Y_i(i=1\cdots N)}=\sqrt{\gamma\frac{p}{\rho}}=\sqrt{\gamma\overline{R}T} \tag{2.87}$$

[†] 音速の定義と意味は 8 章で学ぶ。ここでは,その結果の式を用いる。

$$\bar{\gamma} = \frac{\overline{C_p}}{\overline{C_p} - \overline{R}} = \frac{\overline{C_p}}{\overline{C_v}} \tag{2.88}$$

となり，単成分の気体の音速と同じ形式になる．ここで，比熱および比熱比は，温度のみの関数であればよく，一定値である必要はない．

特に高温の気体では，状態量の変化に応じて各自由度のエネルギーや化学種の成分が変化する．その変化の速度が状態量の変化に追いつかない場合，気体は**非平衡**（nonequilibrium state）状態になる．しかし，着目する現象に対してこの変化が十分速く，各自由度に分配されるエネルギー，化学種の割合の変化が収まると**平衡**（equilibrium）状態となる．平衡状態が保たれるときの音速 a_e を，**平衡音速**（equilibrium speed of sound）と呼び，次式で表される．

$$a_\mathrm{e} = \left(\frac{\partial p}{\partial \rho}\right)_{s, Y_i = Y_{i,\mathrm{e}}(s,\rho)} \tag{2.89}$$

ここで，$Y_{i,\mathrm{e}}(s,\rho)$ は，エントロピー s，密度 ρ での平衡状態の質量分率である．

3

流れの基礎式

　流れを解析するとき，すべての粒子を個々に追跡しなくても，集団としての振舞い，すなわち流速と状態量の空間的，時間的変化を調べればよいことが多い．これは，流れを**連続流体**（continuum fluid）として扱うことを意味する．本章では，圧縮性連続流体の基礎方程式を導く．拡散，粘性，熱伝導も重要な輸送現象であるが，圧力波の伝播には直接影響を及ぼさないので，それらを含まない**非粘性流れ**（inviscid flow）を仮定することにする．

3.1 流れの保存式

　図3.1に示すような，仮想的な検査面で囲まれた検査体積（体積 V）を考える．流速ベクトルを $\mathbf{u}$ として，検査体積を出入りする流束をもとに，質量，運動量，エネルギーの保存を定式化しよう．

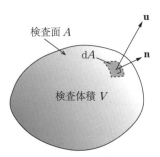

図3.1　検査体積

3.1.1 質量保存式

　断面積 dA，外向き法線ベクトル（単位ベクトル）$\mathbf{n}$ の検査面要素を，単位時間に通過する質量は

$$\rho \mathbf{u} \cdot \mathbf{n} dA \tag{3.1}$$

である．ここで，検査体積から流出する流束を正としている．単位時間当りの質量の変化は，検査面全体を出入りする質量に等しいので

$$\frac{\partial}{\partial t}\int_V \rho dV = -\int_A \rho(\mathbf{u}\cdot\mathbf{n})dA \tag{3.2}$$

となる。検査体積は，空間に固定して時間変化しないとし，さらにガウスの発散定理を用いると次式となる。

$$\int_V \frac{\partial \rho}{\partial t} dV + \int_V \nabla \cdot (\rho \mathbf{u}) dV = 0 \tag{3.3}$$

$$\int_V \left\{ \frac{\partial \rho}{\partial t} + \nabla \cdot (\rho \mathbf{u}) \right\} dV = 0$$

これが任意の検査体積に対して成り立つので

$$\frac{\partial \rho}{\partial t} + \nabla \cdot (\rho \mathbf{u}) = 0 \tag{3.4}$$

となり，これが**質量保存式**（equation of mass conservation）である。

3.1.2 運動量保存式

検査体積の単位時間当りの運動量変化について，つぎの関係が成り立つ。

$$\begin{bmatrix} 検査体積内の \\ 運動量増分 \end{bmatrix} = \begin{bmatrix} 検査面を通して \\ 流入する運動量 \end{bmatrix} + [検査面に作用する力] + \begin{bmatrix} 検査体積内に \\ 働く体積力 \end{bmatrix} \tag{3.5}$$

運動量はベクトル量であり，保存式もそれぞれの方向に対して立てる必要がある。単位体積の流体要素が持つ運動量は $\rho \mathbf{u}$ であり，流れによって流入する運動量流束は $-\rho \mathbf{u}(\mathbf{u} \cdot \mathbf{n})$ である。また，重力や電磁力など，個々の粒子に直接作用する力を**体積力**（volume force）と呼ぶ。検査体積内の気体と外部との力のやりとりについて，圧力は検査面のみに作用するが，体積力は内部の気体にも作用する。単位質量当りに作用する体積力ベクトルを $\mathbf{f}$ とする。以上を用いて，式(3.5)を書き表すと

$$\frac{\partial}{\partial t} \int_V \rho \mathbf{u} dV = -\int_A \rho \mathbf{u}(\mathbf{u} \cdot \mathbf{n}) dA + \int_A \boldsymbol{\sigma} \cdot \mathbf{n} dA + \int_V \rho \mathbf{f} dV \tag{3.6}$$

となる。右辺第1項について，i 方向成分（$i=1,2,3$）の運動量を考えると，式(3.3)と同様にガウスの発散定理を用いることができ，次式が得られる。

$$\left[\int_A \rho \mathbf{u}(\mathbf{u} \cdot \mathbf{n}) dA \right]_i = \int_A \rho u_i (\mathbf{u} \cdot \mathbf{n}) dA = \int_V \nabla \cdot (\rho u_i \mathbf{u}) dV = \int_V \sum_{j=1}^{3} \frac{\partial \rho u_i u_j}{\partial x_j} dV$$

式(3.6)の右辺第2項の $\boldsymbol{\sigma}$ は応力テンソルであるが，ここでは非粘性を仮定しているので，対角成分の圧力のみを含む。

$$\sigma_{ij} = -p \delta_{ij} \tag{3.7}$$

添え字 i は力の向き，j は作用する面の法線ベクトルの向きに対応している。δ_{ij} は**クロネッカーのデルタ**（Kronecker delta）で

$$\delta_{ij} = \begin{cases} 1 & (i=j) \\ 0 & (i \neq j) \end{cases}$$

である。また，次式が成り立つ。

$$\left[\int_A \boldsymbol{\sigma}\cdot\mathbf{n}\mathrm{d}A\right]_i = \sum_{j=1}^{3}\int_A \sigma_{ij}n_j\mathrm{d}A = \int_V \sum_{j=1}^{3}\frac{\partial \sigma_{ij}}{\partial x_j}\mathrm{d}V = -\int_V \frac{\partial p}{\partial x_i}\mathrm{d}V \tag{3.8}$$

したがって，式(3.3)と同様にして，i 成分の運動量保存式を書き表すと

$$\int_V \left\{\frac{\partial}{\partial t}(\rho u_i) + \sum_{j=1}^{3}\frac{\partial \rho u_i u_j}{\partial x_j} + \frac{\partial p}{\partial x_i} - \rho f_i\right\}\mathrm{d}V = 0$$

$$\frac{\partial}{\partial t}(\rho u_i) + \sum_{j=1}^{3}\frac{\partial \rho u_i u_j}{\partial x_j} = -\frac{\partial p}{\partial x_i} + \rho f_i \tag{3.9}$$

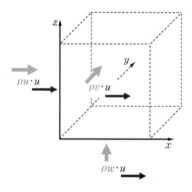

図 3.2 x 軸方向の運動量流束

となる。デカルト座標 (x,y,z) における $\mathbf{u}$ 成分を (u,v,w) として，式(3.9)を成分で表すと次式となる。

$$x \text{ 成分}: \frac{\partial \rho u}{\partial t} + \frac{\partial \rho u^2}{\partial x} + \frac{\partial \rho u v}{\partial y} + \frac{\partial \rho u w}{\partial z}$$

$$= -\frac{\partial p}{\partial x} + \rho f_x \tag{3.10}$$

ここで，左辺の三つの運動量流束の項は，**図 3.2** に示すように，それぞれ x 軸，y 軸，z 軸に垂直な面から出入りする運動量流束の差分に対応している。

$\dfrac{\partial \rho u^2}{\partial x} = \dfrac{\partial \rho u \cdot u}{\partial x}$ ：x 軸に垂直な面を通してもたらされる x 軸方向の運動量の差分

$\dfrac{\partial \rho u v}{\partial y} = \dfrac{\partial \rho v \cdot u}{\partial y}$ ：y 軸に垂直な面を通してもたらされる x 軸方向の運動量の差分

$\dfrac{\partial \rho u w}{\partial z} = \dfrac{\partial \rho w \cdot u}{\partial z}$ ：z 軸に垂直な面を通してもたらされる x 軸方向の運動量の差分

$$y \text{ 成分}: \frac{\partial \rho v}{\partial t} + \frac{\partial \rho v u}{\partial x} + \frac{\partial \rho v^2}{\partial y} + \frac{\partial \rho v w}{\partial z} = -\frac{\partial p}{\partial y} + \rho f_y \tag{3.11}$$

$$z \text{ 成分}: \frac{\partial \rho w}{\partial t} + \frac{\partial \rho w u}{\partial x} + \frac{\partial \rho w v}{\partial y} + \frac{\partial \rho w^2}{\partial z} = -\frac{\partial p}{\partial z} + \rho f_z \tag{3.12}$$

まとめてベクトル形式で表すと次式となる。

$$\frac{\partial \rho \mathbf{u}}{\partial t} + \nabla\cdot(\rho \mathbf{u}\otimes\mathbf{u}) = -\nabla p + \rho \mathbf{f} \tag{3.13}$$

ここで，$\mathbf{a}\otimes\mathbf{b}$ は**テンソル積**（tensor product）であり[†]

$$\mathbf{a}\otimes\mathbf{b} = \begin{pmatrix} a_1 \\ a_2 \\ a_3 \end{pmatrix}(b_1 \quad b_2 \quad b_3) = \begin{pmatrix} a_1 b_1 & a_1 b_2 & a_1 b_3 \\ a_2 b_1 & a_2 b_2 & a_2 b_3 \\ a_3 b_1 & a_3 b_2 & a_3 b_3 \end{pmatrix}$$

[†] ここでは，$x_1 = x$, $x_2 = y$, $x_3 = z$ である。

$$\nabla \cdot (\mathbf{a} \otimes \mathbf{b}) = \begin{pmatrix} \dfrac{\partial a_1 b_1}{\partial x_1} + \dfrac{\partial a_1 b_2}{\partial x_2} + \dfrac{\partial a_1 b_3}{\partial x_3} \\ \dfrac{\partial a_2 b_1}{\partial x_1} + \dfrac{\partial a_2 b_2}{\partial x_2} + \dfrac{\partial a_2 b_3}{\partial x_3} \\ \dfrac{\partial a_3 b_1}{\partial x_1} + \dfrac{\partial a_3 b_2}{\partial x_2} + \dfrac{\partial a_3 b_3}{\partial x_3} \end{pmatrix}$$

である．式(3.13)は，粘性を考慮しない流れの運動方程式で，**オイラーの運動方程式**（Euler's equation of motion）と呼ばれる．特に，式(3.13)のように微分の前に変数が掛からない形式は，**保存形**（conservation form）と呼ばれ，直感的に保存則と関連づけて理解しやすく，また数値計算において流束の誤差を小さく抑えるような離散化を行いやすい．

オイラーの運動方程式(3.13)は，成分に分解してベクトル形で表し，さらに質量保存式を用いると，次式のように別の形に整理できる．

$$\rho \dfrac{\partial \mathbf{u}}{\partial t} + \mathbf{u} \underbrace{\left\{ \dfrac{\partial \rho}{\partial t} + \nabla \cdot (\rho \mathbf{u}) \right\}}_{=0} + \rho (\mathbf{u} \cdot \nabla) \mathbf{u} = -\nabla p + \rho \mathbf{f}$$

$$\rho \dfrac{\partial \mathbf{u}}{\partial t} + \rho (\mathbf{u} \cdot \nabla) \mathbf{u} = -\nabla p + \rho \mathbf{f} \tag{3.14}$$

式(3.14)は，**非保存形**（non-conservative form）で表されたオイラーの運動方程式であり，それぞれの項の物理的意味が比較的わかりやすい．

$$\mathbf{u} \cdot \nabla = u \dfrac{\partial}{\partial x} + v \dfrac{\partial}{\partial y} + w \dfrac{\partial}{\partial z} \tag{3.15}$$

は**対流微分**（convective derivative）と呼ばれ，流れとともにみた（ある流体要素を追跡した）変化を表す．式(3.14)の左辺第2項の**対流項**（convective term）こそが，流れの非線形な性質の源になっているものである．

実質微分（substantial derivative）

$$\dfrac{\mathrm{D}}{\mathrm{D}t} \equiv \dfrac{\partial}{\partial t} + \mathbf{u} \cdot \nabla \tag{3.16}$$

は，流れを時空間の関数と見立て，$\mathbf{u}$ を追跡する速度ベクトルとしたときの全微分に相当する．これを用いると，式(3.14)は次式となる．

$$\rho \dfrac{\mathrm{D}\mathbf{u}}{\mathrm{D}t} = -\nabla p + \rho \mathbf{f} \tag{3.17}$$

3.1.3 エネルギー保存式

流体要素が持つエネルギーは，内部エネルギーと重心の運動エネルギーとの和である**全エネルギー** e_t である．

$$e_\mathrm{t} = e + \dfrac{1}{2} |\mathbf{u}|^2 \tag{3.18}$$

検査体積内における単位時間当りの全エネルギーの変化は

$$
[全エネルギーの増分] = \begin{bmatrix} 検査面から流入する \\ 全エネルギー流束 \end{bmatrix} + \begin{bmatrix} 検査面を介して \\ 圧力がなす仕事 \end{bmatrix} + \begin{bmatrix} 検査面を介 \\ する熱伝達 \end{bmatrix}
$$

$$
+ \begin{bmatrix} 検査体積内の \\ 流体への加熱 \end{bmatrix} + \begin{bmatrix} 体積力が \\ なす仕事 \end{bmatrix}
$$

$$
\frac{\partial}{\partial t}\int_V \rho e_t \mathrm{d}V = -\int_A \rho e_t \mathbf{u}\cdot\mathbf{n}\mathrm{d}A - \int_A p\mathbf{u}\cdot\mathbf{n}\mathrm{d}A - \int_A \mathbf{q}\cdot\mathbf{n}\mathrm{d}A + \int_V \rho \dot{Q}\mathrm{d}V + \int_V \rho \mathbf{f}\cdot\mathbf{u}\mathrm{d}V
$$
(3.19)

で表される。ここで，$\dot{Q}$ は単位時間，単位質量当りの直接加熱量を表す。ガウスの発散定理を用いて，面積分を体積積分に変換すると

$$
\frac{\partial}{\partial t}\int_V \rho e_t \mathrm{d}V = -\int_A \nabla\cdot(\rho e_t \mathbf{u})\mathrm{d}V - \int_V \nabla\cdot(p\mathbf{u})\mathrm{d}V - \int_V \nabla\cdot\mathbf{q}\mathrm{d}V + \int_V \rho \dot{Q}\mathrm{d}V
$$

$$
+ \int_V \rho \mathbf{f}\cdot\mathbf{u}\mathrm{d}V
$$
(3.20)

となり，時間変化のない任意の検査体積で成り立つので

$$
\frac{\partial \rho e_t}{\partial t} + \nabla\cdot(\rho e_t + p)\mathbf{u} = -\nabla\cdot\mathbf{q} + \rho \dot{Q} + \rho \mathbf{f}\cdot\mathbf{u}
$$
(3.21)

となり，これより

$$
\rho\frac{\partial e_t}{\partial t} + \rho\mathbf{u}\cdot\nabla e_t + e_t\underbrace{\left\{\frac{\partial \rho}{\partial t} + \nabla\cdot(\rho\mathbf{u})\right\}}_{[A]} + p\nabla\cdot\mathbf{u} + \mathbf{u}\cdot\underbrace{\nabla p}_{[B]} = -\nabla\cdot\mathbf{q} + \rho\dot{Q} + \rho\mathbf{f}\cdot\mathbf{u}
$$

が得られる。e_t に式(3.18)，下線部 [A]，[B] に，それぞれ質量保存式(3.4)，運動量保存式(3.14)を代入して

$$
\rho\frac{\partial}{\partial t}\left(e + \frac{1}{2}|\mathbf{u}|^2\right) + \rho\mathbf{u}\cdot\nabla\left(e + \frac{1}{2}|\mathbf{u}|^2\right) + p\nabla\cdot\mathbf{u} + \mathbf{u}\cdot\left\{-\rho\frac{\partial \mathbf{u}}{\partial t} - \rho(\mathbf{u}\cdot\nabla)\mathbf{u} + \rho\mathbf{f}\right\}
$$

$$
= -\nabla\cdot\mathbf{q} + \rho\dot{Q} + \rho\mathbf{f}\cdot\mathbf{u}
$$

$$
\rho\frac{\partial e}{\partial t} + \rho\mathbf{u}\cdot\nabla e + p\nabla\cdot\mathbf{u} + \rho\mathbf{u}\cdot\nabla\frac{|\mathbf{u}|^2}{2} - \rho\mathbf{u}\cdot\{(\mathbf{u}\cdot\nabla)\mathbf{u}\} = -\nabla\cdot\mathbf{q} + \rho\dot{Q}
$$

で表される。ここで

$$
\mathbf{u}\cdot\{(\mathbf{u}\cdot\nabla)\mathbf{u}\} = \begin{pmatrix} u \\ v \\ w \end{pmatrix}\cdot\begin{pmatrix} (\mathbf{u}\cdot\nabla)u \\ (\mathbf{u}\cdot\nabla)v \\ (\mathbf{u}\cdot\nabla)w \end{pmatrix} = \frac{1}{2}(\mathbf{u}\cdot\nabla)|\mathbf{u}|^2
$$

であるから

$$
\rho\frac{\mathrm{D}e}{\mathrm{D}t} + p\nabla\cdot\mathbf{u} = -\nabla\cdot\mathbf{q} + \rho\dot{Q}
$$
(3.22)

となる。式(3.4)，(3.16)より得られる関係式

$$
\nabla\cdot\mathbf{u} = -\frac{1}{\rho}\frac{\mathrm{D}\rho}{\mathrm{D}t}
$$
(3.23)

を式(3.22)に代入して次式が得られる。

$$\frac{\mathrm{D}e}{\mathrm{D}t} = \frac{p}{\rho^2}\frac{\mathrm{D}\rho}{\mathrm{D}t} - \frac{1}{\rho}\nabla\cdot\mathbf{q} + \dot{Q} = -p\frac{\mathrm{D}v}{\mathrm{D}t} - \frac{1}{\rho}\nabla\cdot\mathbf{q} + \dot{Q}, \qquad v \equiv \frac{1}{\rho} \tag{3.24}$$

式(3.24)は，単位質量当りの内部エネルギーの変化を与える式で，最右辺の第2，3項は外部からの熱伝達，内部の加熱量を表す。これら2項を流体要素に加わる熱 δQ とし，物理量 X の実質微分を単なる変化量 $\mathrm{d}X$ に置き換えると

$$\delta Q = \mathrm{d}e + p\mathrm{d}v \tag{3.25}$$

となり，これは流れとともに移動する座標からみたときの**熱力学第1法則**にほかならない。式(3.25)を**エンタルピー**

$$h = e + \frac{p}{\rho} = e + pv \tag{3.26}$$

を用いて表すと

$$\delta Q = \mathrm{d}h - v\mathrm{d}p \tag{3.27}$$

となる。体積力は，流体の圧縮・膨張には関係せず，重心の運動エネルギーの変化のみに作用するので，これらの式中には含まれないことに注意しよう。

つぎに，運動エネルギーの変化を考えよう。運動方程式(3.14)の両辺と $\mathbf{u}$ の内積をとると

$$\mathbf{u}\cdot\frac{\partial\mathbf{u}}{\partial t} + \mathbf{u}\cdot(\mathbf{u}\cdot\nabla)\mathbf{u} = \frac{\mathrm{D}}{\mathrm{D}t}\left(\frac{1}{2}|\mathbf{u}|^2\right) = \left(-\frac{\nabla p}{\rho} + \mathbf{f}\right)\cdot\mathbf{u} \tag{3.28}$$

となり，式(3.28)は，運動エネルギーが，圧力勾配と体積力がなす仕事によって変化することを意味している。圧力は内部エネルギーとともに変化するので，運動エネルギーと内部エネルギーの変化はたがいに影響を及ぼしあっている。

以上まとめると，全エネルギーのうち，内部エネルギーの変化は熱力学第1法則（式(3.25)）に基づいてなされ，運動エネルギーの変化は運動方程式と等価な式(3.28)に従うことがわかる。

3.1.4 そのほかの関係式

3次元流れの場合，ある時刻，位置における流れの状態は，二つの状態量と3成分からなる流速ベクトルで一意的に定めることができる。本節で導いた基礎式は，質量保存，3成分の運動量保存，エネルギー保存の合計5個であるので，方程式の数と未知数の数が一致している。しかし，これら五つの式の中には，ρ, p, e の三つの状態量が含まれ，さらに変形するとエンタルピー h，音速 a，温度 T などが現れる。これらは，状態方程式を与えることで，二つの独立した状態量の関数として与えられる。例えば，内部エネルギーは圧力と密度の関数

$$e = e(p, \rho) \tag{3.29}$$

として与えられる。以上により，未知数と方程式の数が一致するので，境界条件や初期条件を与えることで問題が解ける。

3.1.5 非粘性流れの相似性

本書で扱う保存式は，拡散，粘性，熱伝導という輸送効果を含まないので，流れ場の代表寸法 L 以外に特性長さが存在しない。これは，非粘性流れの特徴的な性質で，流れは相似になる。オイラーの運動方程式を例にとって，これを確かめてみよう。式(3.14)の中の変数を，独立した三つの特性量 p_∞, L, U_∞ を組み合わせて次式のように無次元化する。

$$\tilde{\mathbf{f}} \equiv \frac{\mathbf{f}}{U_\infty^2/L}, \quad \tilde{p} \equiv \frac{p}{p_\infty}, \quad \tilde{\mathbf{u}} \equiv \frac{\mathbf{u}}{U_\infty}, \quad \tilde{t} \equiv \frac{t}{L/U_\infty}, \quad \tilde{\nabla} \equiv L\nabla, \quad \tilde{\rho} \equiv \frac{\rho}{p_\infty/U_\infty^2} \tag{3.30}$$

$$\frac{\partial \tilde{\mathbf{u}}}{\partial \tilde{t}} + (\tilde{\mathbf{u}} \cdot \tilde{\nabla})\tilde{\mathbf{u}} = -\frac{\tilde{\nabla}\tilde{p}}{\tilde{\rho}} + \tilde{\mathbf{f}} \tag{3.31}$$

無次元化されたオイラーの運動方程式(3.31)は，代表寸法 L に無関係に成り立つ。したがって，どのような大きさの流れ場であっても，形状が相似であれば，流れ場も相似になる。

3.2 ガリレイ変換

一定速度で飛ぶ飛行機周りの流れを地上から観測するのと，飛行機の中にいて進行方向から流れが向かってくるのを観測するのとでは，明らかに流速の分布が異なる。力学的にこれらは異なる**慣性座標系**（inertial frame of reference）（相対的に等速直線運動する座標系）から流れを観測していることになる。異なる慣性座標系に対して支配方程式の形が変わると不便であるが，幸いなことに流れの基礎方程式は同じ形で表される。このことを確かめよう。

3.2.1 慣 性 座 標 系

ある場所に固定した座標を**実験室座標**（laboratory frame）と呼ぶ。地上の実験室座標は，近似的に慣性座標とみなしてもさしつかえない†。飛行機が，静止大気中を一定速度 $\mathbf{U}$ で飛んでいるとする。**図 3.3** では，これを地上（実験室座標）から観測している。一方，**図 3.4** では，飛行機に固定した慣性座標系から観測していて，前方から逆向きの速度 $-\mathbf{U}$ で一様流が流れてくる。このような異なる慣性座標系の間の変換を，**ガリレイ変換**（Galilean transformation）という。

---

† 地球上に固定した座標系は，すべて地球の重力，自転による加速度（遠心力，コリオリ力）を受けるので，厳密には慣性座標ではない。しかし，例えば地表における地球の自転による加速度の大きさは，$0.03\cos\phi$ [m/s^2]（ϕ は緯度）であり，たかだか重力の 0.3 % にすぎない。

3.2 ガリレイ変換　39

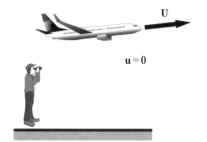

図3.3 実験室座標系（地上）から観測した飛行機（一定速度 U）の動き

図3.4 飛行機に固定した慣性座標系から観測

前方から一定速度 −U の一様流が流れてくる。

3.2.2 ガリレイ変換

いま，実験室に固定した慣性座標系 A（原点 O，**図3.5**(a)）を考える。

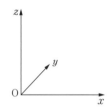
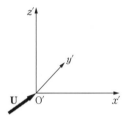

（a）座標系 A：基準の慣性座標系（実験室座標系）　（b）座標系 B：座標系 A に対して一定速度 U で動く

図3.5 二つの慣性座標系

ある粒子の位置ベクトルを

$$\mathbf{x} = \begin{pmatrix} x \\ y \\ z \end{pmatrix} \tag{3.32}$$

とする。つぎに，慣性座標系 A 上で，一定速度 U で平行移動する別の慣性座標系 B（原点 O′）を考え，同じ粒子に対する位置ベクトルを

$$\mathbf{x}' = \begin{pmatrix} x' \\ y' \\ z' \end{pmatrix} \tag{3.33}$$

とする（図(b)）。これらの位置ベクトルの関係は，**図3.6**のようになる。ここで，$\mathbf{x}_{O'}$ は $\mathbf{x}$ 座標系における O′点の位置ベクトルを表す。図からわかるように，二つの座標系の間には，つぎのような関係式が成り立つ。

$$\mathbf{x}' = \mathbf{x} - \mathbf{x}_{O'} \tag{3.34}$$

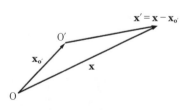

図3.6 同一の粒子に対する二つの慣性座標系での位置ベクトルの関係

$$\begin{pmatrix} x' \\ y' \\ z' \end{pmatrix} = \begin{pmatrix} x - x_{O'}(t) \\ y - y_{O'}(t) \\ z - z_{O'}(t) \end{pmatrix} \tag{3.35}$$

$$t' = t \tag{3.36}$$

t, t' は，それぞれの座標系における時間である．ここで，速度 $\mathbf{U}$ は次式のように一定であり，O' 点の位置 $\mathbf{x}_{O'}$ は時間 t のみの関数であるとする．

$$\mathbf{U} = \frac{d\mathbf{x}_{O'}(t)}{dt} \equiv \begin{pmatrix} U_x \\ U_y \\ U_z \end{pmatrix} \tag{3.37}$$

これらを用いて，座標変換を行う．二つ座標系の微分係数を**ヤコビ行列**（Jacobian matrix）$\mathbf{Y}$ で関係づけて次式で表す．

$$\mathbf{Y} = \frac{|\partial(t', \mathbf{x}')|}{|\partial(t, \mathbf{x})|} = \begin{pmatrix} \frac{\partial t'}{\partial t} & \frac{\partial x'}{\partial t} & \frac{\partial y'}{\partial t} & \frac{\partial z'}{\partial t} \\ \frac{\partial t'}{\partial x} & \frac{\partial x'}{\partial x} & \frac{\partial y'}{\partial x} & \frac{\partial z'}{\partial x} \\ \frac{\partial t'}{\partial y} & \frac{\partial x'}{\partial y} & \frac{\partial y'}{\partial y} & \frac{\partial z'}{\partial y} \\ \frac{\partial t'}{\partial z} & \frac{\partial x'}{\partial z} & \frac{\partial y'}{\partial z} & \frac{\partial z'}{\partial z} \end{pmatrix} \tag{3.38}$$

これを用いると

$$\begin{pmatrix} \frac{\partial}{\partial t} \\ \frac{\partial}{\partial x} \\ \frac{\partial}{\partial y} \\ \frac{\partial}{\partial z} \end{pmatrix} = Y \begin{pmatrix} \frac{\partial}{\partial t'} \\ \frac{\partial}{\partial x'} \\ \frac{\partial}{\partial y'} \\ \frac{\partial}{\partial z'} \end{pmatrix} = \begin{pmatrix} \frac{\partial}{\partial t'} - U_x \frac{\partial}{\partial x'} - U_y \frac{\partial}{\partial y'} - U_z \frac{\partial}{\partial z'} \\ \frac{\partial}{\partial x'} \\ \frac{\partial}{\partial y'} \\ \frac{\partial}{\partial z'} \end{pmatrix} \tag{3.39}$$

となる．ここで，それぞれの偏微分は，式(3.35)〜(3.37)を用いて求めた．式(3.39)をベクトルで表すと次式となる．

$$\frac{\partial}{\partial t} = \frac{\partial}{\partial t'} - \mathbf{U} \cdot \nabla' \tag{3.40}$$

$$\nabla = \nabla' = \begin{pmatrix} \frac{\partial}{\partial x'} \\ \frac{\partial}{\partial y'} \\ \frac{\partial}{\partial z'} \end{pmatrix} \tag{3.41}$$

式(3.40)，(3.41)が，ガリレイ変換の式である．空間微分は座標変換しても同じ形式で表されるが，時間微分は平行移動の効果を表す項 $-\mathbf{U}\cdot\nabla'$ が付け加わることに注意する．

3.2.3 流体の保存方程式のガリレイ変換

座標系 A および B における流速を

$$\mathbf{u} = \frac{d\mathbf{x}}{dt} \tag{3.42}$$

$$\mathbf{u}' = \frac{d\mathbf{x}'}{dt'} \tag{3.43}$$

とおく．式(3.34)，(3.36)，(3.37)を用いて

$$\mathbf{u}' \equiv \mathbf{u} - \mathbf{U} \tag{3.44}$$

で表す．式(3.40)，(3.44)を用いて，流体の保存方程式(3.4)，(3.14)，(3.22)をガリレイ変換してみよう．

〔1〕 **質量保存式**　式(3.4)にガリレイ変換を施して次式で表す．

$$\frac{\partial \rho}{\partial t'} - \mathbf{U}\cdot\nabla'\rho + \nabla'\cdot\rho(\mathbf{U}+\mathbf{u}') = 0$$

ここで，$\mathbf{U}$ は時間的にも，空間的にも変化しないとしているから

$$\nabla'\cdot\mathbf{U} = 0 \tag{3.45}$$

$$\frac{\partial \mathbf{U}}{\partial t'} = 0 \tag{3.46}$$

となる．したがって

$$\frac{\partial \rho}{\partial t'} + \nabla'\cdot(\rho \mathbf{u}') = 0 \tag{3.47}$$

となる．これは，式(3.4)と同じ形である．

〔2〕 **運動量保存式**　同様に，式(3.14)にガリレイ変換を施して次式で表す．

$$\rho\left(\frac{\partial}{\partial t'} - \mathbf{U}\cdot\nabla'\right)(\mathbf{U}+\mathbf{u}') + \rho(\mathbf{U}+\mathbf{u}')\cdot\nabla'(\mathbf{U}+\mathbf{u}') = -\nabla'p + \rho\mathbf{f}$$

$$\rho\frac{\partial \mathbf{u}'}{\partial t'} + \rho\mathbf{u}'\cdot\nabla'\mathbf{u}' = -\nabla'p + \rho\mathbf{f} \quad (式(3.14)と同形) \tag{3.48}$$

〔3〕 **エネルギー保存式**　式(3.22)をガリレイ変換を施して次式で表す．

$$\rho\left(\frac{\partial}{\partial t'} - \mathbf{U}\cdot\nabla'\right)e + \rho\{(\mathbf{U}+\mathbf{u}')\cdot\nabla'\}e + p\nabla'\cdot(\mathbf{U}+\mathbf{u}') = -\nabla'\cdot\mathbf{q} + \rho\dot{Q}$$

$$\rho\frac{\partial e}{\partial t'} + \rho(\mathbf{u}'\cdot\nabla')e + p\nabla'\cdot\mathbf{u}' = -\nabla'\cdot\mathbf{q} + \rho\dot{Q} \quad (式(3.22)と同形) \tag{3.49}$$

式(3.47)～(3.49)より，各保存式を $(t', \mathbf{x}')$ 座標で表しても，同じ形になることが示された．すなわち，流体の保存式は，ガリレイ変換を施しても不変である．

3. 流れの基礎式

さらに，実質微分もガリレイ変換によって次式のように不変である。

$$\frac{\mathrm{D}}{\mathrm{D}t}=\frac{\partial}{\partial t}+\mathbf{u}\cdot\nabla=\frac{\partial}{\partial t'}-\mathbf{U}\cdot\nabla'+(\mathbf{U}+\mathbf{u}')\cdot\nabla'=\frac{\partial}{\partial t'}+\mathbf{u}'\cdot\nabla'=\frac{\mathrm{D}'}{\mathrm{D}t'} \quad (3.50)$$

最後に，ガリレイ変換が成り立つのは，座標系の相対速度 $\mathbf{U}$ が時間的に変化しない場合のみであることを注意しておく。座標系が相対的に加速度を持つ場合には，そのまま適用することができない。

4

不 連 続 面

　高速道路を走っているとき，前方で渋滞が起こって，急に減速あるいは停止しなければならないことがある。このとき，車線に沿って車の密度や速度が急に変わる境界ができている（図4.1(a)）。油と水が二層に分かれたり（図(b)），カーリングのストーンが氷の上を滑っていくとき（図(c)），密度や速度が異なるものが「接している」とみなす。こういった**不連続面**（discontinuity）は，流れの中にも現れる。

（a）突然始まる交通渋滞（西成活裕東京大学教授提供）

（b）水と油の接触面

（c）滑り面

図4.1 不連続面の例

　本書で扱うのは，**連続流体**（continuum fluid）であり，物体は平均自由行程に比べて十分大きい。「連続流体の中に不連続面がある」のは不思議に思えるが，圧力や密度が平均自由行程（自動車の場合は走行時の車間距離）の10倍程度の長さで変化することは可能であり，それを不連続面とみなす。不連続面を含んでいても流れの保存則は満たされる必要があり，その条件によっていくつかの種類に分類される。

4.1 不連続面の条件と種類

4.1.1 ランキン・ユゴニオ関係式

流れの中に不連続面があると仮定して，それとともに一定速度で移動する検査体積を考える（図4.2）。

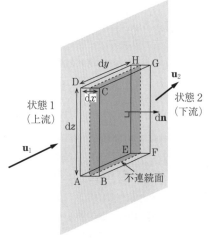

図4.2 不連続面の一部を囲む検査体積 ABCDEFGH

保存形で書かれた流れの保存式(3.4)，(3.13)，(3.21)にガリレイ変換を施し†，検査体積に相対する流れを考える。検査体積は十分薄く，そこを通過する時間内では流れは変化しないとすると

$$\nabla \cdot (\rho \mathbf{u}) = 0 \tag{4.1}$$

$$\nabla \cdot (\rho \mathbf{u} \otimes \mathbf{u}) = -\nabla p + \rho \mathbf{f} \tag{4.2}$$

$$\nabla \cdot \{(\rho e_t + p)\mathbf{u}\} = \nabla \cdot (\rho h_t \mathbf{u})$$
$$= \rho(\delta \dot{Q} + \mathbf{f} \cdot \mathbf{u}) \tag{4.3}$$

で表される。これらを検査面Φで囲まれた検査体積Ω（時間的に変化しないとする）に適用し，ガウスの発散定理を用いると

$$\int_\Omega \nabla \cdot (\rho \mathbf{u}) \, dV = \int_\Phi \rho \mathbf{u} \cdot \mathbf{n} \, dA = 0 \tag{4.4}$$

$$\left. \begin{array}{l} \int_\Omega \{\nabla \cdot (\rho \mathbf{u} \otimes \mathbf{u}) + \nabla p\} dV = \int_\Omega \rho \mathbf{f} \, dV \\ \int_\Phi \{(\rho \mathbf{u} \otimes \mathbf{u})\} \cdot \mathbf{n} \, dA + \int_\Omega \nabla p \, dV = \int_\Omega \rho \mathbf{f} \, dV \end{array} \right\} \tag{4.5}$$

$$\int_\Omega \nabla \cdot (\rho h_t \mathbf{u}) \, dV = \int_\Phi (\rho h_t \mathbf{u}) \cdot \mathbf{n} \, dA = \int_\Omega \rho(\delta \dot{Q} + \mathbf{f} \cdot \mathbf{u}) \, dV \tag{4.6}$$

となる。不連続面に沿った方向に，流れは一様であるとする。便宜上，不連続面に垂直な方向にx軸をとり，検査体積の厚さをdx，平行な面の長さをdyおよびdzとする。検査面外向きの単位法線ベクトルを$\mathbf{n}$とする。ここで，検査体積の厚さを限りなく薄くしていく（$dx \to 0$）と，$dy \, dz$の大きさをそのままにしたまま，検査体積の大きさも限りなく小さくなる（$dV = dx \, dy \, dz \to 0$）。この場合，側面からの流束および生成項の大きさは，dxに比例するため無視することができる。

質量保存式(4.4)より

---

† 変換した座標の表記はそのまま同じとする。

$$(\rho \mathbf{u})_{\text{ADHE}} \cdot \mathbf{n}_{\text{ADHE}} dy\, dz + (\rho \mathbf{u})_{\text{BFGC}} \cdot \mathbf{n}_{\text{BFGC}} dy\, dz = 0$$
$$\{(\rho \mathbf{u})_{\text{ADHE}} - (\rho \mathbf{u})_{\text{BFGC}}\} \cdot \mathbf{n}_{\text{ADHE}} = 0 \tag{4.7}$$

検査面ADHE（上流），BFGC（下流）での値をそれぞれ添え字1，2で表すと

$$\rho_1 u_1 = \rho_2 u_2 \tag{4.8}$$

となる．同様にして，運動量保存式(4.5)では，d$x \to 0$ に対して右辺 $=0$ となる．このとき

$$\rho_1 u_1^2 + p_1 = \rho_2 u_2^2 + p_2 \tag{4.9}$$

$$\rho_1 u_1 v_1 = \rho_2 u_2 v_2$$

$$\rho_1 u_1 w_1 = \rho_2 u_2 w_2$$

であり，式(4.8)を用いて整理すると

$$\rho_1 u_1 (v_1 - v_2) = 0 \tag{4.10}$$

$$\rho_1 u_1 (w_1 - w_2) = 0 \tag{4.11}$$

となる．同様に，エネルギー保存式(4.6)より

$$\rho_1 u_1 h_{t,1} = \rho_2 u_2 h_{t,2}$$

$$\rho_1 u_1 (h_{t,1} - h_{t,2}) = 0 \tag{4.12}$$

式(4.8)〜(4.12)は，**ランキン・ユゴニオ関係式**（Rankine-Hugoniot equations）と呼ばれ，不連続面前後の状態に適用される．注目すべき点は，運動量保存式(4.9)以外は，不連続面に垂直な質量流束との積（式(4.8)は質量流束そのもの）の形をしていることである．

4.1.2 不連続面の分類

ランキン・ユゴニオ関係式(4.8)〜(4.12)の解は，面の前後で変化があるか否か，変化がある場合にはさらに面に垂直な質量流束が0であるか否かによって，以下のように分類される．

【解1】連続解：$X_1 = X_2$（X は任意の変数）

これは，速度，状態量の分布が連続である条件に相当し，不連続面以外のすべての場所で成り立つ．

【解2】衝撃波：$u_1 \neq 0$

連続流体では $\rho \neq 0$ であるから

$$\rho_1 u_1 = \rho_2 u_2 \neq 0 \tag{4.13}$$

$$\rho_1 u_1^2 + p_1 = \rho_2 u_2^2 + p_2 \tag{4.14}$$

$$v_1 = v_2 \tag{4.15}$$

$$w_1 = w_2 \tag{4.16}$$

$$h_{t,1} = h_{t,2} \tag{4.17}$$

である．これらの条件を満たす不連続面が**衝撃波**である．衝撃波では，面に垂直な相対流速が0ではなく，前後で面に垂直な流速成分，密度，圧力，温度が不連続的に変化する．ただ

し，全エンタルピーと面に平行な流速成分は変化しない。衝撃波は，圧縮性流れを象徴する現象であり，流れが単に不連続的に変化するだけでなく，その非線形な挙動が圧縮性流れの性質に大きく関与している。

【解 2-1】垂直衝撃波（normal shock wave）：$v_1=v_2=w_1=w_2=0$

波面と流速ベクトルが垂直になる。つぎに示す斜め衝撃波の極限的な形態であり，同じ上流状態に対して，前後の圧力比が最も高い，すなわち最も強い衝撃波である（**図4.3**）。

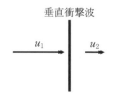

図4.3 垂直衝撃波

【解 2-2】斜め衝撃波（oblique shock wave）：$v_1=v_2\neq 0$ または $w_1=w_2\neq 0$

波面に平行な流速成分を持つ。同じ上流状態に対して，背後の圧力，密度，温度の増加量は垂直衝撃波より小さい（**図4.4**）。

【解3】界面（interface）：$u_1=u_2=0$

式(4.9)より

$$p_1=p_2 \tag{4.18}$$

である。すなわち，圧力は連続になる。式(4.8)，(4.10)〜(4.12)より ρ，v，w，h のいずれも不連続であってもよい。どの量が不連続かによって，解は2種類に分類される。

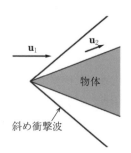

図4.4 斜め衝撃波

【解 3-1】接触面：$v=w=0$ かつ（$\rho_1\neq\rho_2$ または $h_1\neq h_2$）

密度や温度（エンタルピー）が異なる二つの流体が接する（図4.1(b)，**図4.5**）。

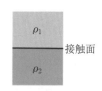

図4.5 接 触 面[1]

【解 3-2】滑り面（slip surface）：$v_1\neq v_2$ または $w_1\neq w_2$

接線方向の速度が異なる二つの流体が接する（**図4.6**）。

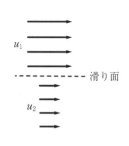

（a）模式図[2]

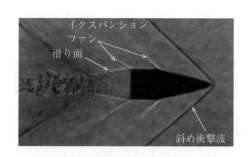

（b）超音速飛行体周りの流れ[3]

図4.6 滑 り 面

[1,2] 便宜上，x 方向を上下にとっている。
[3] イクスパンションファンについては7章で扱う。

4.2 垂直衝撃波

垂直衝撃波の性質は，衝撃波の基本となるもので，斜め衝撃波を理解する前提となる。ここでは，まず気体の状態方程式によらずに成り立つ一般的な性質を学び，そのあとで有用な熱量的完全気体に対する関係式を扱う。

4.2.1 一般的な性質

〔1〕 **衝撃波背後の状態の求め方**　垂直衝撃波に固定した座標において，上流側，下流側の領域をそれぞれ添え字1，2で表し，波面に垂直な方向の流速を u とする（**図4.7**）。

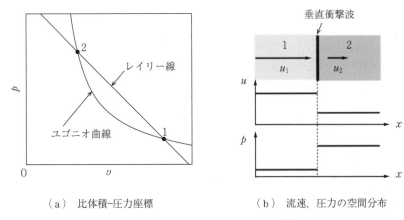

（a）比体積-圧力座標　　　　　（b）流速，圧力の空間分布

図4.7　衝撃波固定座標における垂直衝撃波前後の関係

ランキン・ユゴニオ関係式より

$$\rho_1 u_1 = \rho_2 u_2 \equiv j \tag{4.19}$$

$$\rho_1 u_1^2 + p_1 = \rho_2 u_2^2 + p_2 \tag{4.20}$$

$$h_1 + \frac{1}{2}u_1^2 = h_2 + \frac{1}{2}u_2^2 \tag{4.21}$$

である。式(4.19)，(4.20)を変形して

$$\frac{p_2 - p_1}{v_2 - v_1} = -j^2 \tag{4.22}$$

となる。これは，v-p 座標において，傾き $-j^2$ の直線，**レイリー線**（Rayleigh line）を与える。つぎに，式(4.19)～(4.21)から流速を消去して，状態量だけの関係を表すと

$$h_2 - h_1 = \frac{p_2 - p_1}{2}\left(\frac{1}{\rho_2} + \frac{1}{\rho_1}\right) = \frac{p_2 - p_1}{2}(v_1 + v_2) \tag{4.23}$$

である。内部エネルギー e を用いると

48　4. 不 連 続 面

$$e_2-e_1=\frac{p_1+p_2}{2}\left(\frac{1}{\rho_1}-\frac{1}{\rho_2}\right)=\frac{p_1+p_2}{2}(v_1-v_2) \tag{4.24}$$

となる．式(4.24)は，媒質の状態方程式によらずに成り立ち，衝撃波圧縮の力学的関係を表す**ユゴニオの式**（Hugoniot equation）と呼ばれる．エンタルピー，内部エネルギーは状態量で，それぞれ $h=h(v,p)$, $e=e(v,p)$ と表現できるので，この式は衝撃波圧縮したときの比容積 v と圧力 p の一義的な関係，v-p 座標における**ユゴニオ曲線**（Hugoniot curve）を与える．

図(a)に示すように，衝撃波前後の状態は，レイリー線とユゴニオ曲線の交点に対応する．交点は二つ存在するが，圧力が低いほうが衝撃波の前（状態1），高いほうが後ろ（状態2）に対応する．衝撃波に固定した座標で見ると（図(b)），流れが衝撃波を通過すると，圧力が高くなり，流速が低くなる．

〔2〕 **エネルギーの変化**　式(4.24)は，衝撃波による内部エネルギーの増加を与える．これは，**図4.8**において台形 A の面積に等しい．式(4.19)〜(4.21)は，衝撃波に固定した座標での流速を用いているが，多くの場合，実験室座標において衝撃波が通過したあとの流速の変化が重要になる．**図4.9**に示す実験室座標 $\underline{x}$ を考える．ここでは，実験室座標における座標，衝撃波の速度，流速を，記号に下線を付けて区別する．速度を右向きに正にとっているので，図4.7 の x 座標と向きが逆になっていることに注意しよう．実験室座標における衝撃波の伝播速度を $\underline{U}_s$ とすると，衝撃波固定座標での流速 u（左向きが正）は，実験室座標での値 $\underline{u}$ とつぎの関係にある．

$$u=\underline{U}_s-\underline{u} \tag{4.25}$$

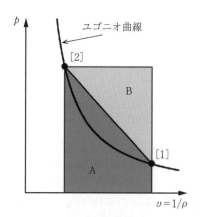

図4.8　衝撃波による
　　　　エネルギー増加

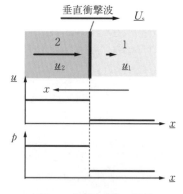

図4.9　衝撃波前後の関係
　　　　（実験室座標）

式(4.19), (4.20), (4.25)を用いて, 衝撃波前方を静止状態とみなしたときの, 背後での運動エネルギーの増分を次式のように求める。

$$\frac{1}{2}(\underline{u}_2-\underline{u}_1)^2=\frac{1}{2}(u_1-u_2)^2=\frac{1}{2}(p_2-p_1)(v_1-v_2) \tag{4.26}$$

これは図4.8で三角形Bの面積になる。全エネルギー e_t の変化は

$$e_{t,2}-e_{t,1}=e_2-e_1+\frac{1}{2}(\underline{u}_2-\underline{u}_1)^2=p_2(v_1-v_2) \tag{4.27}$$

となり, 長方形A+Bの面積に相当する。式(4.24), (4.26)よりつぎの関係となる。

$$\underbrace{e_2-e_1}_{\substack{\text{内部エネルギー増分}\\(\text{台形Aの面積})}} > \underbrace{\frac{1}{2}(\underline{u}_2-\underline{u}_1)^2}_{\substack{\text{運動エネルギー増分}\\(\text{三角形Bの面積})}} \tag{4.28}$$

すなわち, 衝撃波による気体のエネルギーの変化のなかで, 運動エネルギーの増加よりも内部エネルギーの増加のほうが大きい。すなわち, 衝撃波は「暖める」効果のほうが「加速する」効果よりも大きいといえる。これは, 高温あるいは高圧状態を作り出すことに利用できる。高速流れを作ろうとする場合は, 衝撃波によって圧縮・加熱された気体を, 膨張させて内部エネルギーを運動エネルギーに変換すればよい。

〔3〕 **エントロピーの変化** 垂直衝撃波の関係式(4.19)～(4.21)は, いずれも添え字の1と2を入れ換えても成り立つので, これだけではどちらが衝撃波の前後であるのか, 区別がつかない。しかし, 微視的にみれば衝撃波面において粒子どうしの衝突により運動量, エネルギーの散逸が起こるため, 衝撃波を通過する変化は非可逆過程であり[†], エントロピーが増加する解のみが, 物理的に意味を持つ。ここで, 衝撃波前後のエントロピーの変化量を考えてみよう。

エンタルピーを, エントロピーと圧力の関数 $h=h(s,p)$ とみなす。熱力学第1法則より

$$dh=Tds+vdp \tag{4.29}$$

であるので

$$T=\left(\frac{\partial h}{\partial s}\right)_p \tag{4.30}$$

$$v=\left(\frac{\partial h}{\partial p}\right)_s \tag{4.31}$$

となる。これらを用いて展開すると次式となる。

[†] Ya. B. Zel'dovich, Yu. P. Raizer : Physics of Shock Waves and High-Temperature Hydrodynamic Phenomena, W. D. Hayes, R. F. Probstein (Eds), Academic Press, pp.468-477 (1967)

$$h_2-h_1=T_1(s_2-s_1)+v_1(p_2-p_1)+\frac{1}{2}\left(\frac{\partial v}{\partial p}\right)_{s,1}(p_2-p_1)^2+\frac{1}{6}\left(\frac{\partial^2 v}{\partial p^2}\right)_{s,1}(p_2-p_1)^3$$
$$+O[(p_2-p_1)^4]+O[(s_2-s_1)(p_2-p_1)]+O[(s_2-s_1)^2]$$

$$v_2-v_1=\left(\frac{\partial v}{\partial p}\right)_{s,1}(p_2-p_1)+\frac{1}{2}\left(\frac{\partial^2 v}{\partial p^2}\right)_{s,1}(p_2-p_1)^2+O[(p_2-p_1)^3]+O[s_2-s_1]$$

これらを式 (4.23) に代入して

$$T_1(s_2-s_1)+v_1(p_2-p_1)+\frac{1}{2}\left(\frac{\partial v}{\partial p}\right)_{s,1}(p_2-p_1)^2+\frac{1}{6}\left(\frac{\partial^2 v}{\partial p^2}\right)_{s,1}(p_2-p_1)^3+[\text{higher order}]$$
$$=\frac{p_2-p_1}{2}\left\{2v_1+\left(\frac{\partial v}{\partial p}\right)_{s,1}(p_2-p_1)+\frac{1}{2}\left(\frac{\partial^2 v}{\partial p^2}\right)_{s,1}(p_2-p_1)^2+O[(p_2-p_1)^3]+O[s_2-s_1]\right\}$$

$$s_2-s_1=\frac{1}{12T_1}\left(\frac{\partial^2 v}{\partial p^2}\right)_{s,1}(p_2-p_1)^3+[\text{higher order}] \tag{4.32}$$

が得られる。式(4.32)により，エントロピーの変化は，圧力変化の三次のオーダーであることがわかる。つまり，v-p 座標において，ユゴニオ曲線と等エントロピー曲線は，二次のオーダーで交わる。圧力増加が小さい衝撃波を，**弱い衝撃波**（weak shock wave）と呼ぶ。弱い衝撃波では，状態量の変化は二次のオーダーまで等エントロピー的であると近似できる。逆に，圧力増加が大きい**強い衝撃波**（strong shock wave）の背後では，エントロピーが大幅に増加する。

空気などの通常の気体では

$$\left(\frac{\partial^2 v}{\partial p^2}\right)_s>0 \tag{4.33}$$

がつねに成り立つ[†]。衝撃波は非可逆過程であり，衝撃波背後でエントロピーは増加する。したがって，式(4.32)より，圧力も増加することがわかる。このとき，図4.8のユゴニオ曲線に従えば密度も増加するので，式(4.19)より衝撃波に相対する流速は低くなることがわかる。

〔4〕**マッハ数の変化**　レイリー線の傾きは，流れのマッハ数を考えるときに重要である。衝撃波の上流の状態1におけるユゴニオ曲線の接線の j_t を求めよう。$v_2 \to v_1$ のとき，等エントロピー変化とみなしてよいので

$$j_{t,1}^2=-\left(\frac{\partial p}{\partial v}\right)_{s,1}=\rho_1^2\left(\frac{\partial p}{\partial \rho}\right)_{s,1}=\rho_1^2 a_1^2 \tag{4.34}$$

となる。ここで，音速が

$$a=\sqrt{\left(\frac{\partial p}{\partial \rho}\right)_s} \tag{4.35}$$

[†] かりに，これが負の値を持つと，衝撃波の背後で圧力が低下する「膨張衝撃波（expansion shock wave）」が発生することになる。

で与えられることを用いている[†]。式(4.34)では，ユゴニオ曲線の接線に対して，傾き $-j^2$ を与える式のなかで流速 u が音速 a に置き換わっており，流れが音速に等しい条件（$u=a$）に対応していることを意味している。

$$\left(\frac{\partial^2 v}{\partial p^2}\right)_s > 0$$

であるとき，図 4.10 のユゴニオ曲線は下に凸になるので

$$j^2 v_1^2 = u_1^2 = -\frac{p_2-p_1}{v_2-v_1}v_1^2 > j_{t,1}^2 v_1^2 = -v_1^2\left(\frac{\partial p}{\partial v}\right)_{s,1}$$
$$= a_1^2$$

となる。すなわち

$$u_1 > a_1 \tag{4.36}$$

である。同様にして

$$j^2 v_2^2 = u_2^2 = -\frac{p_2-p_1}{v_2-v_1}v_2^2 < j_{t,2}^2 v_2^2 = -v_2^2\left(\frac{\partial p}{\partial v}\right)_{s,2}$$
$$= a_2^2$$

$$u_2 < a_2 \tag{4.37}$$

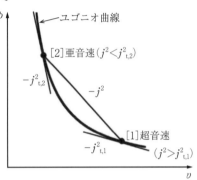

図 4.10 ユゴニオ曲線の傾きとマッハ数の関係

となる。したがって，衝撃波前方の流れは超音速，背後は亜音速であることがわかる。

4.2.2 熱量的完全気体に対する関係式

われわれが扱う流れは，熱量的完全気体としてよいものが多い。このとき，多くの量を陽的に求めることができるので便利である。ここでは，そのような気体に対する衝撃波関係式をまとめてみよう。

〔1〕 **衝撃波前後の変化** いま，衝撃波の前の状態 1 はすべて既知であるとする。このとき，未知数は衝撃波背後（状態 2）における二つの状態量（例えば p_2 と ρ_2）と流速 u_2 である。熱量的完全気体では，衝撃波背後の状態を陽な形に表すことができる。状態方程式は

$$p = \rho RT \tag{4.38}$$

となり，音速 a，マッハ数 M は

$$a = \sqrt{\gamma \frac{p}{\rho}} = \sqrt{\gamma RT} \tag{4.39}$$

$$\gamma \equiv \frac{C_p}{C_v} \tag{4.40}$$

$$M \equiv \frac{u}{a} \tag{4.41}$$

[†] 8 章参照。

となる。式(4.8), (4.9)より

$$\frac{p_2}{p_1} = \frac{\rho_1 u_1^2}{p_1}\left(1 - \frac{\rho_1}{\rho_2}\right) + 1$$

式(4.39), (4.41)より

$$\frac{\rho_1 u_1^2}{p_1} = \frac{\gamma u_1^2}{\frac{\gamma p_1}{\rho_1}} = \frac{\gamma u_1^2}{a_1^2} = \gamma M_1^2$$

が得られる。M_1 は上流の流れに相対して垂直衝撃波が伝播するマッハ数となり，**衝撃波マッハ数**（shock Mach number）と呼ばれる。以降慣例に従い，M_1 を M_s と書き換える。M_s は，衝撃波前方の流速に相対する衝撃波の速度から定義されるので，どの慣性座標系で定めても変わることはなく，次式が成り立つ。

$$\frac{p_2}{p_1} = -\gamma M_s^2\left(\frac{\rho_1}{\rho_2} - 1\right) + 1 = -\gamma M_s^2\left(\frac{v_2}{v_1} - 1\right) + 1 \tag{4.42}$$

衝撃波前後の状態の変化を，初期状態で無次元化して $v/v_1 - p/p_1$ 座標上で考える（**図4.11**，**図4.12**）。式(4.42)は，**レイリー線**を与え，傾きが $-\gamma M_s^2$ になっている（図4.11）。

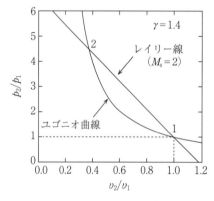

図4.11　圧力-体積線図における衝撃波前後の状態変化

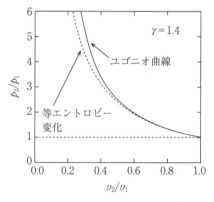

図4.12　衝撃波圧縮（ユゴニオ曲線）と等エントロピー変化の違い

つぎに，式(4.24)に

$$e = \frac{1}{\gamma - 1}\frac{p}{\rho} \tag{2.61 再掲}$$

を代入すると次式が得られる。

$$\frac{p_2}{p_1} = \frac{\frac{\rho_1}{\rho_2} - \frac{\gamma + 1}{\gamma - 1}}{1 - \frac{\gamma + 1}{\gamma - 1}\frac{\rho_1}{\rho_2}} = \frac{\frac{v_2}{v_1} - \frac{\gamma + 1}{\gamma - 1}}{1 - \frac{\gamma + 1}{\gamma - 1}\frac{v_2}{v_1}} \tag{4.43}$$

これは，**ユゴニオ曲線**（双曲線）に対応し，衝撃波圧縮を受けたときの状態量の変化を，流速を含まない形で与える。一般的に，気体の状態を特定するには二つの独立した状態量を与えなければならない。これに対して，衝撃波圧縮という条件を加えると，式(4.43)のように，一つの背後状態量を与えるのみでほかの状態量が一意に決まる。

衝撃波背後の状態（ユゴニオ曲線）と等エントロピー変化の式

$$\frac{p_2}{p_1} = \left(\frac{\rho_2}{\rho_1}\right)^\gamma = \left(\frac{v_1}{v_2}\right)^\gamma \tag{4.44}$$

を比べると，図4.12に示すように，衝撃波圧縮（$v_2/v_1 < 1$）では，同じ体積変化に対して等エントロピー変化よりも圧力が高くなることがわかる。等エントロピー圧縮は，準静的な圧縮であり，圧縮は気体全体で圧力が一様となるようにゆっくりとなされる。これに対して，衝撃波圧縮の場合は圧縮を受ける面でより高い圧力となり，過剰な圧縮仕事が気体になされる[†]。また，式(4.32)によれば，エントロピーが増加した分だけ，圧力も高くなることがわかる。

衝撃波前後ではつねに $1 < p_2/p_1 < \infty$ であるので，式(4.43)より密度比の範囲は

$$1 < \frac{\rho_2}{\rho_1} < \frac{\gamma+1}{\gamma-1}$$

となる。

熱量的完全気体では，衝撃波背後の状態2をレイリー線（式(4.42)）とユゴニオ曲線（式(4.43)）の交点として，解析的に求めることができる（図4.11）。レイリー線の式(4.42)を変形して

$$\frac{\rho_1}{\rho_2} = \frac{v_2}{v_1} = \frac{1}{\gamma M_s^2}\left(1 - \frac{p_2}{p_1}\right) + 1 \tag{4.45}$$

とする。これを式(4.43)に代入して次式を得る。

$$\frac{p_2}{p_1} = \frac{\dfrac{1}{\gamma M_s^2}\left(1-\dfrac{p_2}{p_1}\right)+1-\dfrac{\gamma+1}{\gamma-1}}{1-\dfrac{\gamma+1}{\gamma-1}\left\{\dfrac{1}{\gamma M_s^2}\left(1-\dfrac{p_2}{p_1}\right)+1\right\}}$$

$$\left[(\gamma+1)\frac{p_2}{p_1} - \{2\gamma M_s^2 - (\gamma-1)\}\right]\left(\frac{p_2}{p_1} - 1\right) = 0 \tag{4.46}$$

$p_2/p_1 \neq 1$ の解は

$$\frac{p_2}{p_1} = 1 + \frac{2\gamma}{\gamma+1}(M_s^2 - 1) \tag{4.47}$$

となる。比熱比 γ は気体の化学種で決まる定数であり，式(4.47)は衝撃波前後の圧力比を M_s のみの関数として与えている。式(4.45)，(4.47)より

[†] 4.2.2〔4〕参照。

$$\frac{\rho_2}{\rho_1}=\frac{v_1}{v_2}=\frac{(\gamma+1)M_s^2}{(\gamma-1)M_s^2+2} \tag{4.48}$$

となる．これを，式(4.19)に代入して整理すると

$$u_1-u_2=\underline{u}_2-\underline{u}_1=\frac{2a_1}{\gamma+1}\left(M_s-\frac{1}{M_s}\right) \tag{4.49}$$

$$M_s=\frac{u_1}{a_1}=\frac{U_s-\underline{u}_1}{a_1} \tag{4.50}$$

となる．そのほかの状態量は，状態方程式から次式のように求めることができる．

$$\frac{T_2}{T_1}=\left(\frac{a_2}{a_1}\right)^2=\frac{p_2/\rho_2}{p_1/\rho_1}=\frac{p_2}{p_1}\left(\frac{\rho_2}{\rho_1}\right)^{-1}=\frac{(2\gamma M_s^2-\gamma+1)\{(\gamma-1)M_s^2+2\}}{(\gamma+1)^2 M_s^2} \tag{4.51}$$

衝撃波は，音波のように重ね合わせができない，非線形な波である．特に衝撃波マッハ数が高くなると，非線形性が強くなり，有効に利用すれば高圧，高温，高い流速を発生する手段になる一方，爆発や火山噴火などで周囲に危害を及ぼす原因にもなる．

図4.13に衝撃波マッハ数と衝撃波前後の状態量の比の関係を示す．$M_s=1$は，極限的に弱い衝撃波，すなわち音波に相当し，状態量の時間平均値は変化しない．圧力比p_2/p_1は，M_sの増加とともに急激に増加し，M_sが1よりも十分大きいとほぼ2乗に比例する（式(4.47)）．これに対して密度比ρ_2/ρ_1（式(4.48)）は，M_sを高くしていっても頭打ちとなる．上限値は$(\gamma+1)/(\gamma-1)$で，常温空気など$\gamma=1.4$に対して6，ヘリウム，アルゴンなどの単原子分子$\gamma=5/3$に対して4になる．これは，衝撃波による圧縮は，機械的エネルギーを熱的エネルギーに変換する割合が大きく，気体を限度なく圧縮できるものではないことを意味している．温度は，圧力と密度の比に比例するので，M_sが1よりも十分大きければ，圧力と同様の依存性を示す．

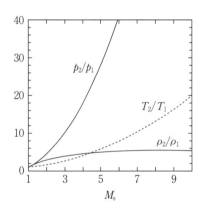

図4.13 衝撃波前後の状態量の比とM_sの関係（$\gamma=1.4$）

つぎに，エントロピーの変化を考える．状態1に対する状態2の変化分をΔで表す．熱力学第一法則より

$$T\Delta s=\Delta e+p\Delta\left(\frac{1}{\rho}\right) \tag{4.52}$$

熱量的完全気体に対して，状態方程式を用いて変形すると

$$\Delta s=s_2-s_1=\frac{1}{T}\Delta\left(\frac{1}{\gamma-1}\frac{p}{\rho}\right)+\frac{p}{T}\Delta\left(\frac{1}{\rho}\right)=\frac{1}{\gamma-1}\frac{1}{\rho T}\Delta p+\frac{1}{\gamma-1}\frac{p}{T}\Delta\left(\frac{1}{\rho}\right)+\frac{p}{T}\Delta\left(\frac{1}{\rho}\right)$$

$$=\frac{R}{\gamma-1}\frac{\Delta p}{p}-\frac{\gamma R}{\gamma-1}\frac{\Delta\rho}{\rho}=C_v\left[\ln\left\{\frac{p_2}{p_1}\left(\frac{\rho_2}{\rho_1}\right)^{-\gamma}\right\}\right] \tag{4.53}$$

式 (4.47), (4.48) を代入すると

$$\Delta s = C_v \ln\left[\left\{1+\frac{2\gamma}{\gamma+1}(M_s^2-1)\right\}\left\{\frac{(\gamma+1)M_s^2}{(\gamma-1)M_s^2+2}\right\}^{-\gamma}\right] \tag{4.54}$$

図 4.14 に示すように，エントロピー増分 Δs は M_s の単調増加関数である。

つぎに，流速に関する関係式を導こう。式 (4.19), (4.20) より

$$u_1+\frac{p_1}{\rho_1 u_1}=u_2+\frac{p_2}{\rho_2 u_2}$$

$$u_1+\frac{a_1^2}{\gamma u_1}=u_2+\frac{a_2^2}{\gamma u_2} \tag{4.55}$$

となり，式 (4.21) より

$$\frac{a_1^2}{\gamma-1}+\frac{1}{2}u_1^2=\frac{a_2^2}{\gamma-1}+\frac{1}{2}u_2^2$$

$$=\frac{a_*^2}{\gamma-1}+\frac{1}{2}a_*^2=\frac{\gamma+1}{2(\gamma-1)}a_*^2 \tag{4.56}$$

$$a_1^2=\frac{\gamma+1}{2}a_*^2-\frac{\gamma-1}{2}u_1^2$$

$$a_2^2=\frac{\gamma+1}{2}a_*^2-\frac{\gamma-1}{2}u_2^2$$

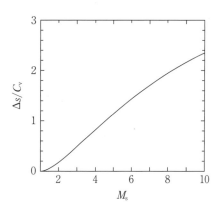

図 4.14 衝撃波背後のエントロピーの増加と衝撃波マッハ数の関係（$\gamma=1.4$）

となる。ここで，a_* は，流速が音速と等しくなったときの値を表す。衝撃波の前後で全エンタルピーは保存されるので，この値も一定である。式 (4.55) に代入して整理すると次式となる。

$$u_1 u_2 = a_*^2 \tag{4.57}$$

式 (4.57) は**プラントルの関係式**（Prandtl relation）と呼ばれ，衝撃波の前後の流速の関係を，非常に簡単な形で表している。

〔2〕 **極限的状態での関係**　衝撃波が非常に弱い場合（$M_s \cong 1$），衝撃波関係式は簡単な式で近似することができ，圧力上昇などのおよその値を見積もるときなどに便利である。$M_s \cong 1$ のとき，1次の項までで近似すると

$$M_s^2-1 \cong 2(M_s-1) \tag{4.58}$$

となる。例えば，常温の空気（$\gamma=1.4$）の場合は

$$\frac{2\gamma}{\gamma+1}=\frac{2\times 1.4}{1.4+1}=\frac{2.8}{2.4}=\frac{7}{6}\sim 1$$

であるから，式 (4.47) より

$$\frac{\Delta p}{p_1} = \frac{p_2 - p_1}{p_1} \simeq 2(M_s - 1)$$

となる。例えば，衝撃波マッハ数 $M_s=1.05$ のときの衝撃波背後の圧力上昇は，大気圧のおよそ $2\times(1.05-1)=0.1$ 倍であると求められる。

また，衝撃波が非常に強い場合（$M_s \to \infty$），式(4.47)，(4.48)より

$$\frac{p_2}{p_1} \approx \frac{2\gamma}{\gamma+1} M_s^2, \quad \frac{\rho_2}{\rho_1} \approx \frac{\gamma+1}{\gamma-1} \tag{4.59}$$

となる。M_s を非常に大きくすると，圧力比は制限なく高くなる。しかし，密度比は前述のように一定値に漸近する。

〔3〕 **衝撃波背後のマッハ数**　衝撃波背後で流れが亜音速になることを表す式(4.37)を確かめてみよう。式(4.47)，(4.48)を用いて，**図4.15**の関係を次式のように得る。

$$M_2 = \frac{u_2}{a_2} = \frac{\rho_2 u_2}{\rho_2 a_2} = \frac{\rho_1 u_1}{\rho_2 a_2} = \frac{\rho_1 a_1 u_1}{\rho_2 a_2 a_1}$$

$$= \left(\frac{\rho_1}{\rho_2}\right)\left(\frac{a_1}{a_2}\right) M_s = \left(\frac{p_2}{p_1}\right)^{-1/2}\left(\frac{\rho_2}{\rho_1}\right)^{-1/2} M_s = \left\{\frac{(\gamma-1)M_s^2+2}{2\gamma M_s^2-\gamma+1}\right\}^{1/2} \tag{4.60}$$

これによれば，$M_s>1$ に対してつねに $M_2<1$，すなわち衝撃波に固定した座標では，衝撃波背後の流れは亜音速になっている。

衝撃波が通過したあと，背後に流れが誘起される。衝撃波背後の流速は，式(4.49)で与えられる。これと式(4.51)を用いると，$\underline{u}_1=0$ のときの衝撃波背後流れのマッハ数は，M_s の関数としてつぎのように求められる。

$$\underline{M}_2 = \frac{\underline{u}_2}{a_2} = 2(M_s^2-1)(2\gamma M_s^2-\gamma+1)^{-1/2}\{(\gamma-1)M_s^2+2\}^{-1/2} \tag{4.61}$$

図4.16 に示すように，$\underline{M}_2$ は M_s の増加関数で

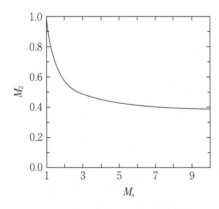

図4.15 衝撃波背後のマッハ数 M_2 と M_s の関係（衝撃波固定座標）

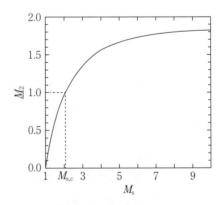

図4.16 $\underline{M}_2$ と M_s の関係（$\gamma=1.4$, $\underline{M}_1=0$）

$$M_{\mathrm{s}} = M_{\mathrm{s,c}} \equiv \left\{ \frac{7-\gamma+\sqrt{\gamma^2+2\gamma+17}}{4(2-\gamma)} \right\}^{1/2} \tag{4.62}$$

に対して $M_2=1$ となる。すなわち，衝撃波マッハ数を高くすれば，背後に超音速流を作ることができる。例えば，常温空気の場合，式(4.62)に $\gamma=1.4$ を代入すると，$M_{\mathrm{s,c}} \cong 2.068$ となり，これ以上高い M_{s} で背後が超音速流れになる。

〔4〕 **衝撃波圧縮** エンジンから動力を取り出すとき，気体を圧縮して高温，高圧にする。熱力学では，まず最初に，状態量を**準静的過程**（quasi-static process）で変化させることを学ぶ。気体を急に圧縮したら，違いが生じるのだろうか？

図4.17のように，シリンダー内の気体をピストンで押して圧縮する。図(a)のようにゆっくりと圧縮すると，ピストンの動きに応じて圧力波が容器内を何度も往復し，気体はほぼ一様な状態で圧縮される。このとき，外部との熱のやり取りがなければ，**等エントロピー変化**（isentropic change）になる。一方，図(b)のようにピストンを急に動かして圧縮すると，ピストンの前方には衝撃波が形成される。ここで，ピストンを押す力は，両者で異なるだろうか？ 準静的過程（図(a)）では，容器の中の圧力は，気体の体積の減少にともなって上昇する。もし，ピストンを押す速度が十分遅ければ，ある瞬間においてシリンダー内で圧力は一様な値 p_1 であるとしてよい。これに対して，図(b)のように速度 U_{p} で押すと，衝撃波が発生して，影響領域が高圧になる。このとき，式(4.49)において $\underline{u_1}=0$，$\underline{u_2}=U_{\mathrm{p}}$ とすると次式が成り立つ。

$$U_{\mathrm{p}} = \frac{2a_1}{\gamma+1}\left(M_{\mathrm{s}} - \frac{1}{M_{\mathrm{s}}}\right) \tag{4.63}$$

$$M_{\mathrm{p}} = \frac{U_{\mathrm{p}}}{a_1} \tag{4.64}$$

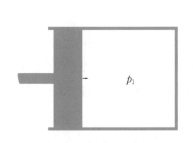
（a） 準静的過程，ピストンをゆっくり動かすと，内部の圧力は一様に変化する。

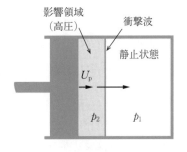
（b） 急な圧縮，ピストンの影響領域のみが高圧になる。

図4.17 シリンダー内でのピストンによる気体の圧縮

ここで，a_1 は前方の音速，M_p はピストンのマッハ数を表す．式(4.63)より

$$M_s = \frac{1}{2}\left\{\frac{\gamma+1}{2}M_p + \sqrt{\left(\frac{\gamma+1}{2}M_p\right)^2 + 4}\right\} \quad (4.65)$$

となる．式(4.47)に代入すると，衝撃波前後の圧力比 p_2/p_1 が得られる．

$$\frac{p_2}{p_1} = 1 + \frac{\gamma(\gamma+1)M_p^2}{4}\left\{1 + \sqrt{1 + \left(\frac{4}{(\gamma+1)M_p}\right)^2}\right\} \quad (4.66)$$

また，衝撃波背後の動圧† と p_1 との比は次式となる．

$$\frac{\rho_2 U_p^2}{2p_1} = \frac{\gamma M_p^2}{2}\frac{\rho_2}{\rho_1} = \frac{\gamma M_p^2}{2}\frac{(\gamma+1)M_s^2}{(\gamma-1)M_s^2+2} \quad (4.67)$$

さらに，衝撃波が右の壁で反射すると，反射衝撃波は左向きに伝わり，圧力がますます高くなる．このとき9章にならって，反射衝撃波と右側の壁との間の状態を5とすると，$u_5=0$ であり，式(9.48)より，圧力比は

$$\frac{p_5}{p_1} = \frac{p_5}{p_2}\frac{p_2}{p_1} = \frac{\left(\frac{3\gamma-1}{\gamma-1}\right)\frac{p_2}{p_1} - 1}{\frac{p_2}{p_1} + \frac{\gamma+1}{\gamma-1}}\frac{p_2}{p_1} \quad (4.68)$$

となる．図4.18に示すように，反射衝撃波の背後では，圧力がますます高まり，衝撃波が高圧の生成に有効であることがわかる．

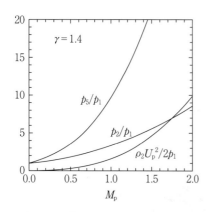

図4.18 ピストンのマッハ数と衝撃波背後の静圧，動圧の関係

ピストンを速く押すと，ゆっくり押したときよりも高い圧力になり，より大きな力で押すことが必要になる．見方を変えれば，**同じ圧縮比でも，速く動かしたほうがよりたくさんのエネルギーを気体に投入できる**ことになる．圧縮比（密度の比）が同程度であれば圧力の比は温度の比に等しいので，衝撃波は高温を発生させることにも有効であるといえる．特に，$M_p \ll 1$ のとき，動圧よりも衝撃波背後圧力のほうが，かなり大きくなる．すなわち，**低速で動圧が低くても，衝撃波圧縮によって静圧を非常に高くすることができる**．このように，圧縮性流れでは，「速い」作用を施すと衝撃波が発生し，より高い圧力，温度を作り出すことができる．

つぎに，圧力と温度の変化の関係を考える．垂直衝撃波に対する関係式(4.47)，(4.48)を用いると，衝撃波による圧縮では

---

† ここでは，目安とするため，非圧縮性流体に対する式を適用している．

$$\frac{\dfrac{T_2}{T_1}}{\dfrac{p_2}{p_1}} = \frac{(\gamma-1)\dfrac{p_2}{p_1}+\gamma+1}{(\gamma+1)\dfrac{p_2}{p_1}+\gamma-1}$$

$$\frac{T_2}{T_1} = \frac{(\gamma-1)\dfrac{p_2}{p_1}+\gamma+1}{(\gamma+1)\dfrac{p_2}{p_1}+\gamma-1}\left(\frac{p_2}{p_1}\right) \tag{4.69}$$

となる.一方,等エントロピー変化の場合,2章の式(2.54)より

$$\frac{T_2}{T_1} = \left(\frac{p_2}{p_1}\right)^{\frac{\gamma-1}{\gamma}} \tag{4.70}$$

となる.**図 4.19** は,衝撃波圧縮した場合と等エントロピー圧縮した場合の温度比と圧力比の関係を示している.等エントロピー圧縮では,圧力比を高くすると温度比は式(4.70)および図に示すように,べき乗則($\gamma=1.4$ のとき $0.4/1.4 \cong 0.29$ 乗)に従う.これに対して**衝撃波圧縮の場合,式(4.69)より,これらはほぼ線形関係にあり,より効果的に温度を上げることができることがわかる.**

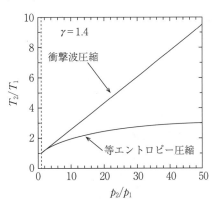

図 4.19 温度比と圧力比の関係

4.2.3 グランシングインシデンス

垂直衝撃波面の一部がじょう乱を受けたとき,それはどのような速さで波面を伝わっていくだろうか? **図 4.20** のように,速さ $\underline{U}_s$ で伝わる垂直衝撃波の波面でじょう乱が発生すると,その影響は波面に相対して背後の音速 a_2 で伝播する.このとき実験室座標でじょう乱が伝播する角度 χ を,**グランシングインシデンス**(glancing incidence)という.式(4.49),(4.51)より

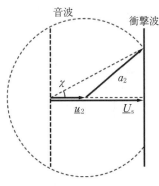

図 4.20 グランシングインシデンス

$$\underline{u}_2 = \frac{2a_1}{\gamma+1}\left(M_s - \frac{1}{M_s}\right)$$

$$\frac{a_2}{a_1} = \frac{\sqrt{(2\gamma M_s^2 - \gamma + 1)\{(\gamma-1)M_s^2+2\}}}{(\gamma+1)M_s} \tag{4.71}$$

となる.したがって次式が得られる.

$$\tan\chi = \frac{\sqrt{a_2^2 - (\underline{U}_s - \underline{u}_2)^2}}{\underline{U}_s} = \frac{1}{M_s^2}\sqrt{\frac{\{(\gamma-1)M_s^2+2\}(M_s^2-1)}{\gamma+1}} \tag{4.72}$$

4.2.4 衝撃波面の安定性

一般に，衝撃波面はなんらかの要因で乱れても，元に戻るように振る舞う。すなわち，衝撃波面は弱いじょう乱に対して安定である[†1]。これを直感的に理解するためには，断面積変化のある管内を伝わる垂直衝撃波の性質を適用する。8.6節で扱うように，衝撃波の伝播速度は流路断面積の減少関数になる。図4.21のように衝撃波面に凹凸ができたとき，伝播方向に向かって凸の部分は断面積が広がるように伝わるので伝播速度が遅くなり，凹の部分は速くなる。これによって波面の凹凸が和らげられることになり，波面は元の平面に戻ろうとする。

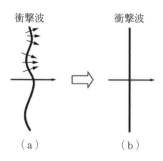

図4.21 衝撃波面の安定性

4.2.5 境界層を伴う衝撃波伝播

垂直衝撃波が壁面に沿って伝播する場合，実際の粘性流れでは衝撃波背後に境界層が発達する。図4.22(a)に示すように，静止した気体中を壁に沿って垂直衝撃波が右向きに速さ$\underline{U}_s$で伝播すると，背後には右向きの流速$\underline{u}_2$が誘起される。しかし，壁では粘性のために流速が0になるため，壁に垂直なy方向の流速分布は，図のようになり，境界層の外部で衝撃波関係式を満たす値となる。これを，衝撃波に固定した座標上でみると，図(b)のようになる。$u_1=\underline{U}_s$であり，壁上では流速は変化せず$u_2(y=0)=u_1=\underline{U}_s$である。壁から離れるにつれて，相対的な流れ$u_2$は遅くなり，境界層の外部でランキン・ユゴニオの関係式を満たす値になる。$\underline{u}_2$およびu_2のy方向分布は，非圧縮性流れに対する境界層方程式と同様の考え方で近似的に求めることができるが，本書では立ち入らないことにする[†2]。

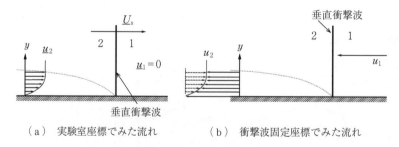

(a) 実験室座標でみた流れ　　(b) 衝撃波固定座標でみた流れ

図4.22 境界層を伴う衝撃波伝播

[†1] L. D. Landau, E. M. Lifshitz：Fluid Mechanics (2nd edition), Pergamon Press, Oxford, U. K. (1987)
[†2] P. A. Thompson：Compressible-fluid dynamics, McGraw-Hill co., chap.10 (1972)

4.3 斜め衝撃波

斜め衝撃波と垂直衝撃波との流れの条件の違いは，波面に平行な流速成分を持つことのみである。しかし，それによって多様な性質が加わり，本書でもそれに多くの紙面を割くことになる。ここでは，熱量的完全気体に対して，その性質を定量的に扱う。

4.3.1 斜め衝撃波の関係式

斜め衝撃波に相対する二次元流れを考える（図 4.23）。衝撃波前後の状態をそれぞれ 1，2 とする。流速ベクトル $\mathbf{u}$ は，衝撃波面に垂直な成分 u と平行な成分 v に分解される。状態 1 の流速ベクトルと斜め衝撃波のなす角を，衝撃波を通過したあとの流れの**偏向角**（deflection angle）を θ とする。

衝撃波の関係式(4.13)，(4.14)が成り立ち，式(4.15)と式(4.17)を連立させると，結局衝撃波面に垂直な流速成分に対して，垂直衝撃波と同じ関係式(4.19)～(4.21)が成り立つことがわかる。すなわち，斜め衝撃波の関係式を得るには，垂直衝撃波の関係式(4.47)～(4.49)に次式を代入すればよい。

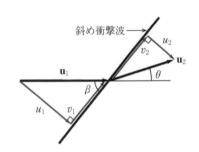

図 4.23 斜め衝撃波と流速ベクトル

$$M_1 = \frac{|\mathbf{u}_1|}{a_1} \tag{4.73}^\dagger$$

$$M_\mathrm{s} = \frac{u_1}{a_1} = M_1 \sin \beta \tag{4.74}$$

$$\frac{p_2}{p_1} = 1 + \frac{2\gamma}{\gamma+1}(M_1^2 \sin^2 \beta - 1) \tag{4.75}$$

$$\frac{\rho_2}{\rho_1} = \frac{v_1}{v_2} = \frac{(\gamma+1)M_1^2 \sin^2 \beta}{(\gamma-1)M_1^2 \sin^2 \beta + 2} \tag{4.76}$$

$$u_1 - u_2 = \frac{2a_1}{\gamma+1}\left(M_1 \sin \beta - \frac{1}{M_1 \sin \beta}\right) \tag{4.77}$$

衝撃波面に平行な方向には力は作用しておらず，この方向の流速成分は衝撃波前後で変化しないので（式(4.15)）

$$v_1 = v_2 = |\mathbf{u}_1| \cos \beta \tag{4.78}$$

---

† 斜め衝撃波の関係式は，上流マッハ数 M_1 を用いて表記することにする。

である。式(4.74), (4.78)と図4.23に示す幾何学的関係より

$$M_1 a_1 \cos \beta = \frac{u_2}{\tan(\beta-\theta)} \tag{4.79}$$

が得られる。式(4.77)に式(4.74), (4.79)を代入して

$$M_1 \sin \beta - M_1 \cos \beta \tan(\beta-\theta) = \frac{2}{\gamma+1}\left(M_1 \sin \beta - \frac{1}{M_1 \sin \beta}\right)$$

$$\tan \theta = \frac{2 \cot \beta (M_1^2 \sin^2 \beta - 1)}{M_1^2(\gamma + \cos 2\beta) + 2} \tag{4.80}$$

となる。式(4.80)は，γ, M_1 が既知であるときの β と θ の関係を与える。**図4.24**, **図4.25** に示すように，β を β_M（次節）からしだいに大きくしていくと，偏向角 θ は，いったん増加したのち再び減少する。このとき圧力比は増加し，背後のマッハ数 M_2 は減少，やがて1以下になる。すべての M_1 の値に対して，β の最大値は垂直衝撃波（$\theta=0$）に対応する90°である。

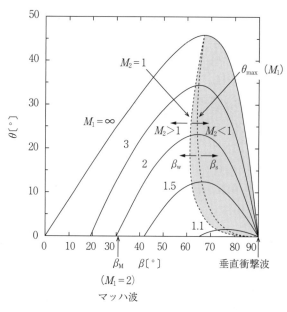

$M_2=1$ の線の右側（灰色部）は $M_2<1$, 左側は $M_2>1$
図4.24 斜め衝撃波に対する M_1, β, θ の関係（$\gamma=1.4$）

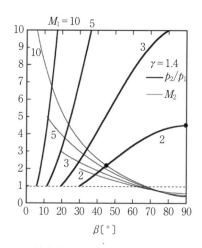

図4.25 β と圧力比，衝撃波背後のマッハ数 M_2 の関係（$\gamma=1.4$）

4.3.2 マッハ波

1章で述べたように，一様な超音速流れの中で，ある特定の粒子の位置から発した音波の包絡面を**マッハ波**と呼ぶ。マッハ波の背後がその影響領域になる。マッハ波は，影響領域の境界ということもできるし，極限的に弱い斜め衝撃波であるともいえ，その前後で流れの平

均量は変化しない。

図 4.26 のように，実験室座標系で一様超音速流れ（流速 u）の中のある粒子から発生する音波を考える。発生した音波は，時間 t が経過したのち，中心が下流に ut 移動し，半径 at の球面を形成する。さまざまな時刻に発生した音波は，図のような円錐状の包絡面を形成する。このとき，円錐の半頂角 β_M は次式で与えられる。

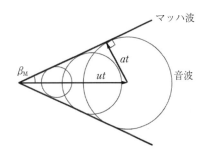

図4.26 超音速流れにおける音波とマッハ波

$$\sin\beta_M = \frac{at}{ut} = \frac{a}{u} = \frac{1}{M} \tag{4.81}$$

$$\beta_M = \sin^{-1}\left(\frac{1}{M}\right) \tag{4.82}$$

$$M = \frac{u}{a} \tag{4.83}$$

β_M は，**マッハ角**（Mach angle）と呼ばれ，マッハ数によって一義に決まる。静止した気体中を超音速で飛行する物体の遠方では，その物体のじょう乱が十分弱くなり，斜め衝撃波の角度はマッハ角に等しくなる。

4.3.3 二つの解と背後のマッハ数

上流マッハ数 M_1 に対する θ の上限値 θ_{max} は，式(4.80)において

$$\frac{d\theta}{d\beta} = 0 \tag{4.84}$$

を満たす。式(4.80)に適用して

$$2\gamma M_1^4 \sin^4\beta + \{4 - (\gamma+1)M_1^2\}M_1^2 \sin^2\beta - (\gamma+1)M_1^2 - 2 = 0$$

$$\sin^2\beta = \frac{1}{4\gamma M_1^2}[(\gamma+1)M_1^2 - 4 + (\gamma+1)^{1/2}\{(\gamma+1)M_1^4 + 8(\gamma-1)M_1^2 + 16\}^{1/2}]$$

が得られる。すなわち

$$\sin\beta = \frac{1}{2\sqrt{\gamma}M_1}[(\gamma+1)M_1^2 - 4 + (\gamma+1)^{1/2}\{M_1^4(\gamma+1) + 8(\gamma-1)M_1^2 + 16\}^{1/2}]^{1/2} \tag{4.85}$$

を式(4.80)に代入して，$\theta = \theta_{max}(M_1)$ を得る（図4.24）。$\theta < \theta_{max}(M_1)$ の条件では，圧力増加割合に応じて，二つの解 β_w（弱い衝撃波の解），β_s（強い衝撃波の解）（$\beta_w < \beta_s$）が存在する。

垂直衝撃波では，背後の流れは衝撃波に対してつねに亜音速であった。しかし，斜め衝撃波の場合には，衝撃波に平行な流速成分が保存されるため，背後の流速は音速よりも高くなりうる。まず，衝撃波背後の音速を求めよう。

$$a_2 = \left(\frac{T_2}{T_1}\right)^{1/2} a_1 = \left(\frac{\frac{p_2}{p_1}}{\frac{\rho_2}{\rho_1}}\right)^{1/2} a_1 = \left\{\frac{1 + \frac{2\gamma}{\gamma+1}(M_1^2\sin^2\beta - 1)}{\frac{(\gamma+1)M_1^2\sin^2\beta}{(\gamma-1)M_1^2\sin^2\beta + 2}}\right\}^{1/2} a_1$$

$$= \frac{a_1}{(\gamma+1)M_1\sin\beta}[\{2\gamma M_1^2\sin^2\beta - (\gamma-1)\}\{(\gamma-1)M_1^2\sin^2\beta + 2\}]^{1/2} \quad (4.86)$$

を用いると, 背後の流れのマッハ数 M_2 は次式で与えられる.

$$M_2 = \frac{|\mathbf{u}_2|}{a_2} = \frac{u_2}{a_2\sin(\beta-\theta)} = \frac{\rho_1}{\rho_2}\frac{u_1}{a_2\sin(\beta-\theta)} = \frac{\rho_1}{\rho_2}\frac{a_1}{a_2}\frac{u_1}{a_1\sin(\beta-\theta)}$$

$$= \frac{\rho_1}{\rho_2}\frac{a_1}{a_2}\frac{M_1\sin\beta}{\sin(\beta-\theta)} = \frac{1}{\sin(\beta-\theta)}\left\{\frac{(\gamma-1)M_1^2\sin^2\beta + 2}{2\gamma M_1^2\sin^2\beta - (\gamma-1)}\right\}^{1/2} \quad (4.87)$$

式(4.80)を用いてθを消去すると

$$M_2 = \left[\frac{\{(\gamma-1)M_1^2\sin^2\beta + 2\}^2 + (\gamma+1)^2 M_1^4\sin^2\beta\cos^2\beta}{\{2\gamma M_1^2\sin^2\beta - (\gamma-1)\}\{(\gamma-1)M_1^2\sin^2\beta + 2\}}\right]^{1/2} \quad (4.88)$$

となる. 図4.24には, $M_2 = 1$ の解も示されている. これよりも右側の領域（灰色部分）では衝撃波背後で亜音速流れ ($M_2 < 1$) になり, 左側の領域では背後でも超音速流れが保たれる ($M_2 > 1$). $\beta = \beta_w$ に対する解では, ほとんどの条件において $M_2 > 1$ であるが, 一部亜音速になる条件が存在する. $\beta = \beta_s$ に対する解では, 背後流れはつねに $M_2 < 1$ である. 図4.24からわかるように, $\theta = \theta_{\max}$ と, $M_2 = 1$ の条件は, 非常に近い. 衝撃波の性質を論じるとき, この区別が重要になることはほとんどない. すなわち, $\beta = \beta_w$ では背後が超音速流れ, $\beta = \beta_s$ では背後が亜音速流れになると認識してもまずさしつかえない.

実際の流れが, $\beta = \beta_w$ と $\beta = \beta_s$ のどちらの解になるかは, 流れの境界条件や履歴に依存する. 物体などによるじょう乱が弱い場合（例えば, 先細物体周りの流れ）には $\beta = \beta_w$ となり背後は超音速になる. 流れをよどませるような強いじょう乱が与えられる場合（例えば, 鈍頭物体周りの流れ）には, $\beta = \beta_s$ となり, 背後に亜音速解領域が現れる.

コラムE: ニュートン流近似との比較

ニュートン (Isaac Newton) は, 力学の基礎となった有名な著書「プリンシピア (Principia, 1687年)」の中で, 流れに対して斜めの角度を持つ板が受ける力について考えた. これを, **ニュートン流近似** (Newtonian flow approximation)[†] と呼ぶ. 図E.1のように, 流れが流速 u_1, 角度 θ で平板に向かってくるとする.

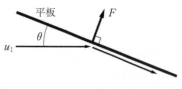

図E.1 ニュートン流近似

流体力学が発達していなかったこの時代には, 衝撃

[†] 粘性応力が速度勾配に比例するニュートン流体 (Newtonian fluid) とは意味が異なることに注意すること.

波という概念もなく，彼は平板によって流速の板に垂直な成分が0になり，それによる運動量変化の分だけ，平板が面に垂直な向きに力Fを受けるとした．流れの密度はρで一定，平板の長さl，幅をwとすると

$$F = \rho u_1 lw \sin\theta \cdot u_1 \sin\theta = \rho u_1^2 lw \sin^2\theta \tag{E.1}$$

となる．したがって，平板に作用する過剰圧力Δpは

$$\Delta p = \frac{F}{lw} = \rho u_1^2 \sin^2\theta \tag{E.2}$$

となる．圧力係数C_p

$$C_p \equiv \frac{\Delta p}{\frac{1}{2}\rho u_1^2} = 2\sin^2\theta \tag{E.3}$$

を用いて式(E.2)を変形し

$$\frac{\Delta p}{p_1} = \frac{\gamma u_1^2}{\gamma \frac{p_1}{\rho}} \sin^2\theta = \gamma M_1^2 \sin^2\theta \tag{E.4}$$

を得る．図 E.2 に示すように，ニュートン流近似による圧力増加率は，斜め衝撃波によるものを過小評価することになる．ただし，流れのマッハ数が高くなれば，その割合は縮まる．また，ニュートン流近似は，連続流体の仮定が成り立たないような希薄気体に対してより有効である．

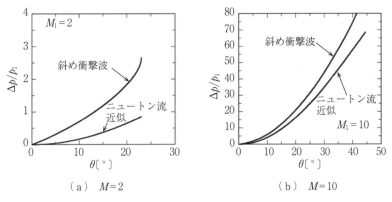

図 E.2　ニュートン流近似と斜め衝撃波の圧力増加率の違い

4.3.4　付着衝撃波と離脱衝撃波

斜め衝撃波の背後の流れが壁と平行になるとき，$\theta < \theta_{\max}$であれば**付着衝撃波**（attached shock wave）の解がある．このとき$\beta = \beta_w$で，図 4.27(a)に示すように，衝撃波は先端に付着し，衝撃波背後の流れは超音速である．物体面（灰色部が断面）がθ一定で半無限長の平面であれば，斜め衝撃波の角度は一定に保たれる．もしかりに，図(a)に示すような境界条件で$\beta = \beta_s$の解が現れたとすると，背後が亜音速流れになるが，このような境界条件ではそれを保持することができない．すなわち，実際の流れでは，$\beta = \beta_w$の解のみが現れる．

66　4. 不 連 続 面

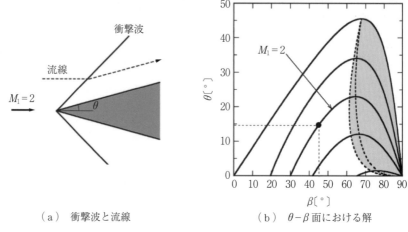

（a）衝撃波と流線　　　　　　　　（b）θ-β 面における解

図 4.27 付着衝撃波の例，$\gamma=1.4$，$M_1=2$，$\beta=45°$，$p_2/p_1=2.17$

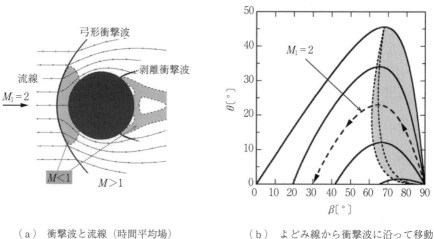

（a）衝撃波と流線（時間平均場）　　（b）よどみ線から衝撃波に沿って移動したときの θ-β 面における解の変化（$M_1=2$）

$\gamma=1.4$，$M_1=2$，$p_2/p_1=4.50$（よどみ線上，衝撃波の直後）

図 4.28 円柱周りの離脱衝撃波（弓形衝撃波）の例

もし $\theta > \theta_{max}$ であれば，付着衝撃波の解はなく，**離脱衝撃波**（detached shock wave）が形成される。**図 4.28** は，超音速流中に置かれた円柱周りの流れを示している。衝撃波背後の流れは，**よどみ線**（stagnation line）を隔てて分岐する。衝撃波面はよどみ線と垂直に交わり，その前後で垂直衝撃波の関係が適用される。例えば，$\gamma=1.4$，上流のマッハ数 $M_1=2$ のとき，図 4.27 の斜め衝撃波では前後の圧力比が 2.17 であるのに対して（$M_1=2$ に対する黒丸印），図 4.28 の垂直衝撃波直後の圧力比は 4.5 になる。よどみ線に沿って流れは

4.3 斜め衝撃波

さらに減速し，よどみ点で式(2.77)で与えられるピトー圧 p_Pitot に等しくなる（$M_1=2.0$ のとき，$p_\text{Pitot}/p_1=5.64$）。これは，付着衝撃波の背後の壁面上の圧力の2.6倍になり，離脱衝撃波が発生すると抗力が非常に大きくなることがわかる。

図4.28(b)に示すように，よどみ線近くでは，衝撃波背後の流れは $\beta=\beta_\text{s}$ の解になり，亜音速である。よどみ線から遠ざかるにつれて衝撃波はしだいに弱くなり，無限遠方でマッハ波（$\beta=\beta_\text{M}$）となる。このようにして，円柱や球の周りでは，**弓形衝撃波**（bow shock wave）が形成される。

図4.29は，イクスパンション管[†1]によって作られた「はやぶさ」[†2]再突入カプセルの1/16スケールモデル周りの流れである[†3]。カプセルは，半球と円錐台を組み合わせた形状をしており，前方に離脱衝撃波が発生している。衝撃波と物体の間は**衝撃層**（shock layer）と呼ばれ，気体が高温となり発光しているのがわかる。

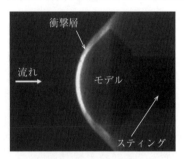

右側はモデルを支えるための円柱形状のスティング。
図4.29 実験で観測したはやぶさ再突入カプセル1/16モデル周りの離脱衝撃波（$M_1=8.4$）

超音速で飛行する物体の形状を決める最大の要素は，抗力と加熱（熱伝達）である。抗力を小さくするには，衝撃波を弱くするために，先頭の形状をなるべく鋭利にするほうがよい。逆に，大気圏突入などで大気を使ってなるべく飛行速度を減速させたい場合には，鈍頭物体やパラシュート形状など，強い衝撃波を発生させて抗力を大きくする。

加熱と物体の大きさについては，どのように考えればよいだろうか？ 大気圏突入物体が，高速飛行で「摩擦で溶けてなくなってしまう」というのは，流体力学的には適切な表現ではない。この場合には，壁が離脱衝撃波背後の高温領域にさらされることが，加熱の主因と考えてよい。いわゆる**空力加熱**（aerodynamics heating）には，**対流熱伝達**（convective heat transfer）と**輻射熱伝達**（radiation heat transfer）がある。対流熱伝達は，流体と壁との間に形成される温度境界層を通じた熱伝導に起因している[†4]。温度境界層の厚さを正確に見積もることは難しいが，原理的に物体の大小によって温度場がどのように変化するかを考えよう。3.1.5項で扱ったように，オイラーの運動方程式で扱える流れは相似であり，物

[†1] 11.6節参照。
[†2] 山田哲哉ほか：はやぶさカプセルの技術と再突入飛行，日本航空宇宙学会誌，Vol. 60, 5, pp. 192-197 (2012)
[†3] A. Sasoh, et al：Effective Test Time Evaluation in High-Enthalpy Expansion Tube, AIAA Journal, Vol. 39, pp. 2141-2147 (2001)
[†4] 温度勾配によって加熱量を評価するとき**熱伝導**（heat conduction）と称し，温度差によって評価する場合を熱伝達と称する。

体の大きさに比例して衝撃層が厚くなる。上流のマッハ数が一定であれば，衝撃波直後の温度，圧力も一定であるので，温度勾配の代表値は，物体の寸法に反比例する。もちろん，粘性，熱伝導を考慮すると正確にはこの相似則は成り立たないが，物体の寸法と熱伝達の基本的な関係には変わりはない。すなわち，対流熱伝達を低くするにはよどみ点付近の曲率を小さく（曲率半径を大きく）したほうがよい。

これらを総合して考えると，超音速飛行機では，抗力を小さくするためには先頭形状を鋭角にしたほうがよいが，空力加熱を低く抑えるためには逆に鈍頭にしたほうがよい。大気圏突入では，抗力を大きくするためにも対流熱伝達を小さく抑えるためにも，鈍頭形状のほうが有利である。しかし，全温が非常に高くなり輻射熱伝達が支配的になると，物体寸法とともに輻射領域が拡大するため，この関係は必ずしも成り立たない。

4.4　界面と不安定性

衝撃波面が安定であるのに対して，界面は，表面張力などがなければ乱れを抑える作用が働かず，不安定であることが多い[†]。接触面，滑り面の不安定性は，流体の混合，乱流への遷移などを誘起する。圧縮性流れのなかで界面不安定性が起こると，衝撃波などと干渉して，さらに複雑な挙動を示す。

4.4.1　レイリー・テイラー不安定性

密度が高い媒質から低い媒質がある向きに体積力が作用するとき，接触面が不安定になる。この不安定性を，**レイリー・テイラー不安定性**（Rayleigh-Taylor（R-T）instability）という。例えば，重力下で密度が高い液体（例えば水）の上に密度が低い液体（例えば油）がある場合，接触面は安定である（図4.1(b)，**図4.30(a)**）。これに対して，体積力が高密度から低密度の向きに働く場合，接触面は不安定になる（図(b)）。

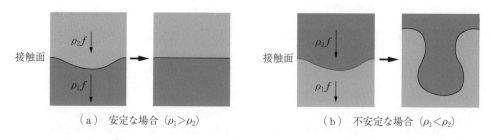

図4.30　レイリー・テイラー不安定性（体積力は下向き）

[†] S. Chandrasekhar：Hydrodynamic and Hydromagnetic Stability, Dover Publ. Inc., chap. 10（1981）

4.4.2 リヒトマイアー・メシュコフ不安定性

接触面は,急に加速度を受けると不安定になる。これを,**リヒトマイアー・メシュコフ不安定性**(Richtmyer-Meshkov (R-M) instability)という。接触面に衝撃波を入射させることによっても,同様の作用を及ぼすことができる。R-T 不安定性との大きな違いは,高密度,低密度いずれの媒質から衝撃波が入射しても不安定になることである。

図 4.31 は,湾曲した接触面に垂直衝撃波が入射する様子を描いている。図(a)は密度が低いほうから高い媒質に衝撃波が透過する場合($\rho_1 < \rho_2$)で,接触面の曲率がますます大きくなる。これに対して,図(b)では高密度側から低密度側に透過する場合($\rho_1 > \rho_2$)で,接触面の曲率が反転して変形が増大する。いずれの場合も,干渉してからある程度時間が経って不安定性が成長すると,接触面の大きな変形に加えて小さなスケールの不安定性が成長し乱流混合が促進される。

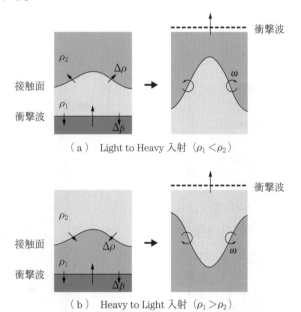

(a) Light to Heavy 入射($\rho_1 < \rho_2$)

(b) Heavy to Light 入射($\rho_1 > \rho_2$)

式(4.89)では密度勾配,圧力勾配の形で表記されているが,図ではそれぞれ接触面,衝撃波による差分として表記している。

図 4.31 リヒトマイアー・メシュコフ不安定性(体積力は作用していない)

初期の接触面変形メカニズムは,**バロクリニック効果**(baroclinic effect)によって説明できる。オイラーの運動方程式(3.14)のベクトル積(回転)をとると,渦度 $\boldsymbol{\omega}$ の次式のような生成式が得られる。

$$\frac{d\boldsymbol{\omega}}{dt} = (\boldsymbol{\omega}\cdot\nabla)\mathbf{u} - \boldsymbol{\omega}(\nabla\cdot\mathbf{u}) + \frac{1}{\rho^2}\nabla\rho \times \nabla p \tag{4.89}$$

右辺第 3 項は,バロクリニック項と呼ばれ,密度勾配と圧力勾配のベクトル積によって渦度

が生成することを表している。図では，衝撃波が下向きに正の圧力勾配として作用し，接触面に垂直な方向に密度勾配がある[†]。図（a）の場合，これによってできる渦度は，接触面の変形を増大させる向きに生じる。しかし一方，図（b）の場合，発生する渦度は逆向きとなり，接触面の凹凸が逆転し，さらに変形が増大する。

超新星爆発や慣性核融合などの**爆縮**（implosion）現象では，超高圧，超高温が長時間保持されるか否かが現象を支配する。このとき，流れの対称性を崩すR–M不安定性が，作用時間そして爆発的反応発生の有無を支配する。

コラムF： 界面の逆位相変形の発見（メシュコフの実験）

ソビエト連邦（現ロシア）原子力センター実験物理研究所の研究員 Evgeny E. Meshkov は，衝撃波管を用いた実験によって，周期的に湾曲する接触面に垂直衝撃波が入射したときの挙動を調べた。**図F.1**は，初期のシリーズの実験で得られた可視化画像である。密度の異なる二つのガスは，あらかじめ厚さ0.5 mmの高分子膜で仕切られ，そこに左から右に向かって垂直衝撃波が入射する。この仕切りを正弦波状に湾曲させることによって，衝撃波が接触面に対

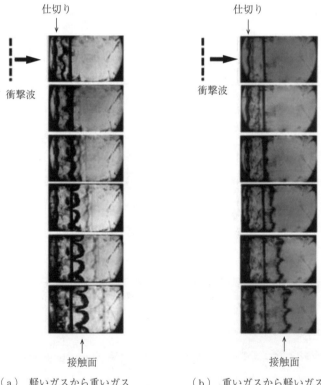

（a）軽いガスから重いガスへの入射　　（b）重いガスから軽いガスへの入射

図F.1 メシュコフの実験，衝撃波は左から右に入射
（第1シリーズ，1966年，E. E. Meshkov 博士提供）

[†] 図の場合，「勾配」でなく，「不連続面」であるが，働きは同じである。

して斜めの角度で入射する。図(a)に示す実験では，軽いガスから重いガスに衝撃波が通過し，界面の曲率がより大きく成長していくことがわかる。これは，1960年にRichtmyer[†1]が線形理論で予測した結果と一致している。逆に，図(b)のように重いガスから軽いガスに衝撃波を入射させると，接触面の凹凸が反転する結果となった。これは，史上初めて得られた結果で，Meshkov博士は当時を振り返り，非常に驚いたと語っている（実験したのが12月で，神からのクリスマスプレゼントだと思ったそうである）。

さらに，実験装置を整備して行った第2シリーズの実験では，**図F.2**に示すような非常に明確な接触面の挙動が捉えられた。のちに，この圧縮性流体特有の界面の挙動およびその後の乱流遷移現象は，**リヒトマイヤー・メシュコフ不安定性**と名付けられた。

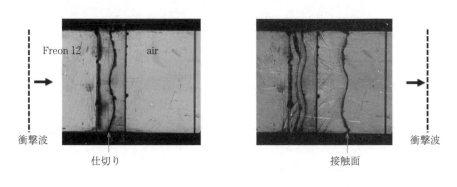

（a）衝撃波入射前　　　　　　　　　　（b）衝撃波通過後

図F.2　メシュコフの実験，重いガスから軽いガスへの入射
（第2シリーズ，1968年，E. E. Meshkov博士提供）

コラムG：「きのこ雲」の実験

衝撃波，接触面が現れる例として，レーザーによって気体中にエネルギーをパルス投入したときの例を示そう（**図G.1**）[†2]。上方からレーザー平行光がパルス照射され，下側にある放物面ミラーで反射，集光点付近でプラズマが生成される。$t=64\,\mu$s（tはレーザーを照射してからの時間，レーザーパルスは$t<3\,\mu$sの間持続する）では，レーザープラズマ（発光部）とそれに駆動された衝撃波がはっきりと分離して観測される。発光部と周囲の境が接触面である。衝撃波は，その安定性からほぼ球対称になっており，その面も滑らかである。$t=112\,\mu$sでは，放物面から反射した衝撃波が接触面と干渉しはじめ，$t=144\,\mu$sではバロクリニック効果によって，下側の接触面の曲率が反転しかけている。さらに時間が経つと下側の接触面は，上に凸形状になり，$t=240\,\mu$sで上面から突き抜け，以降いわゆる「きのこ雲」が形成される。さらに，時間が経過するのに伴い小さなスケールの乱れが成長していることも観測される。

[†1]　R. D. Richtmyer : Taylor instability in shock acceleration of compressible fluids, Comm. Pure & Appl. Math. XIII, pp.297-319（1960）

[†2]　A. Sasoh, T. Ohtani and K. Mori : Pressure effect in plasma-shock wave interaction induced by laser pulse irradiation over a parabola, Physical Review Letters, in issue 20 of Volume 97, article 205004（2006）

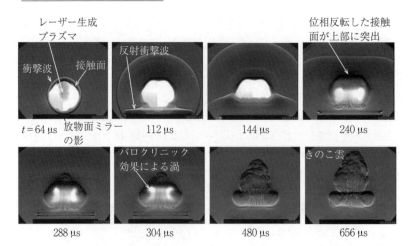

図 G.1 レーザーパルスを集光して作った衝撃波，接触面とその干渉による接触面の変形，数値はレーザーパルス発生後の経過時間（クリプトン，初期圧力 40kPa，レーザーパルスエネルギー 3.6J）

4.4.3 ケルビン・ヘルムホルツ不安定性

流速が異なる流れが接しているとその境界，つまり滑り面の形状の乱れが成長する（**図 4.32**）。これは，**ケルビン・ヘルムホルツ不安定性**（Kelvin-Helmholtz（K-H）instability）と呼ばれ，例えば，超音速飛行体の後流（図 4.6(b)），高速流れに燃料を噴射する場合や，衝撃波の反射によって発生する滑り面など，さまざまな場面で現れる。

図 4.32 ケルビン・ヘルムホルツ不安定性

5

準一次元流れ

　ろうそくを消すとき（**図5.1**）や，口笛を吹くときに，口をすぼめるのはなぜだろうか？ シャワー，スプレー，ロケットのノズルなどでも，流路の断面積を変化させて高速流れを発生させる．流れを加熱すると，加速するか，減速するか？ 流れを加速する向きに力をかけると，本当に加速できるのか？ こういった流路断面積の変化，熱の出入り，外部からの力を伴う一次元流れ（**準一次元流れ**，quasi-one-dimensional flow）の性質を調べ，上手な利用方法を学ぼう．

図5.1　ろうそくの火を消す

5.1　検査体積と基礎式

5.1.1　検査体積

　座標 x に沿って流路断面積 A が緩やかに変化する定常一次元流れを考える．**図5.2**に示すような，厚さ dx の区間を囲む検査体積（灰色部分）を考え，流れの保存式を立てる．本書では基本的に非粘性流れを扱うが，このような流路内の流れでは壁から作用する摩擦力も重要であるので，この解析ではそれを含めることにする．本来摩擦力は，壁から境界層すなわち速度勾配が形成されることによって作用する．しかし，ここで扱う準一次元流れは，流路断面にわたって流れは一様としている．すなわち，流速 u や状態量は，保存則を満たすように求めた断面の平均値とする．流れの要素には，境界や壁で圧力が，壁で摩擦力が作用し，さらに単位質量当り dQ 加熱され，f の体積力を受ける．圧力や摩擦力は壁を含む境界面のみで周囲から作用する力であるが，重力や電磁力などの体積力は，個々の分子，すなわち検査体積全体に作用する．この違いは，その力が流れに仕事をするか否かの違いに現れる．流路断面積の変化は緩や

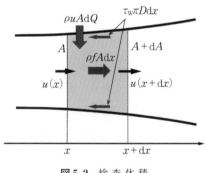

図5.2　検査体積

かで,断面に平行な流速成分は無視できるとする。検査体積の入口(位置 x)において流路断面積が A,出口(位置 $x+\mathrm{d}x$)では $A+\mathrm{d}A$ とし,ほかの変数も同様に表記する。

3.1 節で述べた保存関係式を,この検査体積に適用する。流体は理想気体,熱量的完全気体であるとする。

5.1.2 質量保存

式(3.2)で,時間変化の項を0とすると

$$\int_{\mathrm{CS}} \rho(\mathbf{u}\cdot\mathbf{n})\mathrm{d}A' = 0 \tag{5.1}$$

となる。ここでは,流路断面積と区別するため,検査体積全体を囲む検査面(CS)における面積分要素を $\mathrm{d}A'$ で表している。壁面を通しての質量流束は0であるので,式(5.1)より

$$\mathrm{d}(\rho uA) = 0 \tag{5.2}$$

あるいは,積分して次式を得る。

$$\rho uA = \mathrm{const.} \equiv \dot{m} \tag{5.3}$$

$\dot{m}$ は,流路を流れる質量流量である。

5.1.3 運動量保存

式(3.6)を,時間変化を0として,図5.2の検査体積(CV)に適用すると

$$\int_{\mathrm{CS}} \rho\mathbf{u}(\mathbf{u}\cdot\mathbf{n})\mathrm{d}A' = \int_{\mathrm{CS}} \boldsymbol{\sigma}\cdot\mathbf{n}\mathrm{d}A' + \int_{\mathrm{CV}} \rho\mathbf{f}\mathrm{d}V \tag{5.4}$$

となる。ここで,右辺第1,2項は,それぞれ検査面に作用する応力(面に作用する力で圧力と摩擦応力に分類される),検査体積に作用する体積力に対応する。ここでは,式(5.4)の x 成分を考える。$\mathbf{f}$ の x 成分は,単に f と表記すると

$$\mathrm{d}\rho u^2 A = \rho uA\mathrm{d}u = \int_{\mathrm{CS}} [\boldsymbol{\sigma}\cdot\mathbf{n}]_x \mathrm{d}A' + \int_{\mathrm{CV}} \rho f \mathrm{d}V \tag{5.5}$$

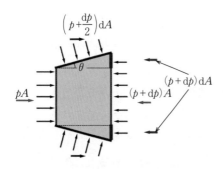

図 5.3 検査体積の境界面が受ける力,$\mathrm{d}A$ は上下両側の断面積変化の和

が得られる。右辺第1項を圧力と摩擦力に分けて考え,圧力のみによって検査体積に作用する力を,図 5.3 に示す。

流路の壁に作用する圧力が x 成分を持つことに注意しよう。$\mathrm{d}x$ が微小であり,図に示すように,壁面が角度 θ の傾きを持つとする。台形則および一次近似を用いると,圧力によって検査体積に作用する力は

$$pA-(p+\mathrm{d}p)(A+\mathrm{d}A)+\left(p+\frac{\mathrm{d}p}{2}\right)\frac{\mathrm{d}A}{\sin\theta}\sin\theta\cong -p\mathrm{d}A-A\mathrm{d}p+p\mathrm{d}A=-A\mathrm{d}p \tag{5.6}$$

で表される．壁に作用する圧力の反作用は，流路断面積が下流に行くにつれて増加すれば，流れを加速する向きに作用する．しかし，検査体積全体の合力の向きは，断面積変化に関わらず，圧力勾配の符号と逆向きになる．すなわち，下流に行くにつれて圧力が低下すれば，流れを加速する向きに合力が働くことになる．壁での摩擦応力を τ_w とし，流路の**等価直径**（hydraulic diameter）D，摩擦係数 c_f を以下のように定義する[†]。

$$\frac{\pi D^2}{4}=A \tag{5.7}$$

$$c_\mathrm{f}\equiv\frac{\tau_w}{\frac{1}{2}\rho u^2} \tag{5.8}$$

これらを用いると，摩擦力の項および検査面に働く合力は，それぞれ

$$\tau_w\pi D\mathrm{d}x=\pi D c_\mathrm{f}\frac{1}{2}\rho u^2\mathrm{d}x=c_\mathrm{f}\frac{1}{2}\rho u^2\frac{4A}{D}\mathrm{d}x \tag{5.9}$$

$$\int_\mathrm{cs}[\boldsymbol{\sigma}\cdot\mathbf{n}]_x\mathrm{d}A'\cong -A\mathrm{d}p-c_\mathrm{f}\frac{1}{2}\rho u^2\frac{4A}{D}\mathrm{d}x \tag{5.10}$$

となる．外力項は，近似的に次式で与えられる．

$$\int_\mathrm{cv}\rho f\mathrm{d}V\cong \rho fA\mathrm{d}x \tag{5.11}$$

したがって，式(5.5)～(5.11)より得られる一次近似関係式は

$$\rho u\mathrm{d}u=-\mathrm{d}p-c_\mathrm{f}\frac{1}{2}\rho u^2\frac{4}{D}\mathrm{d}x+\rho f\mathrm{d}x \tag{5.12}$$

となる．ここで，摩擦力以外の項は A や D を含んでいないことに注意しよう．

5.1.4 エネルギー保存

式(3.19)を，時間変化，熱伝導を0として適用する．摩擦力が働くとき壁での流速は0となり，摩擦力を通して，外部とのエネルギーのやりとりは生じない．したがって次式が得られる．

$$\int_\mathrm{cs}\rho\left(e_\mathrm{t}+\frac{p}{\rho}\right)\mathbf{u}\cdot\mathbf{n}\mathrm{d}A'=\int_\mathrm{cv}\rho\dot{Q}\mathrm{d}V+\int_\mathrm{cv}\rho\mathbf{f}\cdot\mathbf{u}\mathrm{d}V \tag{5.13}$$

壁面に垂直な流速成分は0であるので

$$\mathrm{d}\left\{\rho uA\left(e_\mathrm{t}+\frac{p}{\rho}\right)\right\}=\dot{m}\mathrm{d}\left(e_\mathrm{t}+\frac{p}{\rho}\right)=\rho(fu+\dot{Q})A\mathrm{d}x \tag{5.14}$$

[†] 管内流れでは，$4c_\mathrm{f}$ を管内摩擦係数とすることもあるが，ここでは混乱を避けるために式(5.8)で定義される係数で統一する．

$$\left.\begin{array}{l}\dot{Q}\equiv u\mathrm{d}Q/\mathrm{d}x\\ e_\mathrm{t}+\dfrac{p}{\rho}=e+\dfrac{1}{2}u^2+\dfrac{p}{\rho}=h+\dfrac{1}{2}u^2\end{array}\right\} \qquad(5.15)$$

となり，次式が得られる。

$$\mathrm{d}\left(h+\frac{u^2}{2}\right)=\mathrm{d}Q+f\mathrm{d}x \qquad(5.16)$$

5.1.5 状態方程式

理想気体，熱量的完全気体の状態方程式は次式で表される。

$$p=\rho RT, \quad h=\frac{\gamma}{\gamma-1}\frac{p}{\rho} \qquad(5.17)$$

5.1.6 音速の関係式

音速は次式で与えられる。

$$a^2=\gamma RT=\gamma\frac{p}{\rho}=(\gamma-1)h \qquad(5.18)$$

5.1.7 マッハ数 M の定義

マッハ数の定義より次式で与えられる。

$$M\equiv\frac{u}{a} \qquad(5.19)$$

5.1.8 微分関係式の導出

基礎式を微分形にして整理する。

式(5.3)より

$$\frac{\mathrm{d}u}{u}+\frac{\mathrm{d}\rho}{\rho}+\frac{\mathrm{d}A}{A}=0 \qquad(5.20)$$

式(5.12)より

$$\gamma M^2\frac{\mathrm{d}u}{u}+\frac{\mathrm{d}p}{p}+\frac{\gamma M^2}{2}\frac{4c_\mathrm{f}}{D}\mathrm{d}x-\frac{\rho f\mathrm{d}x}{p}=0 \qquad(5.21)$$

式(5.16)より

$$\mathrm{d}\left(\frac{\gamma}{\gamma-1}\frac{p}{\rho}+\frac{u^2}{2}\right)=\mathrm{d}Q+f\mathrm{d}x$$

$$(\gamma-1)M^2\frac{\mathrm{d}u}{u}-\frac{\mathrm{d}\rho}{\rho}+\frac{\mathrm{d}p}{p}-\frac{\mathrm{d}Q}{h}-\frac{\gamma-1}{\gamma}\frac{\rho f\mathrm{d}x}{p}=0 \qquad(5.22)$$

式(5.17)より

$$\frac{\mathrm{d}T}{T}+\frac{\mathrm{d}\rho}{\rho}-\frac{\mathrm{d}p}{p}=0 \tag{5.23}$$

式(5.18)より

$$\frac{\mathrm{d}a^2}{a^2}+\frac{\mathrm{d}\rho}{\rho}-\frac{\mathrm{d}p}{p}=0 \tag{5.24}$$

式(5.19)より

$$\frac{\mathrm{d}M^2}{M^2}-\frac{2\mathrm{d}u}{u}+\frac{\mathrm{d}a^2}{a^2}=0 \tag{5.25}$$

となる。以上をまとめて次式を得る。

$$\begin{pmatrix} \cdot & 1 & \cdot & \cdot & 1 & \cdot & 1 & \cdot & \cdot & \cdot \\ \cdot & \gamma M^2 & \cdot & \cdot & \cdot & 1 & \cdot & \cdot & -1 & \gamma M^2/2 \\ \cdot & (\gamma-1)M^2 & \cdot & \cdot & -1 & 1 & \cdot & -1 & -(\gamma-1)/\gamma & \cdot \\ \cdot & \cdot & \cdot & 1 & 1 & -1 & \cdot & \cdot & \cdot & \cdot \\ \cdot & \cdot & \cdot & 1 & 1 & -1 & \cdot & \cdot & \cdot & \cdot \\ 1 & -2 & 1 & \cdot & \cdot & \cdot & \cdot & \cdot & \cdot & \cdot \end{pmatrix} \begin{pmatrix} \mathrm{d}M^2/M^2 \\ \mathrm{d}u/u \\ \mathrm{d}a^2/a^2 \\ \mathrm{d}T/T \\ \mathrm{d}\rho/\rho \\ \mathrm{d}p/p \\ \mathrm{d}A/A \\ \mathrm{d}Q/h \\ \rho f\mathrm{d}x/p \\ \frac{4c_\mathrm{f}}{D}\mathrm{d}x \end{pmatrix} = \mathbf{0} \tag{5.26}$$

これを変形して整理すると，次式となる。

$$\begin{pmatrix} 1 & \cdot & \cdot & \cdot & \cdot & \cdot & -\{(\gamma-1)M^2+2\} & \gamma M^2+1 & -(\gamma+1)/\gamma & \{(\gamma-1)M^2+2\}\gamma M^2/2 \\ \cdot & 1 & \cdot & \cdot & \cdot & \cdot & -1 & 1 & -1/\gamma & \gamma M^2/2 \\ \cdot & \cdot & 1 & \cdot & \cdot & \cdot & (\gamma-1)M^2 & -\gamma M^2+1 & (\gamma-1)/\gamma & -\{(\gamma-1)M^2\}\gamma M^2/2 \\ \cdot & \cdot & \cdot & 1 & \cdot & \cdot & (\gamma-1)M^2 & -\gamma M^2+1 & (\gamma-1)/\gamma & -\{(\gamma-1)M^2\}\gamma M^2/2 \\ \cdot & \cdot & \cdot & \cdot & 1 & \cdot & M^2 & -1 & 1/\gamma & -\gamma M^2/2 \\ \cdot & \cdot & \cdot & \cdot & \cdot & 1 & \gamma M^2 & -\gamma M^2 & 1 & -\{(\gamma-1)M^2+1\}\gamma M^2/2 \end{pmatrix} \begin{pmatrix} \mathrm{d}M^2/M^2 \\ \mathrm{d}u/u \\ \mathrm{d}a^2/a^2 \\ \mathrm{d}T/T \\ \mathrm{d}\rho/\rho \\ \mathrm{d}p/p \\ \mathrm{d}A/A(M^2-1) \\ \mathrm{d}Q/h(M^2-1) \\ \rho f\mathrm{d}x/p(M^2-1) \\ 4c_\mathrm{f}\mathrm{d}x/D(M^2-1) \end{pmatrix} = \mathbf{0} \tag{5.27}$$

$$\begin{pmatrix} \mathrm{d}M^2/M^2 \\ \mathrm{d}u/u \\ \mathrm{d}a^2/a^2 \\ \mathrm{d}T/T \\ \mathrm{d}\rho/\rho \\ \mathrm{d}p/p \end{pmatrix} = \begin{pmatrix} -(\gamma-1)M^2-2 & \gamma M^2+1 & -(\gamma+1)/\gamma & (\gamma-1)M^2+2 \\ -1 & 1 & -1/\gamma & 1 \\ (\gamma-1)M^2 & -\gamma M^2+1 & (\gamma-1)/\gamma & -(\gamma-1)M^2 \\ (\gamma-1)M^2 & -\gamma M^2+1 & (\gamma-1)/\gamma & -(\gamma-1)M^2 \\ M^2 & -1 & 1/\gamma & -1 \\ \gamma M^2 & -\gamma M^2 & 1 & -(\gamma-1)M^2-1 \end{pmatrix} \begin{pmatrix} \dfrac{1}{1-M^2}\dfrac{\mathrm{d}A}{A} \\ \dfrac{1}{1-M^2}\dfrac{\mathrm{d}Q}{h} \\ \dfrac{1}{1-M^2}\dfrac{\rho f\mathrm{d}x}{p} \\ \dfrac{\gamma M^2/2}{1-M^2}\dfrac{4c_\mathrm{f}\mathrm{d}x}{D} \end{pmatrix} \tag{5.28}$$

5.2 流れの性質

5.2.1 影響係数

式(5.28)より，各変化量 X は

$$\frac{dA}{A},\ \frac{dQ}{h},\ \frac{\rho f dx}{p},\ \frac{4c_f dx}{D}$$

の線形結合

$$X = C_1 \frac{dA}{A} + C_2 \frac{dQ}{h} + C_3 \frac{\rho f dx}{p} + C_4 \frac{4c_f dx}{D} \tag{5.29}$$

で表すことができる．C を**影響係数**（influence coefficient）という．

ここで注意すべきことは，このような流れが成り立つためには，それを成立するような境界条件が満たされていなければならないことである．ろうそくの火を消そうとしても，口をすぼめただけでは口から流れは出てこない．息を吐き出すために，肺から大気よりも高い圧力の空気を供給する必要がある．

すべての影響係数は，$M=1$ で符号が逆転する．作用別にその効果を整理してみよう．

5.2.2 流路断面積変化の効果

表5.1 から，流路断面積変化と流速，マッハ数の変化の間につぎの関係があることがわかる．

・亜音速流れ（$M<1$）では
  ① 流路断面積を絞ると加速： $dA<0 \rightarrow dM>0,\ du>0$
  ② 流路断面積を広げると減速： $dA>0 \rightarrow dM<0,\ du<0$

表5.1 影響係数

X	C_1	C_2	C_3	C_4
$\dfrac{dM^2}{M^2}$	$-\dfrac{(\gamma-1)M^2+2}{1-M^2}$	$\dfrac{1+\gamma M^2}{1-M^2}$	$-\dfrac{\gamma+1}{\gamma}\dfrac{1}{1-M^2}$	$\dfrac{(\gamma-1)M^2+2}{1-M^2}\dfrac{\gamma M^2}{2}$
$\dfrac{du}{u}$	$-\dfrac{1}{1-M^2}$	$\dfrac{1}{1-M^2}$	$-\dfrac{1}{\gamma}\dfrac{1}{1-M^2}$	$\dfrac{1}{1-M^2}\dfrac{\gamma M^2}{2}$
$\dfrac{da^2}{a^2}$	$\dfrac{(\gamma-1)M^2}{1-M^2}$	$\dfrac{1-\gamma M^2}{1-M^2}$	$\dfrac{\gamma-1}{\gamma}\dfrac{1}{1-M^2}$	$-\dfrac{(\gamma-1)M^2}{1-M^2}\dfrac{\gamma M^2}{2}$
$\dfrac{dT}{T}$	$\dfrac{(\gamma-1)M^2}{1-M^2}$	$\dfrac{1-\gamma M^2}{1-M^2}$	$\dfrac{\gamma-1}{\gamma}\dfrac{1}{1-M^2}$	$-\dfrac{(\gamma-1)M^2}{1-M^2}\dfrac{\gamma M^2}{2}$
$\dfrac{d\rho}{\rho}$	$\dfrac{M^2}{1-M^2}$	$-\dfrac{1}{1-M^2}$	$\dfrac{1}{\gamma}\dfrac{1}{1-M^2}$	$-\dfrac{1}{1-M^2}\dfrac{\gamma M^2}{2}$
$\dfrac{dp}{p}$	$\dfrac{\gamma M^2}{1-M^2}$	$-\dfrac{\gamma M^2}{1-M^2}$	$\dfrac{1}{1-M^2}$	$-\dfrac{(\gamma-1)M^2+1}{1-M^2}\dfrac{\gamma M^2}{2}$

・超音速流れ（$M>1$）では

③ 流路断面積を絞ると減速： $dA<0 \rightarrow dM<0, du<0$

④ 流路断面積を広げると加速： $dA>0 \rightarrow dM>0, du>0$

①は，われわれがろうそくを吹き消すときに無意識のうちに行っていることである（図5.1）。また，シャワー，スプレー，塗料の吹き付けなどでノズルの先端で流路断面積が一番小さくなっているのも，同じ原理に基づいている。流路断面積変化を利用して流れを加速する装置を**ノズル**（nozzle）と呼ぶ。亜音速ノズルは，流路が先細形状を（**先細ノズル**, convergent nozzle）（**図5.4**(a)），超音速ノズルは，末広形状をしている（**末広ノズル**, divergent nozzle）（図(b)）。流れを亜音速から超音速にまで加速するには，先細流路の下流に末広流路を接続すればよく，**ラバールノズル**（Laval nozzle）（図(c)）と呼ばれる。その接続部は，流路断面積が最小（$dA=0$）となり，**スロート**（throat）（咽部）と呼ばれる。スロートでは，流れが音速（$M=1$）になる†。

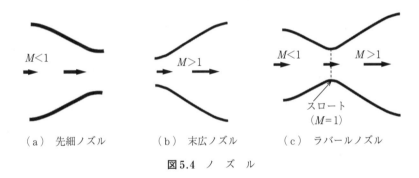

（a）先細ノズル　　（b）末広ノズル　　（c）ラバールノズル

図5.4 ノズル

流路断面積変化を利用して流れを減速し，静圧を回復（増加）させる装置は，**ディフューザー**（diffuser）と呼ばれ，ノズルとは断面積変化が逆になる。

亜音速流れでは，流路断面積がすぼまっていくと流速が増加する。このとき，流れが壁から受ける力は流速と逆向きである。力が逆向きに作用しているのに流れが加速されるのは，直感と逆である。このようなことがなぜ起こるのだろうか。式(5.12)より，$c_f=0$，$f=0$のとき流速の増減は，断面積変化の仕方に関わらず，圧力勾配の符号のみで決まる。亜音速のときは$dA<0$で圧力勾配が負となり，流れが加速されるのである。

5.2.3 加熱/冷却の効果

・亜音速流れ（$M<1$）では

⑤ 加熱すると加速： $dQ>0 \rightarrow dM>0, du>0$

---

† 5.2.6項の閉塞条件を参照。

⑥ 冷却すると減速： $dQ<0 \to dM<0, du<0$

・超音速流れ（$M>1$）では

⑦ 加熱すると減速： $dQ>0 \to dM<0, du<0$

⑧ 冷却すると加速： $dQ<0 \to dM>0, du>0$

表5.1をみると，温度の増減は，二つのマッハ数で符号が変化することがわかる。ほとんどのマッハ数では，加熱すると温度が上昇する。しかし，$1/\sqrt{\gamma}<M<1$ では，加熱する（$dQ>0$）と温度が下がる。日常生活でこれを体感する機会はまずないが，流体の数値シミュレーションで流速が音速近くになると，このような振舞いが現れることがある。

5.2.4 摩擦力の効果

摩擦力は，つねに流速と逆向きに作用する。表5.1より

・亜音速流れ（$M<1$）では

⑨ 摩擦が働くと加速： $c_f>0 \to dM>0, du>0$

・超音速流れ（$M>1$）では

⑩ 摩擦が働くと減速： $c_f>0 \to dM<0, du<0$

摩擦力は，流路断面積が減少するときに壁が流れに作用する力と同様の働きをし，流れと逆向きに働く。また，外力と異なり，外部とのエネルギーの出入りには関与しない。

5.2.5 外力の効果

・亜音速流れ（$M<1$）では

⑪ 流れと同じ向きに外力が作用すると減速： $f>0 \to dM<0, du<0$

⑫ 流れと逆向きに外力が作用すると加速： $f<0 \to dM>0, du>0$

・超音速流れ（$M>1$）では

⑬ 流れと同じ向きに外力が作用すると加速： $f>0 \to dM>0, du>0$

⑭ 流れと逆向きに外力が作用すると減速： $f<0 \to dM<0, du<0$

⑪では，外力が流れの向きに働くと，流れが減速する。これは，断面積変化の影響と同様に説明することができる。$dA=0$，$c_f=0$，$dQ=0$ として，式(5.12)に影響係数を代入すると

$$\rho u du = -dp + \rho f dx = -dp + (1-M^2)dp = -M^2 dp \tag{5.30}$$

となる。すなわち，流れが加速されるか否かは，やはり圧力勾配の符号のみで決まる。亜音速の場合，$f<0$ であれば外力が圧力勾配を負にするように作用するので，$du>0$ すなわち加速する。ただし，このような流れが成り立つためには，流路に十分な圧力差が生じる必要がある。

5.2.6 閉塞条件

準一次元流れにおいて流速が音速に達するための条件を，**閉塞条件**（choking condition）という。表 5.1 より

$$\frac{\mathrm{d}M^2}{M^2} = \frac{-\{2+(\gamma-1)M^2\}\dfrac{\mathrm{d}A}{A} + (1+\gamma M^2)\dfrac{\mathrm{d}Q}{h} - \dfrac{\gamma+1}{\gamma}\dfrac{\rho f \mathrm{d}x}{p} + \dfrac{\gamma M^2\{(\gamma-1)M^2+2\}}{2}\dfrac{4c_\mathrm{f}\mathrm{d}x}{D}}{1-M^2} \tag{5.31}$$

が得られる。$M \to 1$ のとき左辺の変分が有限値を持つためには，右辺の分母が 0 になるので，分子も 0 にならなければならない。すなわち

$$M=1 \text{ のとき} \quad -\frac{\mathrm{d}A}{A} + \frac{\mathrm{d}Q}{h} - \frac{1}{\gamma}\frac{\rho f \mathrm{d}x}{p} + \frac{\gamma}{2}\frac{4c_\mathrm{f}\mathrm{d}x}{D} = 0 \tag{5.32}$$

となり，これが閉塞条件であり，断面積変化，外部から与える熱，外力，摩擦力の効果の線形結合になっている。

断面積変化のみがある場合の閉塞条件は

$$M=1 \text{ のとき} \quad \mathrm{d}A = 0 \tag{5.33}$$

となり，図 5.4(c) に示したように，断面積が最小となる部分（スロート）で音速になることがわかる。

加熱のみによる閉塞（**熱閉塞**, thermally choking）条件は

$$M=1 \text{ のとき} \quad \mathrm{d}Q = 0 \tag{5.34}$$

である。亜音速流れが加熱によって加速する場合，流れが音速に達する箇所で加熱が終了することが必要になる。

閉塞する流れを解くとき，この閉塞条件を与えることによって拘束条件が一つ増し，流れを一義に決める条件が満たされるようになる。

5.3 摩擦のある管内流れ

多くの流体機器では，流体が細い管内を流れる。管の断面積が小さいと，壁との摩擦力によって流れの圧力損失が生じる。摩擦力を伴い一定断面積の管内を流れる断熱流れは，**ファノ流れ**（Fanno flow）と呼ばれ，管内流れを解析するための基礎になる。

前節の結果を使って，摩擦のある管内流れを扱うことができる。式(5.29)より，マッハ数と摩擦力の関係は

$$\frac{\mathrm{d}M^2}{M^2} = \frac{(\gamma-1)M^2+2}{1-M^2}\frac{\gamma M^2}{2}\frac{4c_\mathrm{f}\mathrm{d}x}{D} \tag{5.35}$$

$$\frac{4\gamma c_{\mathrm{f}} \mathrm{d}x}{D} = -\frac{\gamma+1}{2}d\ln M^2 + \frac{\gamma+1}{2}d\ln\left(M^2+\frac{2}{\gamma-1}\right) - d\left(\frac{1}{M^2}\right) \tag{5.36}$$

となる。ここで D は管の（等価）内直径である。c_{f} が一定であると仮定し，入口（$x=0$）での値に添え字1をつけて，位置 x まで積分すると

$$\frac{4\gamma c_{\mathrm{f}}}{D}x = \frac{1}{M_1^2} - \frac{1}{M^2} + \frac{\gamma+1}{2}\ln\left(\frac{M^2+\frac{2}{\gamma-1}}{M_1^2+\frac{2}{\gamma-1}}\frac{M_1^2}{M^2}\right) \tag{5.37}$$

となる。表5.1の影響係数を見ると，亜音速流れでは摩擦によってマッハ数が増加し，超音速流れでは減少する。すなわち，いずれの場合も，摩擦によって流れが音速に近づくことがわかる。$M=1$ になる位置 x^* まで積分すると

$$\frac{4\gamma c_{\mathrm{f}}}{D}x^* = \frac{1-M_1^2}{M_1^2} + \frac{\gamma+1}{2}\ln\frac{(\gamma+1)M_1^2}{(\gamma-1)M_1^2+2} \tag{5.38}$$

となる。閉塞条件の式(5.32)より

$$M=1 \text{ のとき} \quad \mathrm{d}x=0 \tag{5.39}$$

となる。これは，流れが音速になるのは，出口のみであることを意味する。

式(5.29)から圧力変化は

$$\frac{\mathrm{d}p}{p} = -\frac{(\gamma-1)M^2+1}{1-M^2}\frac{\gamma M^2}{2}\frac{4c_{\mathrm{f}}\mathrm{d}x}{D} \tag{5.40}$$

となり，式(5.35)，(5.40)より

$$\frac{\mathrm{d}p}{p} = -\frac{(\gamma-1)M^2+1}{(\gamma-1)M^2+2}\frac{dM^2}{M^2} \tag{5.41}$$

となる。これを積分して

$$\frac{p}{p_*} = \frac{1}{M}\sqrt{\frac{\gamma+1}{(\gamma-1)M^2+2}} \tag{5.42}$$

を得る。ここで，p_* は $M=1$ に達したときの値である。衝撃波前後でもファノ流れの関係式を満たすので，式(5.42)は途中に衝撃波が生じたときにも成り立つことに注意しよう。

図5.5は，入口での流れのマッハ数が3.0のときの管内の流れの変化を表す。横軸は，式(5.37)に従って入口からの距離を無次元化している。管内に衝撃波が生じない場合，流れは超音速のまま減速する。管が無次元値で0.73よりも短い場合は，流れは超音速のまま流出する。管の長さ0.73のとき，流れは出口で音速に達する。管がそれよりも長い場合，途中で衝撃波が生じ流れが亜音速になるが，それ以降摩擦によって流れは加速し，出口で音速になる。出口での閉塞条件を満たすために，衝撃波の位置が定まる。図には，$M=1.5$，2.0，2.5，3.0になる位置で衝撃波が発生したときの流れの変化がプロットされている。無次元長さが1.81のとき，衝撃波は入口にまで達する。管がそれ以上長いと，入口よりも上流の

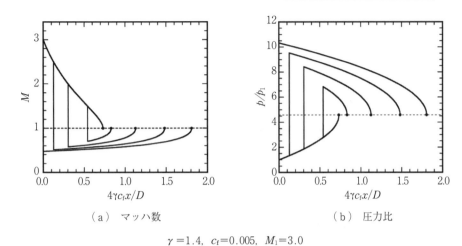

(a) マッハ数　　　　　　　　(b) 圧力比

$\gamma=1.4,\ c_f=0.005,\ M_1=3.0$

図5.5 ファノ流れにおけるマッハ数，圧力の変化

流れが変化する。

　図(b)をみると，衝撃波よりも上流側では，流れは超音速で圧力は摩擦によって増加する。衝撃波で圧力が不連続的に増加し，その下流側で流れは亜音速になり，圧力は減少していく。衝撃波がどの場所に生じても，出口での圧力の値は一定である。

6

生成項を伴う系

衝撃波を含む系が，外部とエネルギーや運動量をやりとりすると，衝撃波の強さが増したり，推力を発生することが可能になる．ここでは，そのような性質を持つ，生成項を伴い一般化されたランキン・ユゴニオ関係式で記述できる系の性質を調べよう．

6.1 一般化されたランキン・ユゴニオ関係式

4章で衝撃波や界面を導いた保存関係式は，側面を通しての流束がなければ，検査体積が厚さを持っていても適用できる．図6.1(a)に示すような流路を考える．流れは定常で，検査体積の出入口ではそれぞれ断面内で一様であるとする．検査体積の内部の状態は不明だが，外部と質量 W'，運動量 I'，エネルギー Q' のやり取りがある．検査体積内の流体には，壁からの摩擦力が作用したり，流路断面積が変化して圧力分布が生じることで，流れ方向の力が作用する．ただし，検査体積全体の力のやり取りを考えるとき，その力が圧力によるものであるのか，摩擦力によるものであるかは，関係式に現れず，結果にも影響を及ぼさないことに注意する．

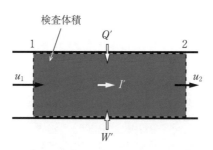

(a) 内部の状態が不明のブラックボックスモデル

(b) 流路壁幅が変化する場合

(c) 中に物体がある場合

破線で囲まれた灰色部分．壁や内部の物体は含まない

図6.1 質量，力，熱のやり取りがある検査体積

検査体積の入口の状態を1，出口の状態を2とする。保存関係式は検査体積の出入口の状態のみを関係づけるもので，内部の断面積変化，力の分布を定める必要はなく，図(b)のように上下の壁の間隔が変化しても，図(c)のように流路に物体が入っていてもかまわない。ただし，壁や物体の内部は，検査体積には含まれない。後者の場合，内部にある物体は，ジェットエンジンのセンターボディーのように周囲の構造体とつながっているとしてもよいし，後述するラム加速器のように推力を受けて独立して移動できるとしてもよい。

非定常項が無視できる場合，この検査体積を出入りする流体に対して，つぎの保存関係式が成り立つ。

・質量保存式： $\rho_2 u_2 = \rho_1 u_1 + W'$ (6.1)

・運動量保存式： $p_2 + \rho_2 u_2^2 = p_1 + \rho_1 u_1^2 + I'$ (6.2)

・エネルギー保存式： $h_2 + \frac{1}{2} u_2^2 = h_1 + \frac{1}{2} u_1^2 + Q'$ (6.3)

ここで W', I', Q' を**生成項**（source term）と呼び，外部とのやりとりによって増減する質量，運動量，エネルギーを表す。ただし，I', Q' の内訳として，加えられた質量 W' によってもたらされる運動量，エネルギーと，それによらず壁や外部とのやり取りによってもたらされるものがある。流れに加わる運動量の中には，壁に働く力の反作用が含まれる。式(6.2)は非粘性流体に対して導かれた式で，このときの力は流路断面積および圧力が分布を持つことによって生じる。しかし，この保存関係式は，壁に摩擦力が作用する系にも適用できる。解析結果には，圧力や摩擦力の積分値のみが重要で，それらの分布がどうなっているのかは関係ない。壁で圧力や摩擦力の向きの流速は0であるので，これらの力によるエネルギーのやり取りはない。式(6.1)〜(6.3)は，垂直衝撃波に対するランキン・ユゴニオ関係式(4.13)，(4.14)，(4.17)に生成項を加えた形をしており，**一般化されたランキン・ユゴニオ関係式**（generalized Rankine-Hugoniot relations）と呼ぶことにする。エネルギーの生成項を加えると，デトネーション，デフラグレーションを扱うことができる。さらに運動量の生成項を加えると，ラム加速器をモデル化できる。

エネルギー生成が化学反応による場合，流体は多成分化学種で構成される混合気体となる。2.8節で扱ったように，エンタルピー h を，静エンタルピー h_s と標準生成エンタルピー（基準温度 T_ref）h_f の和であるとする[†]。気体が N 個の化学種で構成され，化学種 i $(i=1\cdots N)$ の質量分率が Y_i であるとすると

$$h = \sum_{i=1}^{N} Y_i h_i, \quad \sum_{i=1}^{N} Y_i = 1 \qquad (6.4)$$

$$h_i = h_{\mathrm{f},i} + h_{\mathrm{s},i}(T) \qquad (6.5)$$

---

† 本書では，化学反応を陽に扱うのは本章のみであり，ほかの章では静エンタルピーを単に h と記している。

$$h_{s,i} \equiv \int_{T_{ref}}^{T} C_{p,i} dT \tag{6.6}$$

で表され，式(2.86)，(2.88)より

$$\overline{C}_p = \sum_{i=1}^{N} Y_i C_{p,i} \tag{6.7}$$

$$\gamma = \frac{\overline{C}_p}{\overline{C}_p - \overline{R}} = \frac{\overline{C}_p}{\overline{C}_v} \tag{6.8}$$

となる．ここで，￣は化学種の質量平均を表す．式(6.3)に，式(6.4)を代入して

$$h_{s,2} + \frac{1}{2}u_2^2 = h_{s,1} + \frac{1}{2}u_1^2 + Q'' \tag{6.9}$$

$$h_{s,j} \equiv \sum_{i=1}^{N} Y_{i,j} \int_{T_{ref}}^{T_j} C_{p,i} dT \tag{6.10}$$

$$Q'' \equiv \sum_{i=1}^{N} (Y_{i,1} - Y_{i,2}) h_{f,i} + Q' \tag{6.11}$$

となる．式(6.11)の右辺第1項は化学反応による発熱量，第2項はそれ以外の加熱量を表す．

まず，ここでは $W'=0$ であるとする．式(6.2)に式(6.1)を変形したものに代入すると

$$\frac{p_2 - p_1 - I'}{\frac{1}{\rho_1} - \frac{1}{\rho_2}} = j^2 \tag{6.12}$$

$$j \equiv \rho_1 u_1 = \rho_2 u_2 \tag{6.13}$$

となり，これを，入口（状態1）の値で無次元化された圧力-比体積関係式に変形すると

$$\frac{p_2}{p_1} = \frac{u_1^2}{\frac{p_1}{\rho_1}} \left(1 - \frac{\rho_1}{\rho_2}\right) + 1 + I \tag{6.14}$$

$$I \equiv \frac{I'}{p_1} \tag{6.15}$$

となる．式(6.14)は，**一般化されたレイリー直線**（generalized Rayleigh line）を表し，気体の状態方程式によらずに成り立つ．エネルギー保存式を使っていないので，式の中に Q は含まれない．音速 a は凍結音速とし，マッハ数もそれをもとに定義すると

$$a = \sqrt{\gamma \frac{p}{\rho}} = \sqrt{\gamma \overline{R} T} \tag{6.16}$$

$$M = \frac{u}{a} \tag{6.17}$$

$$\frac{p_2}{p_1} = -\gamma M_1^2 \left(\frac{\rho_1}{\rho_2} - 1\right) + 1 + I \tag{6.18}$$

となり，これは，$(1, 1+I)$ を通り，傾きが $-\gamma M_1^2$ である直線を表す．$I=0$ の場合（**図6.2（a）**），式(4.42)と一致する．生成項を伴わない衝撃波の場合は入口亜音速（$M_1<1$）の解は存在しなかったが，後述するように，$Q>0$ のとき $M_1<1$ である解も存在するので，それ

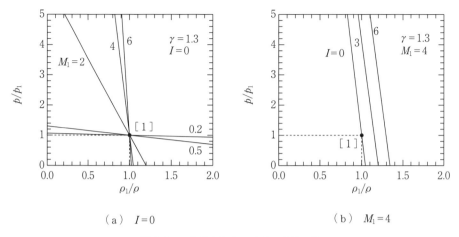

（a） $I=0$　　　　　　　　　　（b） $M_1=4$

図6.2 一般化されたレイリー直線の例

に対応する領域の直線も含まれている。運動量生成項が0でない場合，この直線はIだけ上にシフトする（図(b)）。

式(6.1)～(6.3)より

$$h_{s,2}-h_{s,1}-\frac{1}{2}(p_2-p_1-I')\left(\frac{1}{\rho_1}+\frac{1}{\rho_2}\right)=Q'' \tag{6.19}$$

あるいは，$h_s=e+p/\rho$を用いて

$$e_2-e_1+\frac{1}{2}(p_2+p_1)\left(\frac{1}{\rho_2}-\frac{1}{\rho_1}\right)+\frac{1}{2}\left(\frac{1}{\rho_1}+\frac{1}{\rho_2}\right)I'=Q'' \tag{6.20}$$

となる。式(6.19)，(6.20)は，気体の状態方程式に関わらず成り立ち，**図6.3**に示すようにその曲線は**一般化されたユゴニオ曲線**（generalized Hugoniot curve）と呼ばれる[†]。h_s, eは，$p, v=1/\rho$を独立変数とする関数で表すことができるので，その関数形と生成項が与えられれば曲線を描くことができる。レイリー直線とユゴニオ曲線の交点が，入口の状態1，出口の状態2に対応する。どちらの交点がどちらに対応するかは後述する。

熱量的完全気体に対しては，ユゴニオ曲線を陽的に次式のように表すことができる。

$$\frac{p_2}{p_1}=\frac{1-\frac{\gamma-1}{\gamma+1}(1+I)\frac{\rho_1}{\rho_2}+\frac{2\gamma}{\gamma+1}Q-\frac{\gamma-1}{\gamma+1}I}{\frac{\rho_1}{\rho_2}-\frac{\gamma-1}{\gamma+1}} \tag{6.21}$$

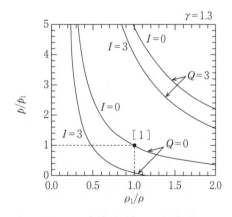

図6.3 一般化されたユゴニオ曲線

[†] 以降では，煩雑さを避けるため，「レイリー直線」，「ユゴニオ曲線」の前の表現「一般化された」を省略する。

88   6. 生成項を伴う系

$$Q \equiv \frac{Q''}{C_p T_1} = \frac{Q''}{h_{s,1}} = \frac{Q''}{\dfrac{\gamma}{\gamma-1}\dfrac{p_1}{\rho_1}} \tag{6.22}$$

式(6.21)は，$I=Q=0$ のとき式(4.43)と一致する．エネルギー生成項 Q は曲線を正にシフトさせ，運動量生成項 I は負にシフトさせる．

6.2 デトネーション/デフラグレーション

エネルギー生成項のみがある系（$W'=I=0$，$Q\neq 0$）を考えよう．ランキン・ユゴニオ関係式の解は，式(6.14)，(6.19)を連立させて得られるが，このような一般形から解の性質を理解するのは容易ではない．しかし，熱的完全気体を仮定し，化学反応による化学種や比熱の変化を考えなければ，解が陽に得られ，重要な性質の多くは一般的にも成り立つ．ここでは，理解を容易にするため，まずその条件で解析を進める．

6.2.1 解の存在範囲

図 6.1 の系で，流路断面積が一定で，壁との運動量交換がなく（$I=0$），燃焼などの加熱によって $Q>0$ であるときの系の性質を調べよう（**図 6.4**）．式(6.18)，(6.21)より次式が得られる．

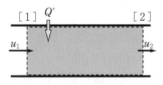

図 6.4 加熱を伴う断面積一定の流れ

・レイリー直線： $\dfrac{p_2}{p_1} = -\gamma M_1^2\left(\dfrac{\rho_1}{\rho_2}-1\right)+1$ (6.23)

これは，Q を含まず，加熱の有無に関わらずに成り立つ．

・ユゴニオ曲線： $\dfrac{p_2}{p_1} = \dfrac{1-\dfrac{\gamma-1}{\gamma+1}\dfrac{\rho_1}{\rho_2}+\dfrac{2\gamma}{\gamma+1}Q}{\dfrac{\rho_1}{\rho_2}-\dfrac{\gamma-1}{\gamma+1}}$ (6.24)

これは，加熱がある分だけ圧力が上がるようにシフトする．

解は，出入口のマッハ数によって**表 6.1**，**図 6.5** のように分類される（6.2.2 項，6.2.3 項参照）．入口が超音速（$M_1>1$，領域 I から III）の解は，**デトネーション**（detonation）と呼ばれ，背後の加熱によって強められた衝撃波による圧縮を伴う系である．入口が亜音速（$M_1<1$，領域 IV から VI）の解は，**デフラグレーション**（deflagration）と呼ばれ，亜音速で流入した流れが膨張，加速される．レイリー直線は正の傾きを持つことがないので，そのような領域（灰色の破線部）でユゴニオ曲線と交わることはない．また，領域 III，IV では，後述するように物理的に意味のある解は存在しない．

表6.1 デトネーション，デフラグレーション解の分類

番号	名称	M_1	M_2	解
I	Over-driven/Strong detonation	$M_1>1$	$M_2<1$	背後からの駆動が必要
II	C-J detonation	$M_1>1$	$M_2=1$	あり
III	(Weak detonation)	$(M_1>1)$	$(M_2>1)$	なし
IV	(Strong deflagration)	$(M_1<1)$	$(M_2>1)$	なし
V	C-J deflagration	$M_1<1$	$M_2=1$	あり
VI	Weak deflagration	$M_1<1$	$M_2<1$	あり

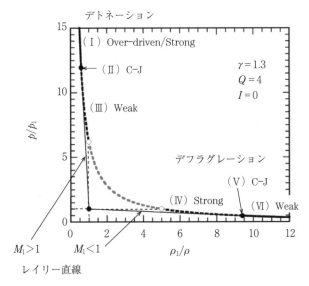

図6.5 デトネーション，デフラグレーションにおける解の存在範囲

6.2.2 デトネーション

ランキン・ユゴニオ関係式の解は出入口の状態しか与えないが，実際には検査体積の内部で，保存則を満たす流れが成立しているはずである．デトネーションでは，検査体積の入口（状態1）に衝撃波ができ，その背後で加熱を伴う亜音速流れになっている．**図6.6**に，デトネーション解の例を示す．図で点［1］(1,1) が検査体積入口の状態（添え字1），出口の状態（添え字2）は，レイリー直線とユゴニオ曲線の交点に対応する．この例では，$Q=4$ のユゴニオ曲線に対して，三つの M_1 の値に対するレイリー直線が描かれている．$M_1=4$ では，ユゴニオ曲線との交点はなく，解がない．

$M_1=5$ のレイリー線は，2 の交点 2 (I), 2 (III) を持つ．点 2 (I) は出口で亜音速になる解（領域I）に対応する．このようなデトネーションを，実験室座標系で静止気体中を右向きに伝播するように描いたのが**図6.7**である．伝播速度 U_s は，図6.4 の u_1 と向きは

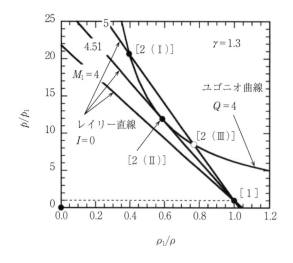

[1] 入口, [2] 出口, [2(I)] オーバードリブン（過駆動）デトネーション, [2(II)] C-J デトネーション, [2(III)] 物理的に意味のある解に対応しない（表6.1に対応）

図 6.6 デトネーション解の例

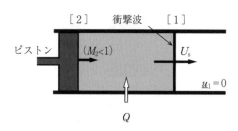

図 6.7 オーバードリブン（過駆動）デトネーション，実験室座標系で描かれ，前方は静止状態

逆だが，大きさは等しい。このとき，検査体積内の流れは，出口（状態2）で衝撃波に対して亜音速（$M_2<1$）であるため，背後の影響を受ける。衝撃波マッハ数は，$M_1(=U_s/a_1)$ である。衝撃波はピストン，あるいはそれと等価なものによって駆動され，つぎに述べるC-Jデトネーションよりも高いマッハ数で伝播する。駆動する圧力が高く，背後の速度が速いほど，衝撃波マッハ数は高くなる。このように背後から駆動されてより強められたデトネーションを，**オーバードリブン（過駆動）デトネーション**（overdriven detonation）という。

図6.6において，M_1；4.51に対して二つの線は点2（II）(0.588, 11.9)で接する。この接点の解は，**チャップマン・ジュゲデトネーション**（Chapman-Jouguet（C-J）detonation）と呼ばれ，4章で学んだように，出口は音速流れ（$M_2=1$，領域II）となる。このとき，出口よりも背後の流れの影響はこの系に及ばないので，デトネーションは自走して伝播することができる。逆に，自走して伝播するデトネーションの解は，C-Jデトネーションのみである。実験室，人工物，自然界で観測されるデトネーションは，ほとんどC-Jデトネーションであると考えてよい。実際のデトネーションを伴う流れは，多次元性を持ち，非常に複雑であるが，その伝播マッハ数 M_{CJ} はランキン・ユゴニオ関係式の解でほぼ正確に与えられることが知られている。熱量的完全気体の場合は，C-Jデトネーションマッハ数の次式で表される解析解がある[†1]。

$$M_{\text{CJ,detonation}} = \left[1 + (\gamma+1)Q + \sqrt{\{1+(\gamma+1)Q\}^2 - 1}\right]^{1/2} \tag{6.25}$$

図 6.6 の点 [2 (Ⅲ)] では,二つの線の傾きを比較すると,出口が超音速流れになるはずである。しかし,5 章で学んだように,衝撃波背後の亜音速流れを加熱するとマッハ数は低下するはずであり,このような解は物理的に意味のあるものにならない。この理由で,図 6.5 の領域Ⅲでは物理的に意味のある解が存在せず,ユゴニオ曲線が破線で描かれている。

実際に観測されるデトネーション現象は,化学反応速度の影響,多次元性など非常に複雑である。表 6.2 に,典型的な混合気に対するデトネーション速度の実測値と,解離平衡を仮定して求めた C-J デトネーションの計算値を示す[†2]。現象は複雑であっても,C-J デトネーションでよいモデル化ができていることがわかる。水素–酸素の化学量論比 (stoichiometric ratio)[†3] は,2 : 1 であり,混合気 A がそれに相当する。混合気 B,C では,それを余分な気体で希釈するために,同じ発熱量に対して気体のモル数が増え圧力,温度は低下する。これに伴って,混合気 B ではデトネーション速度も低下する。しかし,混合気 C では分子量が小さくなり音速が高くなるため,デトネーション速度は高くなる。

表 6.2 実験で測定したデトネーション速度 U_1 と解離平衡を
仮定した計算値の比較,$p_1=100\text{kPa}$,$T_1=298\text{K}$

可燃性混合気		U_1 [km/s]	U_{CJ} [km/s]	$p_{2,\text{CJ}}$ [MPa]	$T_{2,\text{CJ}}$ [K]
A	$2\text{H}_2+\text{O}_2$	2.82	2.81	1.80	3 580
B	$2\text{H}_2+\text{O}_2+5\text{N}_2$	1.82	1.85	1.44	2 690
C	$8\text{H}_2+\text{O}_2$	3.53	3.75	1.42	2 650

6.2.3 デフラグレーション

5 章で示したように,一次元亜音速流れは,加熱されると膨張(密度が低下),加速する。加熱が始まる境界を入口(状態 1)として,そこに固定した座標でみると,下流に行くにつれてマッハ数 M が上がり,圧力が下がる。加熱が終わるところを検査体積の出口(状態 2)とすると,この加熱を伴う亜音速流れも,衝撃波を伴わないが,一般化されたランキン・ユゴニオ関係式の解となり,**デフラグレーション**と呼ばれる。出口のマッハ数 M_2 がどこまで上がるかは,加熱量 Q によって決まる。Q がそれほど大きくない場合は,$M_2<1$ である(弱いデフラグレーション,weak deflagration,図 6.5,表 6.1 の領域Ⅵ)。Q が大きくなるにつれて,M_2 が高くなり,ついには $M_2=1$ になる。このときの流れは,**チャップマン・ジュゲデフラグレーション**(C-J deflagration,図 6.5,表 6.1 の領域Ⅴ)と呼ばれ,亜音速

[†1](前頁) 6.3.2 項参照
[†2] K. K. Kuo : Principles of Combustion (2nd ed.), p.379 (2005)
[†3] 完全燃焼するときの理論混合比

流れに大きな加熱を与えた場合に起こる．ある Q の値に対して，C-J デフラグレーションの条件を満たす M_1（<1）の値は一義に決まる．C-J デフラグレーションでは，加熱が終わった場所で熱閉塞して，それよりも下流の影響を受けない．

表6.1，図6.5に示したように，デフラグレーションの解が存在するのは，$M_2 \leq 1$ の範囲に限られる．加熱のみによって超音速流れを発生させることはできないので，$M_2 > 1$ となる解（領域Ⅳ）は存在しない．熱量的完全気体に対しては，次式のC-J デフラグレーションマッハ数の解析解がある†．

$$M_{\text{CJ.defigration}} = \left[1+(\gamma+1)Q - \sqrt{\{1+(\gamma+1)Q\}^2 - 1} \right]^{1/2} \tag{6.26}$$

6.2.4 エントロピーの変化

デトネーション，デフラグレーションにより，背後のエントロピーはどのように変化するだろうか．4章で垂直衝撃波（$Q=0$）背後の変化を調べたが，それと同様な方法で調べてみよう．

式(6.20)で，$v=1/\rho$，$I'=0$ として

$$e_2 - e_1 = \frac{1}{2}(p_2 + p_1)\left(\frac{1}{\rho_1} - \frac{1}{\rho_2}\right) + Q' = \frac{1}{2}(p_2 + p_1)(v_1 - v_2) + Q' \tag{6.27}$$

となる．微分して

$$de_2 = \frac{1}{2}(v_1 - v_2)dp_2 - \frac{1}{2}(p_2 + p_1)dv_2 + dQ' \tag{6.28}$$

熱力学第1法則より

$$T_2 ds_2 = de_2 + p_2 dv_2 \tag{6.29}$$

となる．式(6.28)，(6.29)より

$$T_2 \frac{ds_2}{dv_2} = \frac{1}{2}(v_1 - v_2)\frac{dp_2}{dv_2} + \frac{1}{2}(p_2 - p_1) + \frac{dQ'}{dv_2} \tag{6.30}$$

となる．ユゴニオ曲線上（添え字HG）では $dQ'=0$ であるので

$$T_2 \left[\frac{ds_2}{dv_2}\right]_{\text{HG}} = \frac{1}{2}(v_1 - v_2)\left[\frac{dp_2}{dv_2}\right]_{\text{HG}} + \frac{1}{2}(p_2 - p_1) \tag{6.31}$$

これは，ユゴニオ曲線上でのエントロピーの変化を与える．さらに微分すると

$$T_2 \left[\frac{d^2 s_2}{dv_2^2}\right]_{\text{HG}} = \frac{1}{2}\left(-\frac{1}{p_2}\right)(v_1 - v_2)\left[\frac{dp_2}{dv_2}\right]_{\text{HG}}^2 + \left\{\frac{1}{2}\frac{p_1}{p_2} - \frac{1}{2}\left(\frac{v_1}{v_2}\right)\right\}\left[\frac{dp_2}{dv_2}\right]_{\text{HG}}$$
$$+ \frac{1}{2}(v_1 - v_2)\left[\frac{d^2 p_2}{dv_2^2}\right]_{\text{HG}} + \frac{1}{2}\left(-\frac{1}{v_2}\right)(p_2 - p_1) \tag{6.32}$$

C-J点（添え字CJ）では，式(6.12)および

---

† 6.3.2項参照

$$u_2 = a_2 = \sqrt{-v_2^2 \frac{\mathrm{d}p_2}{\mathrm{d}v_2}} \tag{6.33}$$

が成り立つので

$$\frac{p_2 - p_1}{v_1 - v_2} = j^2 = \frac{1}{v_2^2}\left(-v_2^2 \left[\frac{\mathrm{d}p_2}{\mathrm{d}v_2}\right]_{\mathrm{CJ}}\right) = -\left[\frac{\mathrm{d}p_2}{\mathrm{d}v_2}\right]_{\mathrm{CJ}} \tag{6.34}$$

式(6.31),(6.32)に代入して

$$T_2 \left[\frac{\mathrm{d}s_2}{\mathrm{d}v_2}\right]_{\mathrm{CJ}} = 0 \tag{6.35}$$

$$T_2 \left[\frac{\mathrm{d}^2 s_2}{\mathrm{d}v_2^2}\right]_{\mathrm{CJ}} = \frac{1}{2}(v_1 - v_2)\left[\frac{\mathrm{d}^2 p_2}{\mathrm{d}v_2^2}\right]_{\mathrm{CJ}} \tag{6.36}$$

式(6.35)より,エントロピーは,C-J点で極値をとることがわかる.通常の気体では

$$\frac{\mathrm{d}^2 p_2}{\mathrm{d}v_2^2} > 0 \tag{6.37}$$

が成り立ち,また

- C-Jデトネーションでは,$v_1 - v_2 > 0$ なので,$\left[\dfrac{\mathrm{d}^2 s_2}{\mathrm{d}v_2^2}\right]_{\mathrm{CJ}} > 0$

- C-Jデフラグレーションでは,$v_1 - v_2 < 0$ なので,$\left[\dfrac{\mathrm{d}^2 s_2}{\mathrm{d}v_2^2}\right]_{\mathrm{CJ}} < 0$

となる.すなわちユゴニオ曲線上をたどっていくと,C-Jデトネーションでエントロピーは極小となり,C-Jデフラグレーションで極大となる.

6.2.5 エネルギーの変化

加熱,衝撃波による圧縮,あるいは気体の膨張によって,気体の内部エネルギー,流れの運動エネルギーがどのように変化するかを調べよう.式(6.20)で,$v = 1/\rho$,$I' = 0$ として

$$e_2 - e_1 = \frac{1}{2}(p_2 + p_1)(v_1 - v_2) + Q' \tag{6.38}$$

となる.前方を静止状態とみなしたとき背後に誘起される運動エネルギーは,式(4.26)で与えられる.

$$\frac{1}{2}(\underline{u}_2 - \underline{u}_1)^2 = \frac{1}{2}(u_1 - u_2)^2 = \frac{1}{2}(p_2 - p_1)(v_1 - v_2) \tag{6.39}$$

から,全エネルギー e_t の変化は次式で表される.

$$e_{\mathrm{t},2} - e_{\mathrm{t},1} = e_2 - e_1 + \frac{1}{2}(\underline{u}_2 - \underline{u}_1)^2 = p_2(v_1 - v_2) + Q' \tag{6.40}$$

図6.8は,圧力-比体積座標上での,デトネーションによるエネルギーの変化の例を示している.Cの面積は,式(6.38)の右辺第2項と同じ大きさになるように描いてある.式(6.38)~(6.40)の値はそれぞれ,つぎの面積に相当する.

- 内部エネルギーの増分（式(6.38)）＝面積 B＋C
- 運動エネルギーの増分（式(6.39)）＝面積 A
- 全エネルギーの増分（式(6.40)）＝面積 A＋B＋C

内部エネルギーは，加えられた熱量（四角形面積 C）に加えて，気体が圧縮される分（台形面積 B）だけさらに増える．運動エネルギーは，背後が高圧になることによって気体が加速されるために生じる（三角形面積 A）．デトネーションでは，加熱を受ける分だけますます，内部エネルギーの増加が運動エネルギーの増加を上回る．

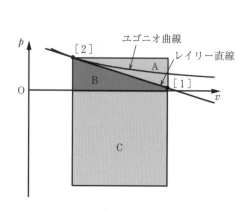
図 6.8　デトネーションによる
　　　　エネルギーの増加

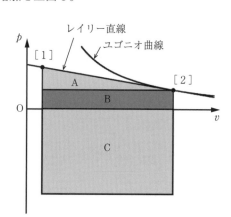
図 6.9　デフラグレーションによる
　　　　エネルギーの変化

C-J デフラグレーションに対しても，同様の考え方でエネルギーの変化を考えることができる．図 6.9 において

- 内部エネルギーの増分（式(6.38)）＝面積 −(A＋B)＋C
- 運動エネルギーの増分（式(6.39)）＝面積 A
- 全エネルギーの増分（式(6.40)）＝面積 −B＋C

デフラグレーションの場合は，背後で気体が膨張し（$v_2 > v_1$），圧力が低下する（$p_2 < p_1$）ので，内部エネルギーの増分は加熱量（面積 C）から膨張によって外部になした仕事（面積 A＋B）を引いた量になる．運動エネルギーの増分は面積 A になるが，誘起される流速は波の伝播とは逆向きになる．

6.2.6　ZND モデル

C-J デトネーションの内部の流れを考える．これまでは，衝撃波面と音速点を取り囲むように検査体積をとり，入口 1 と出口 2 の状態の関係のみを考えてきた．これに対して，Zel'dovich, von Neumann, Döring は，図 6.10 に示すように，領域を衝撃波前後（ⅰ）とその背後流れ（ⅱ）の二つの領域に分けたモデル（**ZND モデル**，ZND model）を立てた．

領域（i）は，衝撃波のみを取り囲む領域で，連続流体としては厚みを持たないため加熱は起こらない（$Q=0$）。領域（ii）は，衝撃波の背後から音速点までの領域で，すべての加熱はここで起こり，それに要する厚さを持つ。例えば，燃焼による発熱では，化学反応に要する時間に移流する分が厚さになる。衝撃波直後では，化学反応が始まる**誘起帯**（induction zone）があり，そのうしろの**反応帯**（reaction zone）で化学反応によって圧力，温度などが変化する。入口の流れは亜音速，出口は音速となるので，これは C-J デフラグレーションである。すなわち

① 全体を一つの系と捉えると，「C-J デトネーション」，

② 衝撃波と加熱領域を分けて捉えると，「衝撃波 ＋ C-J デフラグレーション」

となる。両者は，同じ現象を別々の視点で捉えたものである。

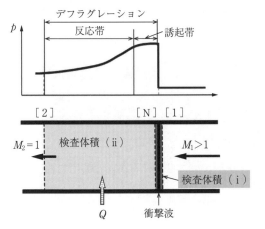 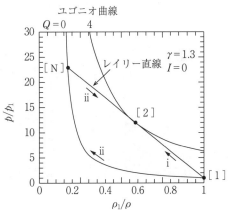

図 6.10 ZDN モデル（C-J デトネーション内部の流れ） **図 6.11** ZND モデル（圧力-比体積線図）

これらの過程を，圧力-比体積関係（**図 6.11**）で追ってみよう。ただし，以下の過程は，あくまでも考え方を示すだけで，実際に線に沿って圧力，比体積が変化するわけではない。過程 i では，入口の状態 [1] から，$Q=4$ のユゴニオ曲線に接するレイリー直線に従い出口 [2] で音速に達する。過程 ii では，$Q=0$ の衝撃波背後の状態 [N] を経由し，そこから $Q=4$ のユゴニオ曲線に接するレイリー直線（亜音速加熱流れ）に従い [2] に達する。[N] の圧力は，[2] の圧力よりも高くなり，**ノイマンスパイク**（von Neumann spike）と呼ばれる。

6.2.7 デトネーションのセル構造

デトネーションは，化学反応と衝撃波の相互作用によって生じる現象である。化学反応速度は，混合気の圧力と温度に敏感で，それらは衝撃波の強さによって変化する。混合気の種類によって大きく異なるが，多くの化学反応速度 k_r は，アレニウスの法則

$$k_r = A\exp\left(-\frac{E_a}{kT}\right) \tag{6.41}$$

に従う．ここで，E_a は活性化エネルギーで，反応の種類によって決まる定数である．式(6.41)より，k_r は温度 T の増加関数で，それに敏感に変化することがわかる．一方，デトネーションでは衝撃波マッハ数が5程度あるいはそれ以上の大きさとなり，背後の温度は衝

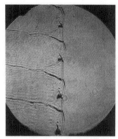

シュリーレン写真　　　　　　　　　　煤膜模様
(a)-1　比較的規則的なパターン，$2H_2+O_2+12Ar$

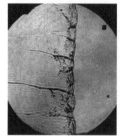

シュリーレン写真　　　　　　　　　　煤膜模様
(a)-2　不規則的なパターン，$2H_2+N_2O+1.33N_2$

初期圧 20kPa，試験部高さ 150mm（J.E. Shepherd, J. Austin カリフォルニア工科大学教授提供）
(a)　デトネーション伝播のシュリーレン写真と煤膜模様

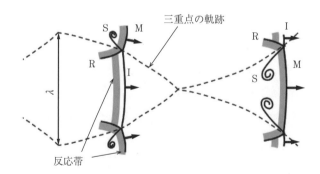

I：入射衝撃波，R：反射衝撃波，M：マッハステム，S：スリップライン
(b)　セル構造を形成する化学反応を伴う衝撃波反射形態の挙動

図 6.12　デトネーション波のセル構造

撃波マッハ数の2乗程度の依存性を持つ．すなわち，なんらかの要因で衝撃波が局所的に強くなると，背後の温度がより高くなり化学反応がますます速く，衝撃波が強くなる．このように，デトネーションの衝撃波面は，単純な平面になることはあまりなく，**図6.12(a)**左側のシュリーレン写真，および図(b)のイラストに示すような複雑な波面形態をなす．局所的に衝撃波が強い部分（Mの背後）は背後の発熱反応が速く進み，衝撃波をより強める．それに対して，比較的衝撃波が弱い部分（Iの背後）は，発熱反応が波面から離れた場所で起こる．衝撃波の強さの違いは，波面に沿う方向に圧力差を生み出し，それが波面を横切る向きに別の衝撃波として伝播する．この横向きの衝撃波の伝播により，デトネーション先頭の衝撃波面の凹凸の位置は伝播とともに移っていく．

図(a)右側の写真は，管の内壁に煤を付けておきデトネーションが伝播したあとに観測した写真で，いわゆる**セル構造**（cellular structure）が観測される．これは，上述の横波の伝播によってなされるのであるが，もう少し詳しく見ると，図(b)のように，衝撃波の反射が繰り返されていることがわかる[†1]．先頭波面の速い部分と遅い部分は，滑らかにはつながらず，マッハ反射[†2]が生じる．遅い部分が入射衝撃波（I），速い部分がマッハステム（M）に相当し，横波に相当する反射衝撃波（R）とともに三重点を形成する．入射衝撃波の方が，マッハステムよりも弱いので，わずかに伝播速度が遅く，また背後の反応位置も波面から遠くなる．横波である反射衝撃波の伝播とともに，三重点の位置が横方向に移動していく．三重点からは滑り線（S）[†3]も生じ，流れがマッハステムに向かうような渦が生じる．この三重点の軌跡が，図(a)右側のような煤膜模様となって残される．三重点の軌跡の最大幅λを，**セルサイズ**（cell size）と呼ぶ．

実際観測されるデトネーションは，混合気の種類や条件によってさまざまな挙動を示し，セルサイズもほぼ一様であったり（図(a)-1），ランダムに変化したりする（図(a)-2）．

6.3 ラム加速器

6.3.1 作動原理と特徴

ランキン・ユゴニオ関係式において，エネルギーに加えて正の運動量の生成項があれば，推力が発生する．このような系で，推進装置である**ラム加速器**（Ram accelerator）を扱う

[†1] J. E. Shepherd : Detonation in Gases, Proceedings of the Combustion Institute, Vol. 32, pp. 83-98 (2009)
[†2] 7章参照．
[†3] 実際は，三次元現象であるが，ここでは慣例にならい紙面に現れる形態で呼ぶ．

ことができる†。加速管の中にあらかじめ可燃性混合気を充填しておく。この中に**図6.13**に示すように**プロジェクタイル**（projectile）と呼ばれる飛行体を超音速で突入させると，周りに衝撃波ができて，混合気を圧縮・加熱する。適切な条件が整えば，プロジェクタイルの後方で混合気が着火・燃焼し，圧力が上がり，右向きの推力が作用する。

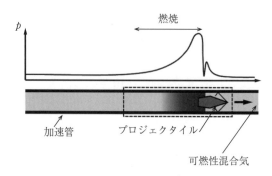

破線で囲まれた領域は図6.15の検査体積に対応する。

図6.13 ラム加速器

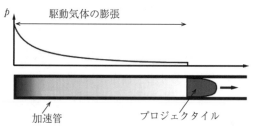

図6.14 一般的な銃

この装置が火薬や高圧気体を用いた一般的な**銃**（gun）（**図6.14**）に比べて優れているのは，より長い区間にわたって大きな推力が得られることである。一般的な銃では，加速管の上流端で，火薬を燃焼させたり，高圧気体を開放したりして，その圧力によってプロジェクタイルを加速する。しかし，プロジェクタイルが遠ざかるにつれて背後の圧力および推力が急激に低下する。それに対してラム加速器では，プロジェクタイルが移動しても，そのすぐ背後で高い圧力が維持され，同じ加速距離に対してより大きな力積が得られる。

図6.15に，プロジェクタイルに固定した座標からみた流れの様子を示す。右向きの流れを正にするために，図6.13とは向きが逆になっている。プロジェクタイルと加速管の間に，混合気（状態1）が超音速で流入すると，プロジェクタイル周りに衝撃波が発生する。衝撃波が壁とプロジェクタイル表面で反射を繰返し，混合気の圧力，温度が上がっていく。適切

---

† A. Hertzberg, A. P. Bruckner, and D. W. Bogdanoff : Ram Accelerator : A New Chemical Method for Accelerating Projectiles to Ultrahigh Velocities, AIAA Journal, Vol. 26, pp.195-203（1988）

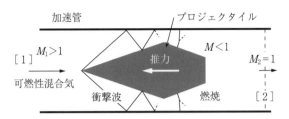

図6.15 プロジェクタイルを固定した座標（図6.13の破線で囲まれた領域を検査体積として固定）における周りの流れ（熱閉塞モード）

な条件下では，プロジェクタイルの後方で混合気が着火，燃焼して圧力が高まり，推力（図の矢印）が発生する．加熱が終わる箇所を，出口の検査面（状態2）とする．

6.3.2 推力の導出

図6.15の系に対してランキン・ユゴニオ関係式を適用して，推力を求めよう．以下の表記は，多成分気体に対するもので，質量平均量に ¯ を付けて表す．

$$\overline{C}_p = \sum_{i=1}^{N} Y_{i,j} C_{p,i} \tag{6.42}$$

を用いて，式(6.9)の両辺を $\overline{C}_{p,1}T_1$ で割ると

$$\left(\frac{h_{s,2}}{\overline{C}_{p,2}T_2} + \frac{1}{2}\frac{u_2^2}{\overline{C}_{p,2}T_2}\right)\frac{\overline{C}_{p,2}T_2}{\overline{C}_{p,1}T_1} = \frac{h_{s,1}}{\overline{C}_{p,1}T_1} + \frac{1}{2}\frac{u_1^2}{\overline{C}_{p,1}T_1} + Q \tag{6.43}$$

$$Q \equiv \frac{Q''}{\overline{C}_{p,1}T_1} \tag{6.44}$$

となる．ここで

$$\overline{C}_p T = \frac{\overline{\gamma}}{\overline{\gamma}-1}\overline{R}T = \frac{\overline{\gamma}}{\overline{\gamma}-1}\frac{p}{\rho} = \frac{a^2}{\gamma-1} \tag{6.45}$$

であり，音速 a は凍結音速で与えられ，マッハ数もそれをもとにつぎのように定義する．

$$M = \frac{u}{\sqrt{\overline{\gamma}\frac{p}{\rho}}} = \frac{u}{\sqrt{\overline{\gamma}\overline{R}T}} \tag{6.46}$$

式(6.45)を式(6.43)に代入して

$$\left(\frac{h_{s,2}}{\overline{C}_{p,2}T_2} + \frac{\overline{\gamma}_2-1}{2}M_2^2\right)\frac{\frac{\overline{\gamma}_2}{\overline{\gamma}_2-1}}{\frac{\overline{\gamma}_1}{\overline{\gamma}_1-1}}\frac{p_2}{p_1}\frac{\rho_1}{\rho_2} = \frac{h_{s,1}}{\overline{C}_{p,1}T_1} + \frac{\overline{\gamma}_1-1}{2}M_1^2 + Q$$

$$\left(\frac{p_2}{p_1}\right)^2 = \frac{\frac{\overline{\gamma}_1}{\overline{\gamma}_1-1}}{\frac{\overline{\gamma}_2}{\overline{\gamma}_2-1}}\frac{p_2}{p_1}\frac{\rho_2}{\rho_1}\frac{\frac{h_{s,1}}{\overline{C}_{p,1}T_1} + \frac{\overline{\gamma}_1-1}{2}M_1^2 + Q}{\frac{h_{s,2}}{\overline{C}_{p,2}T_2} + \frac{\overline{\gamma}_2-1}{2}M_2^2}$$

ここで

$$\frac{p_2}{p_1}\frac{\rho_2}{\rho_1} = \frac{\frac{p_2}{\rho_2}}{\frac{p_1}{\rho_1}}\frac{\rho_2^2}{\rho_1^2} = \frac{\overline{\gamma}_2\frac{p_2}{\rho_2}}{\overline{\gamma}_1\frac{p_1}{\rho_1}}\frac{\overline{\gamma}_1 u_1^2}{\overline{\gamma}_2 u_2^2} = \frac{\overline{\gamma}_1 M_1^2}{\overline{\gamma}_2 M_2^2}$$

$$\therefore \frac{p_2}{p_1} = \frac{\overline{\gamma}_1 M_1}{\overline{\gamma}_2 M_2}\sqrt{\frac{\overline{\gamma}_2-1}{\overline{\gamma}_1-1}\frac{\frac{h_{s,1}}{\overline{C}_{p,1}T_1}+\frac{\overline{\gamma}_1-1}{2}M_1^2+Q}{\frac{h_{s,2}}{\overline{C}_{p,2}T_2}+\frac{\overline{\gamma}_2-1}{2}M_2^2}} \tag{6.47}$$

つぎに，式(6.14)，(6.15)より

$$\frac{p_2}{p_1} = \frac{u_1^2}{\frac{p_1}{\rho_1}} - \frac{\rho_1^2 u_1^2}{\rho_2}\frac{1}{p_1}+1+I = \frac{u_1^2}{\frac{p_1}{\rho_1}} - \frac{\rho_2^2 u_2^2}{\rho_2}\frac{1}{p_1}+1+I = \overline{\gamma}_1 M_1^2 - \overline{\gamma}_2 M_2^2\frac{p_2}{p_1}+1+I$$

$$I = \frac{p_2}{p_1}(1+\overline{\gamma}_2 M_2^2)-(1+\overline{\gamma}_1 M_1^2) \tag{6.48}$$

$$I \equiv \frac{I'}{p_1} \tag{6.49}$$

したがって，式(6.47)，(6.48)より

$$I = (1+\overline{\gamma}_2 M_2^2)\frac{\overline{\gamma}_1 M_1}{\overline{\gamma}_2 M_2}\sqrt{\frac{\overline{\gamma}_2-1}{\overline{\gamma}_1-1}\frac{\frac{h_{s,1}}{\overline{C}_{p,1}T_1}+\frac{\overline{\gamma}_1-1}{2}M_1^2+Q}{\frac{h_{s,2}}{\overline{C}_{p,2}T_2}+\frac{\overline{\gamma}_2-1}{2}M_2^2}} - (1+\overline{\gamma}_1 M_1^2) \tag{6.50}$$

式(6.50)は，気体の比熱比の変化に対応したラム加速器の推力を与える．熱量的完全気体 ($\gamma=$const.) に対しては

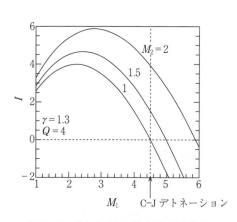

図 6.16 異なる M_2 に対する M_1 と無次元推力 I の関係（熱量的完全気体）

$$I = (1+\gamma M_2^2)\frac{M_1}{M_2}\left(\frac{1+\frac{\gamma-1}{2}M_1^2+Q}{1+\frac{\gamma-1}{2}M_2^2}\right)^{1/2}$$
$$-(1+\gamma M_1^2) \tag{6.51}$$

となり，無次元推力 I は M_1，M_2，Q の関数として与えられる（**図 6.16**）．Q は可燃性混合気の初期状態で決まるので，M_2 の値がわかれば，I は M_1 すなわちプロジェクタイルのマッハ数のみの関数となる．ラム加速器の作動で，外部からの作用なしに自走できる解が得られるのは $M_2 \geqq 1$ の場合のみである．$M_2=1$ の作動については次節で述べる．

6.3.3 熱閉塞点の性質

レイリー直線とユゴニオ曲線の接点は，デトネーションやラム加速器作動でしばしば実現する状態であり，特別な意味を持っている．ユゴニオ曲線上では $dQ/dv=0$ であるので，4.2.1 項で示したように，ユゴニオ曲線とレイリー線が接する解では，出口流速が音速に等しくなる．これは，出口で熱閉塞†に至っていることを意味し，**熱閉塞モード**（thermally choked mode）の作動と呼ぶ．

熱量的完全気体の場合，式(6.18)と式(6.21)から，p_2/p_1 を消去すると ρ_1/ρ_2 に関する二次方程式を得る．

$$M_1^2\left(\frac{\rho_1}{\rho_2}\right)^2 - \frac{2}{\gamma+1}(I+1+\gamma M_1^2)\left(\frac{\rho_1}{\rho_2}\right) + \frac{(\gamma-1)M_1^2+2(Q+1)}{\gamma+1}=0 \tag{6.52}$$

判別式を 0 とおくと，熱閉塞モードでの推力（添え字 TC）が得られる（**図 6.17**）．

$$I_{TC}=M_1\sqrt{(\gamma+1)\{(\gamma-1)M_1^2+2(Q+1)\}}-(1+\gamma M_1^2) \tag{6.53}$$

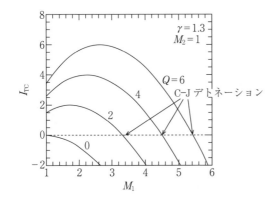

図 6.17 熱閉塞作動（$M_2=1$）における異なる加熱量 Q に対する入口マッハ数 M_1 と無次元推力 I_{TC} の関係（熱量的完全気体）

これは，プロジェクタイルの大きさ，形状，その周りの流れ場の詳細に関する変数が陽には含まれておらず，プロジェクタイルのマッハ数と比熱比，発熱量のみで推力が求まる便利な式である．このときの圧力比，密度比は次式となる．

$$\left(\frac{\rho_1}{\rho_2}\right)_{TC}=\frac{1+\gamma M_1^2+I}{(\gamma+1)M_1^2}=\sqrt{\frac{(\gamma-1)M_1^2+2(Q+1)}{(\gamma+1)M_1^2}} \tag{6.54}$$

$$\left(\frac{p_2}{p_1}\right)_{TC}=\frac{1+\gamma M_1^2+I}{\gamma+1}=M_1\sqrt{\frac{(\gamma-1)M_1^2+2(Q+1)}{\gamma+1}} \tag{6.55}$$

プロジェクタイルの加速度が無視できる場合，熱閉塞モードは，自立的な推力を与える唯一の解であり，次節に示すように，実験結果ともよく合致する．

それぞれの Q の値に対して，$I_{TC}=0$（$M_1>1$）となる点が一つ存在する．このとき，プロジェクタイルと流れの間で運動量のやり取りはなく，流れにとっては物体がないのと同じに

---

† 5.2.6 項参照

なる。この条件は，C-J デトネーションの条件と等価であり，そのときのマッハ数は，式 (6.53) で $I_{TC}=0$ とすることによって，式 (6.25) すなわち C-J デトネーションのマッハ数 M_{CJ} に一致することがわかる。

I_{TC} は $M_{min}<M_1<M_{CJ}$ の範囲で正の値を持つ。M_{min} の値はおもにプロジェクタイル先端から最小断面積部（スロート，throat）までが超音速ディフューザー（後述）として作動する条件によって決まる。理論上は，$M_2>1$ の作動を実現できれば M_{CJ} 以上のマッハ数でも正の推力を得ることができるはずであるが，これまで実験でそれを実現したことを明確に示した例はない。

6.3.4 ラム加速器の実験

ラム加速器は，1986 年ワシントン大学（アメリカ　ワシントン州シアトル）の Herzberg らにより考案され，Knowlen らによって精力的に作動実証，推進性能実験が行われた。ま

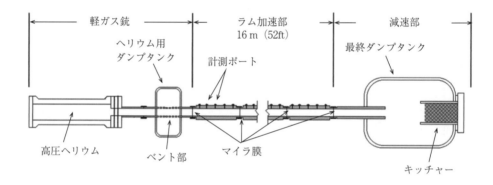

（a）装置全体図

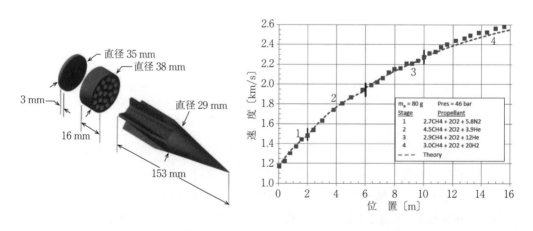

（b）プロジェクタイル　　　　　　　　（c）4 段加速作動の速度履歴

図 6.18　ラム加速器（RAMAC38）と性能（ワシントン大学）

たその後，アメリカ，フランス，ドイツ，中国，日本などでも数々のユニークな実験研究が行われた[†1]。

図 6.18 は，ワシントン大学で開発されたラム加速器で，内径 38 mm（1.5 インチ），長さ 16 m のラム加速部を持つ（図(a)）。図(b)は典型的なプロジェクタイルの鳥瞰図で，先頭が円錐形状のセンターボディーと 4〜5 枚のフィンを持つ後方ボディにより構成されている。軽量にするため，材質はアルミ合金（A7075-T6）などを用い，これらのパーツは，中心が空洞で，ねじで連結されている。図(c)は，代表的なプロジェクタイルの速度履歴で，到達速度は現在でもラム加速器で実現した最高速度 2.7 km/s に近い値のものである[†2]。これ以上の加速がうまくいかないのは，プロジェクタイル自身が高圧の可燃性混合気と酸化反

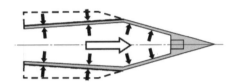

（a） open-base プロジェクタイル

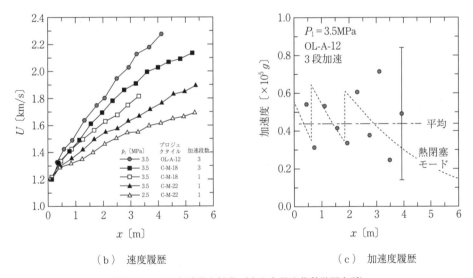

（b） 速度履歴　　　　　　　　　　　（c） 加速度履歴

図 6.19 ラム加速器と性能（東北大学流体科学研究所）

[†1] C. Knowlen, et al : Unsteady effects on ram accelerator operation at elevated fill pressures, J. Prop. Power, Vol. 20, 5, pp. 801-810（2004）
A. P. Bruckner, et al : Operational Characteristics of the Thermally Choked Ram Accelerator, J. Prop. Power, 7, pp. 828-836（1991）
K. Takayama and A. Sasoh (eds.) : Ram Accelerators, Proc. 3d Intl. Workshop on Ram Accelerators, Springer, Heidelberg（1998）

[†2] A. P. Bruckner : The ram accelerator : Overview and state of the art, In : K. Takayama and A. Sasoh (eds.) : Ram Accelerators, Proc. 3d Intl. Workshop on Ram Accelerators, Springer, Heidelberg, pp. 3-23（1998）

応を起こしてしまい，破損してしまうことがおもな原因とされている。

図6.19に，東北大学流体科学研究所で試作されたラム加速器（RAMAC25，加速管内径25 mm）と実験結果を示す。6 mの限られた長さで極力加速度を高めるため，プロジェクタイルの内外の圧力をバランスさせたopen-baseプロジェクタイルを用いて，平均$4.4\times 10^4 g$（gは重力加速度）の加速度を達成した[†]。

6.4　ジェット推力の一般化

ランキン・ユゴニオ関係式を，質量の生成項も含めてさらに一般化し，排気ジェットによる**推力** F を求めてみよう。なお，以下では流路断面積も変化することに注意しよう。まず，**図6.20**に示すようなロケット周りおよびそこから排気されるジェットの流れを考える。ロケットが静止気体中を速さu_1で左向きに飛行しているとき，ロケットに固定した座標上では，入口境界1から右向きに速さu_1の一様な流れが検査体積に流入することになる。周囲の流線に沿った検査面を考える。破線で囲まれた領域は，排気ジェットの内部を除いては，静圧がp_1で一様であるとする。下流境界2では，排気ジェットの静圧もp_1で一様になり，流速はロケットに相対する速度u_2だけ周囲よりも高い。ロケットエンジンの推進剤流量を$\dot{m}_p$とし，ロケットエンジン出口でのロケットに相対する排気速度をu_p，静圧をp_p，断面積をA_pとする。排気ジェットと周囲の気体との境界は，静圧p_1の滑り面であり，排気ジェットの膨張に伴って流路が拡大する。上流境界1から流入する質量流量を$\dot{m}_1$とする。

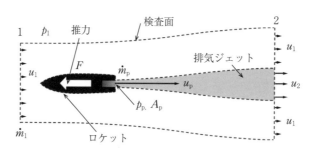

図6.20　ロケット周りの流れ（ロケット固定座標）。破線は検査面で，静圧はp_1，ジェットとの境界は滑り面

図6.20の系に対する，質量保存関係は，出口境界2で排気ジェットから質量流量$\dot{m}_p$，その周囲から$\dot{m}_1$が流出することで満足される。運動量保存関係としては，つぎの2通りの考え方ができる。

まず，ロケットを囲う検査体積を考える。ロケットから単位時間に排出されるジェットの

[†] Y. Hamate, A. Sasoh, and K. Takayama：High Ram-Acceleration Using Open-Base Projectile, J. Prop. Power, 19：pp.190-195（2003）

重心速度の運動量によってもたらされる推力 F_m は，質量流量と相対排気速度の積で，**運動量推力**と呼ばれ，次式で表される．

$$F_\mathrm{m} = \dot{m}_\mathrm{p} u_\mathrm{p} \tag{6.56}$$

つぎに，ロケット周りの圧力のつり合いを考える．ロケット周囲の面の中で，前後の圧力がつり合っていないのは，エンジン出口に相当する投影面のみであり，その差に投影面積をかけたものが，**圧力推力**となる．

$$F_\mathrm{p} = (p_\mathrm{p} - p_1) A_\mathrm{p} \tag{6.57}$$

ロケットに作用する推力は，これらの和になる．

$$F = F_\mathrm{m} + F_\mathrm{p} = \dot{m}_\mathrm{p} u_\mathrm{p} + (p_\mathrm{p} - p_1) A_\mathrm{p} \tag{6.58}$$

ロケットを地上から打ち上げるとき，真空中に比べて，雰囲気圧力 p_1 の分だけ推力が小さくなる[†1]．

つぎに，周囲の気体も含めた検査体積全体の運動量保存を考える．ロケットに作用する推力は，検査面1, 2を通して単位時間当りに流出入する運動量に等しいので

$$F = \dot{m}_1 u_1 + \dot{m}_\mathrm{p} u_2 - \dot{m}_1 u_1 = \dot{m}_\mathrm{p} u_2 \tag{6.59}$$

となる．式(6.59)を用いれば，排気ジェットの静圧が雰囲気圧力と等しくなった位置で排気ジェットのロケットに相対する速度 u_2 を測ることにより，推力を求めることができる．

6.5 空気吸込みエンジン

ロケットでは，すべての推進剤を搭載してそれを高速で排気することによって，推力を得る．しかし，周囲の空気を吸い込んでその酸素を利用すれば，酸化剤を搭載する必要がない．このようなエンジンを**空気吸込みエンジン**（air-breathing engine）と呼ぶ．じつは自動車の内燃機関エンジンや飛行機のジェットエンジンもこの範疇に含まれるが，ここではロケットエンジンのさらに進んだ形態として酸化剤を周囲の空気から賄う場合や，空気を吸い込んでレーザーやマイクロ波のパワーで推力を得る装置を対象にする．

ラムジェット（ramjet）は，空気吸込みエンジンの一種で，超音速飛行で正の推力が発生可能で，回転機構を持たないことが大きな特徴である．図 **6.21** に示すように，入口（intake）から流入した超音速流は，**ディフューザー**（diffuser，断面積収縮部）で減速され[†2]，燃料の混合，燃焼による加熱ののち，ノズルで膨張加速される．燃焼部においても超音速が保たれるものを，特に**スクラムジェット**（supersonic combustion ramjet, SCRAM jet，図 **6.**

[†1] ロケット工学では，これによる速度損失を「推力損失」と呼んでいる．
[†2] 自らの動圧による圧縮を**ラム圧縮**（ram compression）と呼ぶ．ここでの「ラム（ram）」は，「ぶつけてつぶす」という意味合いを持つ．

22）と呼ぶ。単なる「ラムジェット」というと，燃焼によってマッハ数が音速以下まで低下するものを指すことが多い。

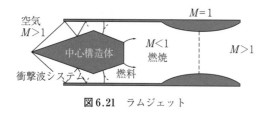

図6.21 ラムジェット

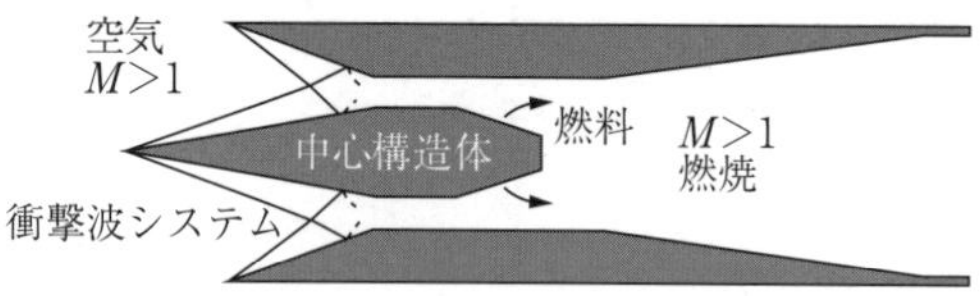

図6.22 スクラムジェット

図 6.23 に示すような空気吸込みエンジンのモデルを考え，推力を求める。入口（状態1）で流れは超音速であり，エンジン周りの状態量も入口の値に等しいとする。エンジン内部で燃料（質量流量 $\dot{m}_p$，比エンタルピー h_p）が噴射され，その下流で吸い込んだ空気と反応して空気の単位質量当り Q' だけ発熱する。出口（状態2）の流速，静圧は，ノズルの設計に依存して決まる。

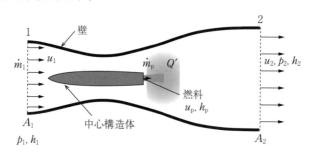

図6.23 空気吸込みエンジンモデル。エンジン外部の静圧は p_1

この系に対する質量保存関係は，出口での質量流量が，$\dot{m}_1+\dot{m}_p$ であることで満たされている。

$$\rho_2 u_2 A_2 = \dot{m}_1 + \dot{m}_p \tag{6.60}$$

ここでは体積力は作用しないとすると，エンジンの内外の壁に働く力の合力が推力となる。エンジンに左向きの力が作用すると推力が正になる，このとき内部の流体には反作用として右向きに同じ大きさの力が作用する。この向きの力を正と定義する。エンジンの外側の壁に働く力 F_{ext} は

$$F_{ext} = (A_1 - A_2) p_1 \tag{6.61}$$

エンジンの内側に働く力を F_{int} とすると，運動量保存式は

$$F_{int} = (p_2 + \rho_2 u_2^2) A_2 - (p_1 + \rho_1 u_1^2) A_1 \tag{6.62}$$

となり，したがって，推力 F は

$$F = F_{int} + F_{ext} = (p_2 - p_1) A_2 + (\dot{m}_1 + \dot{m}_p) u_2 - \dot{m}_1 u_1 \tag{6.63}$$

エネルギー保存式は

$$(\dot{m}_1+\dot{m}_\mathrm{p})\left(h_2+\frac{1}{2}u_2^2\right)=\dot{m}_1\left(h_1+\frac{1}{2}u_1^2+Q'\right)+\dot{m}_\mathrm{p}\left(h_\mathrm{p}+\frac{1}{2}u_\mathrm{p}^2\right) \tag{6.64}$$

となる．ただし，エンタルピーには標準生成エンタルピーが含まれず，化学反応などによる発熱量は Q' の中に含める．推進剤の質量流量比 α_p をつぎのように定義する．

$$\alpha_\mathrm{p} \equiv \frac{\dot{m}_\mathrm{p}}{\dot{m}_1} \tag{6.65}$$

空気吸込みエンジンの多くの場合は，吸い込んだ酸素とエンジン内で噴射した燃料を燃焼させて発熱が起こる．このとき，吸い込む空気，燃料，排気ガスは，必ずしも熱量的完全気体として扱えるわけではなく，比熱比も等しいとは限らない．しかし，ここでは気体は熱量的完全気体で，比熱比は γ で一定であるとして解析を進めて，基本的な性質を調べる．熱量的完全気体に対して

$$h=\frac{\gamma}{\gamma-1}\frac{p}{\rho}=\frac{a^2}{\gamma-1} \tag{6.66}$$

$$M^2=\frac{u^2}{a^2}=\frac{u^2}{\gamma\frac{p}{\rho}} \tag{6.67}$$

が成り立つ．式(6.60)，(6.63)～(6.67)を，圧力，密度，流速の比の関数として整理して変形すると，次式を得る．

$$\widetilde{F}\equiv\frac{F}{p_1 A_1}=(1+\gamma M_2^2)\frac{M_1}{M_2}\sqrt{(1+\alpha_\mathrm{p})\frac{1+\frac{\gamma-1}{2}M_1^2+Q+\alpha_\mathrm{p}\chi_\mathrm{p}\left(1+\frac{\gamma-1}{2}M_\mathrm{p}^2\right)}{1+\frac{\gamma-1}{2}M_2^2}}$$
$$-\left(\frac{A_2}{A_1}+\gamma M_1^2\right) \tag{6.68}$$

$$Q\equiv\frac{Q'}{h_1} \tag{6.69}$$

$$\chi_\mathrm{p}\equiv\frac{h_\mathrm{p}}{h_1} \tag{6.70}$$

式(6.68)で，噴射する推進剤の条件 α_p, χ_p, M_p が与えられると，無次元推力 $\widetilde{F}$ は，M_1, M_2, Q の関数となる．M_1 は飛行マッハ数に等しく，M_2 はノズルの設計によって決まり，無次元発熱量 Q は混合気の化学組成あるいは単位質量当りに投入されるレーザーエネルギーなどによって与えられる．$\alpha_\mathrm{p}=0$, $A_2/A_1=1$ とすれば，式(6.51)に一致する．

7 二次元流れ

　実際の流れは，ほとんどが三次元流れである。しかし，そのような流れを理解する基本的なことがらの多くは二次元流れにも現れる。本章では，上流が超音速である定常二次元流れを考える。このような流れにおいては，圧縮波・衝撃波，膨張波が発生する。最も弱い波は，音波の包絡面である**マッハ波**である。流れが圧縮される向きに曲げられると**圧縮波**が生じるが，ある距離を隔てると**衝撃波**に遷移する。物体によって流れが曲げられると，物体の先端に付着した**付着衝撃波**または物体から離脱した**離脱衝撃波**が発生する。このときの衝撃波の形状は物体に応じて変化し，よどみ点などを除いて**斜め衝撃波**になる。流れが膨張する向きに曲げられると**膨張波**が発生し，角を回り込むときは**イクスパンションファン**（expansion fan）を形成する。

7.1　圧縮波・膨張波とプラントル・マイヤー関数

　圧縮性流れにおいて，圧縮が緩やかで衝撃波が生じないとき，あるいは流れが膨張するとき，その変化は等エントロピー的になる。このとき，マッハ数と偏向角の関係は，**プラントル・マイヤー関数**（Prandtl-Meyer function）を用いて求めることができる。以下，それを導出し，性質を調べよう。

　3.1節の保存関係式を定常二次元等エントロピー流れに適用する。外力，外部からのエネルギー入力はないものとする。質量保存式(3.4)より

$$\nabla \cdot \rho \mathbf{u} = 0$$

$$\rho \frac{\partial u}{\partial x} + u \frac{\partial \rho}{\partial x} + \rho \frac{\partial v}{\partial y} + v \frac{\partial \rho}{\partial y} = 0 \tag{7.1}$$

運動量保存式(3.14)より

$$\rho (\mathbf{u} \cdot \nabla) \mathbf{u} = -\nabla p$$

$$\rho \begin{pmatrix} u \frac{\partial u}{\partial x} + v \frac{\partial u}{\partial y} \\ u \frac{\partial v}{\partial x} + v \frac{\partial v}{\partial y} \end{pmatrix} = - \begin{pmatrix} \frac{\partial p}{\partial x} \\ \frac{\partial p}{\partial y} \end{pmatrix} \tag{7.2}$$

エネルギー保存式(3.25)，(3.27)において，可逆的加熱 $\delta Q_{\text{reversible}}$ に対して

$$\delta Q_{\text{reversible}} = T \mathrm{d}s \tag{7.3}$$

を適用し，等エントロピーの式に置き換える．

$$Tds = de + pd\left(\frac{1}{\rho}\right) = dh - \frac{dp}{\rho} = 0 \tag{7.4}$$

音速 a は8章で導出される結果（式(8.6)）を用いる．いま，等エントロピー過程を仮定しているので

$$\frac{dp}{d\rho} = a^2 \tag{7.5}$$

式(7.5)を用い，式(7.1)の密度の微分を圧力の微分に置き換えて

$$\rho a^2 \frac{\partial u}{\partial x} + u\frac{\partial p}{\partial x} + \rho a^2 \frac{\partial v}{\partial y} + v\frac{\partial p}{\partial y} = 0 \tag{7.6}$$

式(7.2)，(7.6)は，下記の形にまとめることができる．

$$\left(\overline{\mathbf{A}}\frac{\partial}{\partial x} + \overline{\mathbf{B}}\frac{\partial}{\partial y}\right)\mathbf{V} = \mathbf{O} \tag{7.7}$$

$$\overline{\mathbf{A}} = \begin{pmatrix} \rho a^2 & 0 & u \\ \rho u & 0 & 1 \\ 0 & \rho u & 0 \end{pmatrix} \tag{7.8}$$

$$\overline{\mathbf{B}} = \begin{pmatrix} 0 & \rho a^2 & v \\ \rho v & 0 & 0 \\ 0 & \rho v & 1 \end{pmatrix} \tag{7.9}$$

$$\mathbf{V} = \begin{pmatrix} u \\ v \\ p \end{pmatrix} \tag{7.10}$$

式(7.7)に左から $\overline{\mathbf{A}}^{-1}$ をかけて

$$\left(\frac{\partial}{\partial x} + \widehat{\mathbf{A}}\frac{\partial}{\partial y}\right)\mathbf{V} = \mathbf{O} \tag{7.11}$$

$$\widehat{\mathbf{A}} = \overline{\mathbf{A}}^{-1}\overline{\mathbf{B}} = \begin{pmatrix} -\dfrac{1}{\rho(u^2-a^2)} & \dfrac{u}{\rho(u^2-a^2)} & 0 \\ 0 & 0 & \dfrac{1}{\rho u} \\ \dfrac{u}{u^2-a^2} & -\dfrac{a^2}{u^2-a^2} & 0 \end{pmatrix} \begin{pmatrix} 0 & \rho a^2 & v \\ \rho v & 0 & 0 \\ 0 & \rho v & 1 \end{pmatrix}$$

$$= \frac{1}{u^2-a^2}\begin{pmatrix} uv & -a^2 & -\dfrac{v}{\rho} \\ 0 & \dfrac{v}{u}(u^2-a^2) & \dfrac{1}{\rho u}(u^2-a^2) \\ -\rho v a^2 & \rho u a^2 & uv \end{pmatrix} \tag{7.12}$$

式(7.11)に波動解 $\mathbf{V} = \mathbf{V}_0 e^{i(\omega t - \mathbf{k}\cdot\mathbf{r})}$ を代入すると

$$(k_x \mathbf{I} + k_y \widehat{\mathbf{A}})\mathbf{V} = \mathbf{O}, \quad \lambda = -k_x/k_y$$

とおけば

$$(\widehat{A}-\lambda I)V = 0$$

となる。これが 0 ベクトルでない解を持つための条件は，行列式が 0 であることなので

$$|\widehat{A}-\lambda I|=0 \quad (\text{I は単位行列}) \tag{7.13}$$

$$\begin{vmatrix} uv-(u^2-a^2)\lambda & -a^2 & -\dfrac{v}{\rho} \\ 0 & \left(\dfrac{v}{u}-\lambda\right)(u^2-a^2) & \dfrac{1}{\rho u}(u^2-a^2) \\ -\rho v a^2 & \rho u a^2 & uv-(u^2-a^2)\lambda \end{vmatrix}=0 \tag{7.14}$$

$$\left(\lambda-\dfrac{v}{u}\right)[(u^2-a^2)\lambda^2-2uv\lambda+v^2-a^2]=0 \tag{7.15}$$

となる。したがって

$$\lambda=\dfrac{v}{u},\ \dfrac{uv\pm\alpha a^2}{u^2-a^2} \tag{7.16}$$

$$\alpha=\sqrt{\dfrac{u^2+v^2}{a^2}-1}=\sqrt{M^2-1} \tag{7.17}$$

とおいて整理すると，つぎの三つの固有値が求まる。

$$\lambda_1=\dfrac{v}{u} \tag{7.18}$$

$$\lambda_2=\dfrac{\alpha v+u}{\alpha u-v} \tag{7.19}$$

$$\lambda_3=\dfrac{\alpha v-u}{\alpha u+v} \tag{7.20}$$

ここで，**図 7.1** に示すように，流れの**偏向角** θ とマッハ角 β_M および式(7.17)を用いると

$$\tan\theta=\dfrac{v}{u} \tag{7.21}$$

$$\alpha=\sqrt{\left(\dfrac{1}{\sin\beta_M}\right)^2-1}=\dfrac{1}{\tan\beta_M} \tag{7.22}$$

$$\lambda_1=\tan\theta \tag{7.23}$$

$$\lambda_2=\tan(\theta+\beta_M) \tag{7.24}$$

$$\lambda_3=\tan(\theta-\beta_M) \tag{7.25}$$

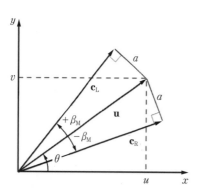

図 7.1 波の幾何学的関係

図に示すように，λ_1 は流速ベクトル **u** が x 軸となす角度，λ_2, λ_3 はそれぞれマッハ波 c_L, c_R が x 軸となす角度の正接である。すなわち，定常二次元流れでは三つの特性速度 **u**, c_L, c_R が存在する。

7.1 圧縮波・膨張波とプラントル・マイヤー関数

$$\mathbf{\Lambda} = \begin{pmatrix} \lambda_1 & 0 & 0 \\ 0 & \lambda_2 & 0 \\ 0 & 0 & \lambda_3 \end{pmatrix} \tag{7.26}$$

として

$$\mathbf{L}^{-1}\widehat{\mathbf{A}} = \mathbf{\Lambda}\mathbf{L}^{-1} \tag{7.27}$$

を満たす行列 $\mathbf{L}^{-1}$ を求めると

$$\mathbf{L}^{-1} = \begin{pmatrix} \rho u & \rho v & 1 \\ -\dfrac{\rho v}{\alpha} & \dfrac{\rho u}{\alpha} & 1 \\ \dfrac{\rho v}{\alpha} & -\dfrac{\rho u}{\alpha} & 1 \end{pmatrix} \tag{7.28}$$

この逆行列は

$$\mathbf{L} = \begin{pmatrix} \dfrac{u}{\rho(u^2+v^2)} & -\dfrac{u+\alpha v}{2\rho(u^2+v^2)} & \dfrac{\alpha v - u}{2\rho(u^2+v^2)} \\ \dfrac{v}{\rho(u^2+v^2)} & \dfrac{\alpha u - v}{2\rho(u^2+v^2)} & -\dfrac{v+\alpha u}{2\rho(u^2+v^2)} \\ 0 & \dfrac{1}{2} & \dfrac{1}{2} \end{pmatrix} \tag{7.29}$$

式(7.11), (7.27)より

$$\mathbf{L}^{-1}\frac{\partial \mathbf{V}}{\partial x} + \mathbf{\Lambda}\mathbf{L}^{-1}\frac{\partial \mathbf{V}}{\partial y} = \mathbf{0} \tag{7.30}$$

$\left(\dfrac{dy}{dx}\right)_i = \lambda_i$ とすれば, 式 (7.30) は

$$\frac{\partial}{\partial x} + \left(\frac{dy}{dx}\right)_i \frac{\partial}{\partial y} = 0, \quad i=1,2,3$$

の形をしており, 傾きが λ_i である特性線に沿った不変量を与える式になっている. すなわち

$$\mathbf{L}^{-1}d\mathbf{V} = \mathbf{0}, \quad \frac{dy}{dx} = \lambda_i, \quad i=1,2,3 \tag{7.31}$$

となる. それぞれの成分を書き表すと

$$\frac{dy}{dx} = \lambda_1 = \tan\theta \text{ に沿って}, \quad \rho u du + \rho v dv + dp = 0 \tag{7.32}$$

となる. 式(7.4)より, 等エントロピー変化に対して

$$dh = \frac{dp}{\rho} \tag{7.33}$$

これを式(7.32)に代入して

$$\rho u du + \rho v dv + dp = \rho u du + \rho v dv + \rho dh = \rho d\left(\frac{1}{2}|\mathbf{u}|^2 + h\right) = 0 \tag{7.34}$$

すなわち

$$dh_t = d\left(h + \frac{1}{2}|\mathbf{u}|^2\right) = 0 \tag{7.35}$$

式(7.35)は，**等エントロピー流れでは流線に沿って全エンタルピーが一定であること**，すなわち定常圧縮性流れに対する**ベルヌーイの定理**（Bernoulli's principle）を表している[†]。

式(7.31)の2行目の関係式より

$$\frac{dy}{dx} = \lambda_2 = \tan(\theta + \beta_M) \text{ に沿って，} -\frac{\rho v}{\alpha}du + \frac{\rho u}{\alpha}dv + dp = 0 \tag{7.36}$$

いま，上流は一様流れとして，式(7.34)が全領域で成り立つとする。これと，式(7.22)，(7.36)より

$$(u + v\tan\beta_M)du + (-u\tan\beta_M + v)dv = 0 \tag{7.37}$$

図7.1の関係を代入して

$$(\cos\theta + \sin\theta\tan\beta_M)d(|\mathbf{u}|\cos\theta) + (-\cos\theta\tan\beta_M + \sin\theta)d(|\mathbf{u}|\sin\theta) = 0$$

となる。三角関数と微分の関係式を用いて変形すると

$$\frac{1}{\tan\beta_M}\frac{d|\mathbf{u}|}{|\mathbf{u}|} - d\theta = 0 \tag{7.38}$$

$$d\nu \equiv \frac{1}{\tan\beta_M}\frac{d|\mathbf{u}|}{|\mathbf{u}|} \tag{7.39}$$

とおくと

$$d(\nu - \theta) = 0 \tag{7.40}$$

ν は**プラントル・マイヤー関数**（Prandtl-Meyer function）と呼ばれる。

マッハ数の定義より

$$M = \frac{|\mathbf{u}|}{a} = \frac{1}{\sin\beta_M}$$

式(7.35)を熱量的完全気体に適用して

$$\frac{2a\,da}{\gamma - 1} + |\mathbf{u}|d|\mathbf{u}| = 0$$

$$\frac{2}{(\gamma - 1)M^2}\frac{da}{a} + \frac{d|\mathbf{u}|}{|\mathbf{u}|} = 0 \tag{7.41}$$

これらおよび式(7.39)の右辺を M を用いて表すと次式が得られる。

$$\frac{1}{\tan\beta_M} = \frac{\cos\beta_M}{\sin\beta_M} = \frac{\sqrt{1 - \sin^2\beta_M}}{\sin\beta_M} = \sqrt{M^2 - 1}$$

$$\frac{da}{a} + \frac{dM}{M} = \frac{d|\mathbf{u}|}{|\mathbf{u}|} \tag{7.42}$$

[†] 非圧縮性流れ（ρ = const.）に対しては，$p + \frac{1}{2}\rho|\mathbf{u}|^2$ = const. になる。

$$\frac{2}{(\gamma-1)M^2}\left(\frac{\mathrm{d}|\mathbf{u}|}{|\mathbf{u}|}-\frac{\mathrm{d}M}{M}\right)+\frac{\mathrm{d}|\mathbf{u}|}{|\mathbf{u}|}=0 \tag{7.43}$$

$$\frac{\mathrm{d}|\mathbf{u}|}{|\mathbf{u}|}=\frac{1}{1+\frac{\gamma-1}{2}M^2}\frac{\mathrm{d}M}{M} \tag{7.44}$$

$$\mathrm{d}\nu=\frac{\sqrt{M^2-1}}{1+\frac{\gamma-1}{2}M^2}\frac{\mathrm{d}M}{M} \tag{7.45}$$

$\nu(M=1)=0$ となるように積分定数を定めると，プラントル・マイヤー関数が M の関数として得られる（**図7.2**）。

$$\begin{aligned}\nu(M)&=\int_1^M\frac{\sqrt{M^2-1}}{1+\frac{\gamma-1}{2}M^2}\frac{\mathrm{d}M}{M}\\ &=\sqrt{\frac{\gamma+1}{\gamma-1}}\tan^{-1}\sqrt{\frac{\gamma-1}{\gamma+1}(M^2-1)}-\tan^{-1}\sqrt{M^2-1}\end{aligned} \tag{7.46}$$

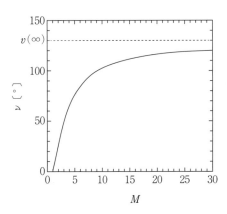

図7.2 プラントル・マイヤー関数

つぎに，式(7.31)の3行目の関係式より

$$\frac{\mathrm{d}y}{\mathrm{d}x}=\lambda_3=\tan(\theta-\beta_\mathrm{M}) \text{ に沿って,} \quad \frac{\rho v}{\alpha}\mathrm{d}u-\frac{\rho u}{\alpha}\mathrm{d}v+\mathrm{d}p=0 \tag{7.47}$$

$(u-v\tan\beta_\mathrm{M})\mathrm{d}u+(u\tan\beta_\mathrm{M}+v)\mathrm{d}v=0$

$(\cos\theta-\sin\theta\tan\beta_\mathrm{M})\mathrm{d}(|\mathbf{u}|\cos\theta)+(\cos\theta\tan\beta_\mathrm{M}+\sin\theta)\mathrm{d}(|\mathbf{u}|\sin\theta)=0$

$$\mathrm{d}(\nu+\theta)=0 \tag{7.48}$$

以上の結果をまとめると

$$\text{特性線 } \frac{\mathrm{d}\mathbf{x}}{\mathrm{d}t}=\mathbf{u}, \quad \frac{\mathrm{d}y}{\mathrm{d}x}=\tan\theta \text{ に対して,} \quad \mathrm{d}s=0, \quad \mathrm{d}h_\mathrm{t}=0 \tag{7.49}$$

$$\text{特性線 } \frac{\mathrm{d}\mathbf{x}}{\mathrm{d}t}=\mathbf{c}_\mathrm{L}, \quad \frac{\mathrm{d}y}{\mathrm{d}x}=\tan(\theta+\beta_\mathrm{M}) \text{ に対して,} \quad \mathrm{d}R\equiv\mathrm{d}(\nu-\theta)=0 \tag{7.50}$$

$$\text{特性線 } \frac{\mathrm{d}\mathbf{x}}{\mathrm{d}t}=\mathbf{c}_\mathrm{R}, \quad \frac{\mathrm{d}y}{\mathrm{d}x}=\tan(\theta-\beta_\mathrm{M}) \text{ に対して } \mathrm{d}Q\equiv\mathrm{d}(\nu+\theta)=0 \tag{7.51}$$

$R=\nu-\theta$, $Q=\nu+\theta$ は，それぞれの特性線の**リーマン不変量**（Riemann invariants）と呼ばれる．

定常の超音速流れは，壁によって圧縮する側に曲げると減速し，膨張する側に曲げると加速する．緩やかに曲がる壁近傍では等エントロピーの関係が成り立ち，圧縮，膨張に関わらず上の関係式が適用できる．しかし，壁面からある程度離れたところで後方の圧縮波が先行する圧縮波に追いつくと，衝撃波に遷移しエントロピーが増加するため，式(7.50)，(7.51)は成り立たなくなる．

超音速流れの向きが変化するとき，プラントル・マイヤー関数（式(7.46)，(7.50)，(7.51)）を用いれば，流れの偏向角の変化 $\Delta\theta$ とマッハ数の変化 ΔM の関係が得られる．

図7.3は超音速流れが滑らかな凹面で緩やかに圧縮される様子を，**図7.4**は滑らかな凸面

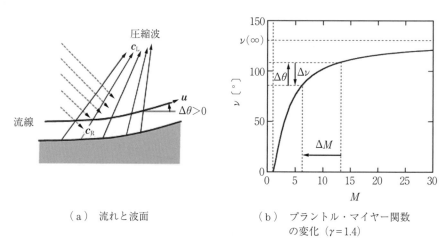

（a） 流れと波面　　　　　　（b） プラントル・マイヤー関数の変化（$\gamma=1.4$）

図7.3 緩やかに圧縮される超音速流れ（$\Delta\theta>0$）

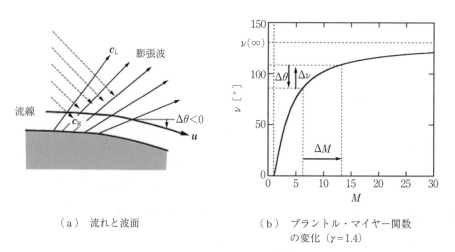

（a） 流れと波面　　　　　　（b） プラントル・マイヤー関数の変化（$\gamma=1.4$）

図7.4 緩やかに膨張する超音速流れ（$\Delta\theta<0$）

で緩やかに膨張する様子を描いている。いずれの場合も c_R 波がもたらす不変量 $Q=\nu+\theta$ が上流と等しいことから，次式が成り立つ。

$$\Delta\nu=-\Delta\theta \tag{7.52}$$

$\Delta\theta$ を与えれば $\Delta\nu$ が得られ，式(7.46)より ν は M のみの関数であるため，ΔM が得られる。流れが圧縮される向きに曲がる（$\Delta\theta>0$，図7.3）場合，$\Delta\nu<0$，したがって $\Delta M<0$ となり流れは減速する。

逆に，流れが膨張する向きに曲がる場合（$\Delta\theta<0$，図7.4），$\Delta\nu>0$，したがって $\Delta M>0$，すなわち流れは加速する。

7.2 プラントル・マイヤー膨張

超音速流れが急に変化する角に差し掛かると，どのように変化するだろうか。角で流れを圧縮するように折れ曲がる場合，解が存在する条件であれば斜め衝撃波が形成され，その先端は角に付着する。斜め衝撃波の解が存在しない場合は，離脱衝撃波が形成される。

これに対して，流れが角で膨張するときには，膨張領域が角部に集約する。**図7.5** に示すように，超音速流れ（状態1）が角を回折し向きが $\Delta\theta$ だけ変化し状態2になったとする。このとき，角を中心として扇状に膨張波が発生し，それを通過することによって，流れは加速（$u_2>u_1$）する。このような膨張を，**プラントル・マイヤー膨張**（Prandtl-Meyer expansion）という。扇状の膨張波の束は**イクスパンションファン**（expansion fan）と呼ばれる。流れの偏向角とマッハ数の関係は，滑らかな面での膨張と同じように，式(7.51)から得られる。

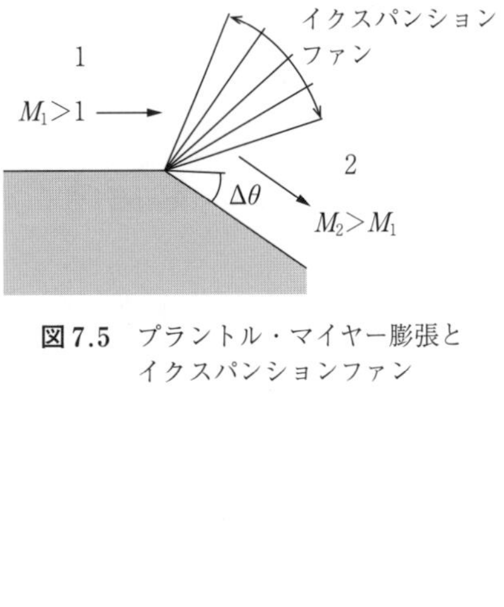

図7.5 プラントル・マイヤー膨張とイクスパンションファン

式(7.41)，(7.44)より

$$\frac{da}{a}=-\frac{(\gamma-1)M}{2+(\gamma-1)M^2}dM$$

$$d\ln a=-\frac{1}{2}d\ln\{2+(\gamma-1)M^2\}$$

$$a^2\{2+(\gamma-1)M^2\}=\mathrm{const.}$$

となる。したがって，温度 T は次式で与えられる。

$$\frac{T}{T_{M=1}}=\frac{a^2}{a^2_{M=1}}=\frac{\dfrac{\gamma+1}{\gamma-1}}{M^2+\dfrac{2}{\gamma-1}} \tag{7.53}$$

圧力 p は等エントロピー変化の関係式から求めることができる。

$$\frac{p}{p_{M=1}} = \left(\frac{T}{T_{M=1}}\right)^{\frac{\gamma}{\gamma-1}} = \left(\frac{\frac{\gamma+1}{\gamma-1}}{M^2 + \frac{2}{\gamma-1}}\right)^{\frac{\gamma}{\gamma-1}} \tag{7.54}$$

マッハ数 M_1 の流れが，どれだけの角度まで回折できるか，調べてみよう。式(7.46)，(7.52)より次式が得られる。

$$(-\Delta\theta)_{\max} = \nu(\infty) - \nu(M_1)$$
$$= \frac{\pi}{2}\left(\sqrt{\frac{\gamma+1}{\gamma-1}} - 1\right) - \sqrt{\frac{\gamma+1}{\gamma-1}}\tan^{-1}\sqrt{\frac{\gamma-1}{\gamma+1}(M_1^2-1)} + \tan^{-1}\sqrt{M_1^2-1} \tag{7.55}$$

$$\nu(\infty) = \frac{\pi}{2}\left(\sqrt{\frac{\gamma+1}{\gamma-1}} - 1\right) \tag{7.56}$$

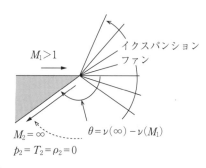

図 7.6　超音速流れの回折限界

この角度で回折すると，マッハ数が無限大に，圧力，温度，密度は 0 になり，それ以上大きな角度で回折する物理的な解は存在しない。$\gamma=1.4$（空気など）の場合，$\nu(\infty)=130.45°$ となる。この値は，上流のマッハ数が 1 である場合の最大回折角に対応する。M_1 が 1 より大きい場合，回折できる角度は小さくなり，式(7.55)で限界値が与えられる（図 7.6）。

7.3　超音速流れに置かれた円錐周りの流れ

図 7.7 に示すような，超音速流中に置かれた円錐周りの流れを考える。流れは非粘性，軸対称として，円錐は無限に長いものであると仮定すると，流れは相似となり，衝撃波も円錐

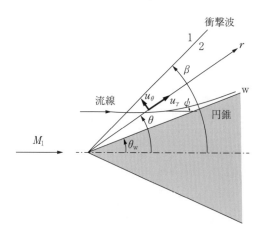

図 7.7　超音速流中に置かれた円錐周りの流れ

状になる。この相似解は，最初に導いた人の名にちなんで **Taylor-Maccoll の解**と呼ばれている[†]。

質量保存式(3.4)，運動量保存式(3.14)を適用すると

$$\nabla \cdot (\rho \mathbf{u}) = 0 \tag{7.57}$$

$$\rho(\mathbf{u} \cdot \nabla)\mathbf{u} + \nabla p = 0 \tag{7.58}$$

となる。二次元極座標 (r, θ) を，図のように定める。円錐，衝撃波の半頂角をそれぞれ θ_w，β とする。流れは相似なので，流速ベクトル (u_r, u_θ)，状態量は θ のみの関数になり，r 方向の微分は 0 になる。この条件を適用して

$$\frac{1}{r^2}\frac{d}{dr}(\rho r^2 u_r) + \frac{1}{r\sin\theta}\frac{d}{d\theta}(\rho u_\theta \sin\theta) = 0$$

$$2\rho u_r \sin\theta + \frac{d}{d\theta}(\rho u_\theta \sin\theta) = 0 \tag{7.59}$$

$$\rho\left(\frac{u_\theta}{r}\frac{du_r}{d\theta} - \frac{u_\theta^2}{r}\right) = 0 \tag{7.60}$$

$$\rho\left(u_\theta \frac{du_\theta}{d\theta} + u_r u_\theta\right) + \frac{dp}{d\theta} = 0 \tag{7.61}$$

式(7.60)より

$$u_\theta = \frac{du_r}{d\theta} \tag{7.62}$$

である。これは，渦度 $\boldsymbol{\omega}$ に対して

$$\boldsymbol{\omega} = \nabla \times \mathbf{u} = \left(\frac{u_\theta}{r} - \frac{1}{r}\frac{\partial u_r}{\partial \theta}\right)\mathbf{e}_\phi = 0 \tag{7.63}$$

すなわち，渦なし流れであることを意味する。式(7.59)，(7.62)より

$$2\rho u_r + u_\theta \frac{d\rho}{d\theta} + \rho \frac{d^2 u_r}{d\theta^2} + \rho u_\theta \cot\theta = 0 \tag{7.64}$$

等エントロピー流れに対して

$$dp = a^2 d\rho \tag{7.65}$$

式(7.61), (7.62), (7.64), (7.65)より

$$\frac{d^2 u_r}{d\theta^2} + u_r = -\frac{u_r + u_\theta \cot\theta}{1 - \dfrac{u_\theta^2}{a^2}} \tag{7.66}$$

ベルヌーイの式(7.35)より

$$d\left(h + \frac{u_r^2 + u_\theta^2}{2}\right) = d\left(\frac{a^2}{\gamma - 1} + \frac{u_r^2 + u_\theta^2}{2}\right) = 0 \tag{7.67}$$

[†] G. I. Taylor, J. W. Maccoll: Proc. Roy. Soc. Lond. A139, pp.278-311 (1933)

$$\frac{1}{2}u_t^2 \equiv h_t = \frac{a^2}{\gamma-1} + \frac{u_r^2 + u_\theta^2}{2} \tag{7.68}$$

ここで u_t は，全エンタルピーに相当する流速，すなわち流れが真空中まで膨張したときの流速に相当し，一定である。式(7.62)，(7.66)より

$$\begin{pmatrix} \dfrac{du_r}{d\theta} \\ \dfrac{du_\theta}{d\theta} \end{pmatrix} = \begin{pmatrix} u_\theta \\ -u_r - \dfrac{u_r + u_\theta \cot\theta}{1 - \dfrac{u_\theta^2}{a^2}} \end{pmatrix} \tag{7.69}$$

式(7.69)を数値積分すれば，解 $u_r = u_r(\theta)$，$u_\theta = u_\theta(\theta)$ が求まる。境界条件は

$$u_r(\theta_w) = u_{r,w} \tag{7.70}$$
$$u_\theta(\theta_w) = 0 \tag{7.71}$$

ここで，添え字の w は，壁での値であることを意味する。流れのマッハ数 M_1，円錐の半頂角 θ_w に対して，斜め衝撃波の角度 β は未知数である。斜め衝撃波の前後の状態を，添え字 1，2 を付けて表す。背後の流速を次式のように定義する。

$$u_{r,2} \equiv u_r(\beta)$$
$$u_{\theta,2} \equiv u_\theta(\beta) < 0$$

式(4.56)より

$$\frac{u_t^2}{2} = \frac{a^2}{\gamma-1} + \frac{u_{r,2}^2}{2} + \frac{u_{\theta,2}^2}{2} = \frac{a_*^2}{\gamma-1} + \frac{u_{r,2}^2}{2} + \frac{a_*^2}{2} = \frac{\gamma+1}{2(\gamma-1)}a_*^2 + \frac{u_{r,2}^2}{2} \tag{7.72}$$

$$a_*^2 = \frac{\gamma-1}{\gamma+1}(u_t^2 - u_{r,2}^2)$$

プラントルの関係式(4.57)を適用して

$$M_1 a_1 \sin\beta (-u_{\theta,2}) = \frac{\gamma-1}{\gamma+1}(u_t^2 - u_{r,2}^2) \tag{7.73}$$

衝撃波接線方向の流速の不変性より

$$M_1 a_1 \cos\beta = u_{r,2} \tag{7.74}$$

式(7.73)，(7.74)より

$$(-u_{\theta,2}) = \frac{\gamma-1}{\gamma+1} \frac{u_t^2 - u_{r,2}^2}{u_{r,2}\tan\beta} \tag{7.75}$$

式(7.72)の関係を衝撃波の上流にも適用し，式(7.74)を用いると

$$\frac{1}{2}u_t^2 = \left(\frac{1}{\gamma-1} + \frac{1}{2}M_1^2\right)a_1^2 = \left(\frac{1}{\gamma-1} + \frac{1}{2}M_1^2\right)\left(\frac{u_{r,2}}{M_1\cos\beta}\right)^2$$

$$M_1^2 = \frac{2}{\gamma-1}\frac{u_{r,2}^2}{u_t^2\cos^2\beta - u_{r,2}^2} \tag{7.76}$$

$$\tilde{u}_r \equiv \frac{u_r}{u_t}, \quad \tilde{u}_\theta \equiv \frac{u_\theta}{u_t}, \quad \tilde{a} \equiv \frac{a}{u_t}$$

として，以上の関係を無次元量で表すと

$$\begin{pmatrix} \dfrac{\mathrm{d}\tilde{u}_r}{\mathrm{d}\theta} \\ \dfrac{\mathrm{d}\tilde{u}_\theta}{\mathrm{d}\theta} \end{pmatrix} = \begin{pmatrix} \tilde{u}_\theta \\ -\tilde{u}_r - \dfrac{\tilde{a}^2(\tilde{u}_r + \tilde{u}_\theta \cot\theta)}{\tilde{a}^2 - \tilde{u}_\theta^2} \end{pmatrix} \tag{7.77}$$

$$\tilde{a}^2 = \frac{\gamma-1}{2}\{1-(\tilde{u}_r^2+\tilde{u}_\theta^2)\} \tag{7.78}$$

$$\tilde{u}_r(\theta_\mathrm{w}) = \tilde{u}_{r,\mathrm{w}} \tag{7.79}$$

$$\tilde{u}_\theta(\theta_\mathrm{w}) = 0 \tag{7.80}$$

$$\tilde{u}_{r,2} = \frac{M_1\cos\beta}{\sqrt{\dfrac{2}{\gamma-1}+M_1^2}} \tag{7.81}$$

$$(-\tilde{u}_{\theta,2}) = \frac{\gamma-1}{\gamma+1}\frac{1-\tilde{u}_{r,2}^2}{\tilde{u}_{r,2}\tan\beta} \tag{7.82}$$

M_1, θ_w に対して，β, $\tilde{u}_{\theta,\mathrm{w}}$ の値を仮定し，式(7.77)を数値積分して $\tilde{u}_r=\tilde{u}_r(\theta)$, $\tilde{u}_\theta=\tilde{u}_\theta(\theta)$ を計算し，式(7.81)，(7.82)を満たすような解を見いだすまで試行を繰り返す．

解が求まれば，衝撃波直後（2の状態）の状態量は，斜め衝撃波の関係式から得られる．衝撃波背後と円錐の間の領域の状態量は，ベルヌーイの式と等エントロピーの関係式から次式のように得られる．

$$\frac{p_2}{p_1} = 1 + \frac{2\gamma}{\gamma+1}(M_1^2\sin^2\beta - 1)$$

$$\frac{\gamma}{\gamma-1}\frac{p(\theta)}{\rho(\theta)} + \frac{u_r^2(\theta)}{2} + \frac{u_\theta^2(\theta)}{2} = \frac{\gamma}{\gamma-1}\frac{p_\mathrm{t}}{\rho_\mathrm{t}} = \frac{u_\mathrm{t}^2}{2} \tag{7.83}$$

$$\frac{p(\theta)}{p_2} = \left(\frac{\rho(\theta)}{\rho_2}\right)^\gamma \tag{7.84}$$

$$\frac{p(\theta)}{p_2} = \left\{\frac{1-\tilde{u}_r^2(\theta)-\tilde{u}_\theta^2(\theta)}{1-\tilde{u}_{r,2}^2-\tilde{u}_{\theta,2}^2}\right\}^{\frac{\gamma}{\gamma-1}} \tag{7.85}$$

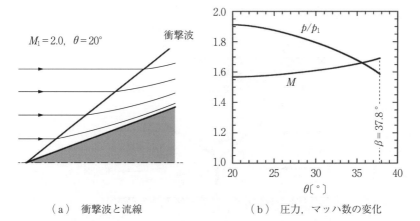

(a) 衝撃波と流線　　　　(b) 圧力，マッハ数の変化

図 7.8　超音速流中に置かれた円錐周りの流れ，$M_1=2.0$, $q=20°$

流れの偏向角 ϕ は

$$\phi = \theta + \tan^{-1}\left(\frac{u_\theta}{u_r}\right) = \theta + \tan^{-1}\left(\frac{\tilde{u}_\theta}{\tilde{u}_r}\right) < \theta \tag{7.86}$$

図 7.8 に解の一例を示す。4 章で取り扱った二次元流れにおける斜め衝撃波の場合，$M_1 = 2.0$ のとき $\beta = 53.4°$，$p_2/p_1 = 2.84$ であったが，円錐衝撃波の場合は，$\beta = 37.8°$，$p_2/p_1 = 1.59$（円錐面上の圧力と p_1 の比は 1.91）となり，衝撃波はかなり弱いものとなる。

7.4 衝撃波の反射

7.4.1 定常流れにおける反射形態

衝撃波は，ほかの波と同じように，壁などで反射する。ただし，その反射形態や角度は光や電磁波などとは大きく異なる。定常流れの場合，その反射形態は，**正常反射**（regular reflection，図 7.9）あるいは**マッハ反射**（Mach reflection，図 7.10）のどちらかになる。マッハ数 M_0 の定常流れに角度 θ_w の楔を置くと，斜め衝撃波が発生する。これは下の壁に**入射衝撃波**（incident shock wave）i として作用する。なお，楔の大きさによっては，下側の角から発生した膨張波が反射形態に影響を及ぼすことがある。ここではそのような複雑な干渉は考えないことにする。

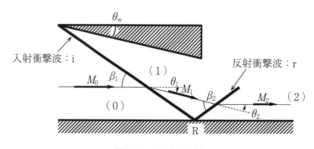

図 7.9 正常反射

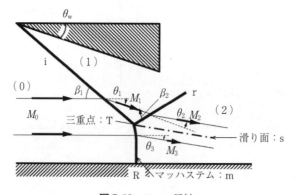

図 7.10 マッハ反射

正常反射では，図に示すように，下の壁点Rで反射して，**反射衝撃波**（reflected shock wave）rが発生する．流れは，上流（領域（0））で入射衝撃波と角度β_1をなしているが，それを通過すると下向きに偏向角θ_1だけ向きが変わる．この領域を（1）とする．反射衝撃波を通過すると，流れは逆向きに$\theta_2 = \theta_1$だけ偏向し，再び壁と平行になる（領域（2））．これは，4.3.4項の付着衝撃波の発生とまったく同じ状況であり，領域（1）から壁に向かって，マッハ数M_1の流れが角度θ_1で流入すると，反射点Rから付着衝撃波rが発生することになる．

マッハ反射の場合（図7.10），入射衝撃波は，壁から離れた点Tから折れ曲がる．この点は，入射衝撃波，反射衝撃波のほかに，**マッハステム**（Mach stem）mが交わるため，**三重点**（triple point）と呼ばれる．多くの場合，入射衝撃波とマッハステムは，三重点で傾きが不連続，すなわち折れ線になっている．三重点よりも上を通る流れは，入射衝撃波，反射衝撃波を通過するが，領域（2）の流れは，必ずしも壁に平行にならない．一方，三重点の下側の流れは，マッハステムを通過するのみで，その背後で亜音速になる．マッハステムは，強い衝撃波であり波面は湾曲しており，背後の流れは一様ではない．しかし，三重点の直下を通過する流れは，領域（2）の流れと滑り面を介して接しており，流速は平行で圧力は等しい．また，壁面では流れは壁に平行であり，垂直衝撃波になっている．

7.4.2 衝撃波極線

衝撃波の反射を解析するとき，圧力pと偏向角θの関係を考えるとわかりやすい．これをグラフにしたものを，圧力-偏向角衝撃波極線（p-θ shock polar，以降単に「**衝撃波極線**」）という．衝撃波に関して4.3節の斜め衝撃波の関係式を適用する．入射衝撃波の前の流れのマッハ数をM_0とすると

$$\frac{p_1}{p_0} = 1 + \frac{2\gamma}{\gamma+1}(M_0^2 \sin^2\beta - 1) \quad (7.87)$$

$$\tan\theta = \frac{2\cot\beta(M_0^2\sin^2\beta - 1)}{M_0^2(\gamma + \cos 2\beta) + 2} \quad (7.88)$$

となる．ここで，衝撃波前後の圧力を，それぞれp_0，p_1としている．式(7.87)，(7.88)より，βを消去すると，M_0とθから圧力比が求まる衝撃波極線（**図7.11**）を与える式が得られる．

$$\Phi \equiv \frac{p_1}{p_0} = \Phi(M_0, \theta) \quad (7.89)$$

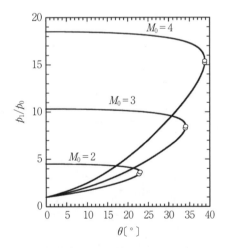

それぞれの極線における二つの丸記号は，それぞれ上側：$\theta = \theta_{\max}$，下側：$M_1 = 1$の条件に相当する．

図7.11 衝撃波極線（$\gamma = 1.4$）

添え字を入れ換えれば，ほかの衝撃波についても，同様に適用できる。背後の流れのマッハ数 M_1 は，次式で与えられる。

$$M_1 = \left[\frac{\{(\gamma-1)M_0^2\sin^2\beta+2\}^2+(\gamma+1)^2M_0^4\sin^2\beta\cos^2\beta}{\{2\gamma M_0^2\sin^2\beta-(\gamma-1)\}\{(\gamma-1)M_0^2\sin^2\beta+2\}}\right]^{1/2} \quad (7.90)$$

図 7.11 では，三つの M_0 に対する衝撃波極線を描いている。いずれも，$(p_1/p_0, \theta) = (1, 0°)$ から追っていくと，最初は弱い衝撃波の解に相当し，偏向角が増加する。このとき背後流れは超音速である。背後流れが音速になる点は，最大偏向角をとる条件にほぼ等しく，それ以降は強い衝撃波の解となって偏向角は減少，最大圧力比となったところが垂直衝撃波（$\theta=0°$）に対応する。

7.4.3 二衝撃波理論

正常反射（図 7.9）の場合の流れを解析しよう。上流のマッハ数 M_0 と衝撃波入射角 β_1 が与えられているとする。入射衝撃波に対して

$$p_1 = p_0\Phi(M_0, \theta_1) \quad (7.91)$$

反射衝撃波に対して

$$p_2 = p_1\Phi(M_1, \theta_2-\theta_1)$$

となり，境界条件は次式で表される。

$$\theta_1 = \theta_w \quad (7.92)$$

$$\theta_1 - \theta_2 = 0 \quad (7.93)$$

図 7.12 に，$M_0=3, \beta_1=30°$ のときの衝撃波極線を示す。上流では，$\theta_0=0, p/p_0=1$ である。入射衝撃波極線は，上流状態（0）から始まり，$\theta>0$ 側に描かれる。ここでは，β_1 が与えられているので，それに対応する $\theta_1=12.8°$ の点が入射衝撃波背後の状態（1）に対応する。入射衝撃波を通過すると，圧力は 2.46 倍になる。反射衝撃波極線は，（1）に対して θ が減少する側に描かれる。正常反射の場合，反射衝撃波背後の状態（2）では，偏向角 θ は 0° に戻る。衝撃波極線は，縦軸と 2 箇所で交わるが，弱いほう（圧力が低いほう）が解となる。反射衝撃波を通過すると，圧力は上流の 5.20 倍になる。

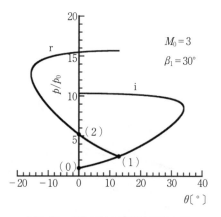

図 7.12 正常反射の衝撃波極線の例

7.4.4 三衝撃波理論

つぎに，マッハ反射を解析しよう．上流のマッハ数と衝撃波入射角 β_1 が与えられているとする．式(7.88)から $\theta_1(=\theta_w)$ を求めることができる．前節と同様に．入射衝撃波に対して

$$p_1 = p_0 \Phi(M_0, \theta_1) \tag{7.94}$$

反射衝撃波に対して

$$p_2 = p_1 \Phi(M_1, \theta_2 - \theta_1)$$

マッハステムの三重点直下の状態に対して

$$p_3 = p_0 \Phi(M_0, \theta_3)$$

となり，境界条件は次式で表される．

$$\theta_1 = \theta_w \tag{7.95}$$

$$\theta_1 - \theta_2 = \theta_3 \tag{7.96}$$

$$p_2 = p_3 \tag{7.97}$$

図7.13に，$M_0=3, \theta_w=40°$ のときの衝撃波極線を示す．マッハステムの極線は，入射衝撃波と同じである．反射衝撃波極線は，入射衝撃波極線と（1）以外では1箇所でしか交わらず，これが解となる．入射衝撃波背後で，圧力は4.17倍，偏向角は $\theta_1=21.8°$ になる．反射衝撃波背後では，壁に向かって $\theta_2=\theta_3=4.21°$ の偏向角が残り，圧力は上流の10.3倍になる．マッハステムの傾きは，徐々に変化していくが，壁上（反射点R）では，$\theta=0°$（m極線の最上部）の状態になる．

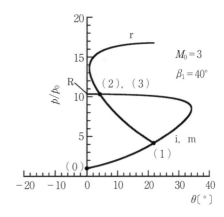

図7.13 マッハ反射の衝撃波極線の例 ($M_0=3, \theta_w=40°$)

ロケット打上げのときに，しばしばマッハ反射の結果を観測することができる．ロケットから排気されるジェットは，鳥の羽根のような形をしており，**排気プルーム**（exhaust plume）と呼ばれる．ノズルの設計どうりに気体が膨張すると，地上では過膨張（11章参照）となり，プルーム内の圧力が雰囲気圧力よりも低くなってしまう．このとき，周囲の圧力とのバランスをとるべく，排気プルーム内に斜め衝撃波が形成され，中心軸付近でマッハ反射が起こる．このとき流れは軸対称なので，マッハステムはディスク状になり，**マッハディスク**（Mach disk）と呼ばれる．背後の円錐台状の領域は，比較的高温・高圧であり，**図7.14**に示すように肉眼でも観測することができる．

図 7.14 液体ロケットエンジン LE-7A の排気プルームおよびマッハディスク背後の流れ（中央の円錐状の部分）（三菱重工業株式会社提供）

7.4.5 反射形態の遷移基準

これまで衝撃波の入射角 β が既知であるとして，二次元反射を取り扱ってきた．しかし，衝撃波極線は衝撃波前後の圧力比が偏向角 θ のみの関数になることを利用しており，以下では θ を基準に解析を進めることにする．図 7.12, 7.13 に示した例では，それぞれ正常反射，マッハ反射しか起こりえない条件であった．しかし，上流マッハ数 M_0 と偏向角（以下では楔角 θ_w とする）が同じであっても，正常反射とマッハ反射がどちらも起こりうる条件が存在する．

まず，正常反射が起こるための必要条件は，反射衝撃波極線が $\theta=0°$ と交わることである．臨界的な状態として，これが接する条件

$$\theta_{2,\max}=\theta_\mathrm{w}\equiv\theta_\mathrm{w,d} \tag{7.98}$$

を **離脱条件**（detachment criterion）という（**図 7.15**）．4.3 節で述べたように，θ の変化が最大となる条件は，衝撃波背後の流れが音速になる条件に近い（図 7.11）．こちらの条件を採用した場合の基準は**音速条件**（sonic criterion）と呼ばれるが，本書では実用上離脱基準と同一とみなすことにする．

マッハ反射が現れるための必要条件は，反射衝撃波極線が入射衝撃波極線と，$\theta>0°$ の範囲で交わることである．臨界的な状態として，$\theta=0°$ で交わる条件

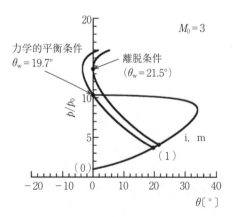

図 7.15 反射形態遷移条件での衝撃波極線（$\gamma=1.4$）

$$\theta_w - \theta_2 = \theta_3 = 0, \quad \theta_w \equiv \theta_{w,m} \tag{7.99}$$

は**力学的平衡条件**（mechanical equilibrium criterion）と呼ばれる。

流れのマッハ数 M_0 に対して，それぞれの反射形態が現れる条件は

マッハ反射：$\theta_{w,m} \leq \theta_w < \theta_{max}$ (7.100)

正常反射：$0 \leq \theta_w < \theta_{w,d}$ (7.101)

であり，これを**図7.16**に示す。θ_{max} は最大偏向角（4.3節）で，$\theta_w > \theta_{max}$ の領域には，付着衝撃波の解がない。$\theta_{w,m} < \theta_{w,d}$ の場合，$\theta_{w,m} < \theta_w < \theta_{w,d}$ の範囲では，どちらの反射形態も可能であり，実験でも確かめられている。特にマッハ反射の場合，マッハステムの背後は亜音速流れとなり，その下流の状態が反射形態に影響を与える。どちらの形態が現れるかは，境界条件，履歴を含めた流れの状態に依存する。

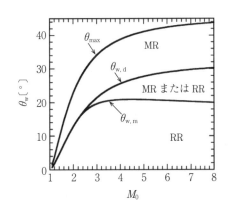

図7.16 反射形態が可能な領域
（$\gamma=1.4$, MR：マッハ反射, RR：正常反射）

7.4.6 擬似定常流れにおける衝撃波の反射

定常流れではなく，空間を伝播する平面衝撃波が楔（くさび）などの平面で反射することを考える。代表例として，**図7.17**のように，衝撃波マッハ数 M_s の平面衝撃波が，角度 θ_w の楔面上で反射するとする。無限に長い楔を考えると，非粘性流れの場合代表長さが定義できず，楔先端と衝撃波の距離に関わらず，衝撃波の反射形態，流れ場は相似となる。このような流れを，**擬似定常流れ**（pseudo-steady flow）と呼び，適切な代表点（後述）に相対する座標を定義することによって，**自己相似解**（self-similar solution）を得ることができる。擬似定常流れにおける衝撃波の反射は，より多様な形態に分類できるが，詳しいことは専門書に譲る[†]。

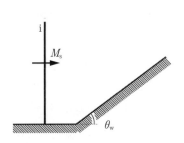

図7.17 楔に入射する平面衝撃波

図7.18は，正常反射の場合で，このときは座標の原点を反射点Rに固定すると，上流からマッハ数 $M_s/\sin\beta_1$ の流れが衝撃波に角度 $\beta_1(=\pi/2-\theta_w)$ で流入し，(2)の偏向角は壁に平行すなわち(0)の流れの角度と等しくなる。

図7.19は，マッハ反射の場合で，三重点Tに固定した座標において自己相似解を得るこ

[†] G. Ben-Dor：Shock Wave Reflection Phenomena, (2nd edition), Springer, chap. 3 (2007)

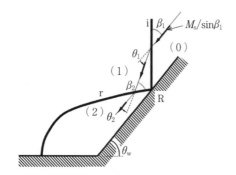
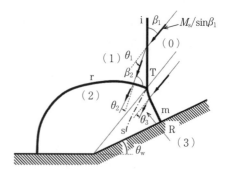

図7.18 擬似定常流れにおける正常反射　　図7.19 擬似定常流れにおけるマッハ反射

とができる。擬似定常流れでは，正常反射以外の反射として，マッハ反射のみならず，さまざまな形態が現れ，**異常反射**（irregular reflection）と総称される。浅い（θ_w が小さい）楔や M_s が1に近い場合には，一見マッハ反射に近い反射形態をとるが，三衝撃波理論の解にはなっておらず，マッハステムと入射衝撃波は連続的な傾きで接続される。擬似定常流れにおける衝撃波の反射形態の遷移条件について，基本的な考え方は定常流れと同じであるが，各反射形態が現れる M_0-θ_w 領域が定常流れと一致するわけではない。

7.5 衝撃波・境界層干渉

本書ではおもに非粘性流れを扱っているが，現実には衝撃波が生じるとき壁の境界層との干渉が重要になることが多い。境界層内では流速が遅く，圧力擾乱が主流流れよりも先行して（より上流に向かって）伝わる。衝撃波は流れに対して逆圧力勾配，すなわち流れと逆向きに力が作用するように働くため，境界層を通じて高圧部がさらに上流に達し，流れの剥離を引き起こす。図 7.20 は，平板に平行な超音速流れに斜め衝撃波が作用する場合で，図（a）では非粘性流れで境界層がなく，入射衝撃波は壁面上で反射する。これに対して，図

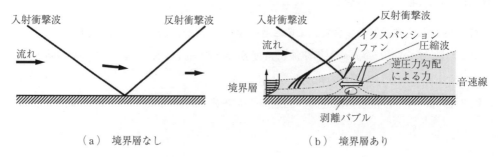

図 7.20 斜め衝撃波の平板での反射

(b) のように境界層が存在すると，逆圧力勾配が反射点よりも上流にさかのぼり，流れが剥離し，**剥離バブル**（separation bubble）が形成される．剥離バブルの前方では，流れが壁から離れる方向に向き，前方に斜め衝撃波（剥離衝撃波，separation shock）ができ，反射衝撃波の起源になっている．剥離バブルの後方で流れは再付着し，圧縮波が生じる．この圧縮波は下流で統合すると斜め衝撃波となるが，図には示していない．境界層内では，厚さ方向にマッハ数が 0 から超音速まで変化するが，音速線より下の亜音速領域では，衝撃波は消滅する．

図 7.21 は，超音速流れが斜面（ramp）に行き当たった場合の流れで，図(a) の非粘性流れでは，斜面の角から斜め衝撃波が生じている．これに対して，図(b) のように境界層があると，逆圧力勾配によって境界層内で流れが剥離し，剥離バブルの前方に剥離衝撃波が発生する．剥離バブルの尾部では，流れが壁に再付着し，再付着衝撃波が生じる．図 7.20，図 7.21 に示した流れにおいて，剥離や再付着による圧縮波がどの程度の強さになるか，衝撃波に遷移するか否かは，流れの条件に依存する．

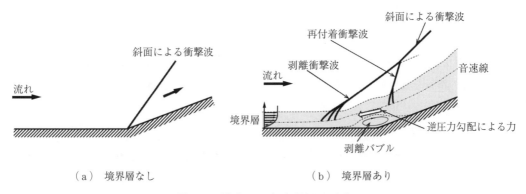

（a）境界層なし　　　　　　　　　（b）境界層あり

図 7.21 斜面による超音速流れの変化

以上のような衝撃波・境界層干渉によって，流れの実効的な流線が大きく変わってしまい，超音速インテークなどの機器において，大きな損失につながる．また，このような流れは非定常性があり衝撃波の位置も振動するため，機器の設計は非常に複雑である．

7.6 演習：三角翼周りの超音速流れ

斜め衝撃波，イクスパンションファンを含む定常二次元流れの例として，超音速流れに置かれた三角翼周りの流れを考えよう．**図 7.22** に示すような，上流マッハ数 M_0 の超音速流れの中に置かれた逆二等辺三角形の翼（底角 ϕ）を考える．図では，迎角 α が正であり，翼下面では流れが圧縮されるために，先端 C_1 で斜め衝撃波 SW_{01} が発生する（ここでは付着衝撃波が存在するものとする）．下面の角（二等辺三角形の頂点）C_2 では，流れが膨張す

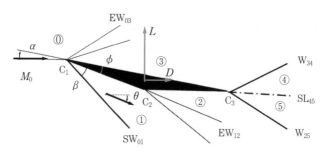

図 7.22 三角翼とその周りの超音速流れ

るように曲がり，イクスパンションファン EW_{12} が発生する．一方，翼上面では，流れは膨張し，先端でイクスパンションファン EW_{03} が形成される．翼後端 C_3 では，上面および下面に沿った異なる向きの流れが干渉し，その境界に滑り線 SL_{45} が現れる．上面流れ ④ と下面流れ ⑤ は，滑り線を介して接しており，圧力は等しい．SL_{45} を挟むように波 W_{34}，W_{25} が発生するが，衝撃波になるか，イクスパンションファンになるかは，流れの条件によって異なる．

この流れを解くために，斜め衝撃波，プラントル・マイヤー膨張について，流れの偏向角 θ（時計回りの向きを正とする）と圧力の関係を導出する必要がある．それぞれの波に対して，上流の状態を u，下流の状態を d の添え字を付けて表す．上流の状態 u と偏向角の変化

$$\Delta\theta = \theta_d - \theta_u \tag{7.102}$$

が与えられたとき，翼の上面では，$\Delta\theta<0$ のとき流れが圧縮され斜め衝撃波が生じ，$\Delta\theta>0$ であれば流れは膨張してイクスパンションファンが生じる．翼の下面では，逆の関係になり，$\Delta\theta<0$ のときイクスパンションファンが，$\Delta\theta>0$ のとき衝撃波が生じる．

まず，斜め衝撃波に対する関係式を求めよう．式(4.80)より，斜め衝撃波が上流の流速となす角度 β は

$$\tan|\Delta\theta| = \frac{2\cot\beta(M_u^2\sin^2\beta - 1)}{M_u^2(\gamma + \cos 2\beta) + 2} \tag{7.103}$$

を陰的に解くことにより得られる．これらを式(4.75)，(4.87)に代入すると，前後の圧力比，下流のマッハ数が得られる．

$$\frac{p_d}{p_u} = 1 + \frac{2\gamma}{\gamma+1}(M_u^2\sin^2\beta - 1) \tag{7.104}$$

$$M_d = \frac{1}{\sin(\beta - |\Delta\theta|)}\left\{\frac{(\gamma-1)M_u^2\sin^2\beta + 2}{2\gamma M_u^2\sin^2\beta - (\gamma-1)}\right\}^{1/2} \tag{7.105}$$

つぎに，イクスパンションファンに対する関係式を求めよう。上流 u の状態と $\Delta\theta$ が与えられたとき，下流のマッハ数 M_d は，式(7.40)，(7.46)より陰的に求めることができる。

$$|\Delta\theta| = \nu(M_d) - \nu(M_u) \tag{7.106}$$

$$\nu(M) \equiv \sqrt{\frac{\gamma+1}{\gamma-1}} \tan^{-1}\sqrt{\frac{\gamma-1}{\gamma+1}(M^2-1)} - \tan^{-1}\sqrt{M^2-1} \tag{7.107}$$

圧力比は，等エントロピーの関係式(7.54)より得られる。

$$\frac{p_d}{p_u} = \left(\frac{M_u^2 + \dfrac{2}{\gamma-1}}{M_d^2 + \dfrac{2}{\gamma-1}} \right)^{\frac{\gamma}{\gamma-1}} \tag{7.108}$$

以上の関係をグラフに表すと，図 7.23 のようになる。圧力比が 1 よりも大きな部分は衝撃波の関係式，小さい部分はプラントル・マイヤー膨張の関係式に対応している。上面と下面は同じ偏向角に対して，圧縮・膨張の関係が逆になるため，左右対称になる。

三角翼端（tail）では，相対的に偏向角 θ が ϕ だけ異なる流れ 2，3 が合流し，滑り線 SL_{45} を介して流れの方向と静圧が一致する領域 4，5 を形成する。領域 3→4，2→5 の変化は，両者の圧力バランスによって，ともに斜め衝撃波，あるいは一方が斜め衝撃波，他方がイクスパンションファンとなる。

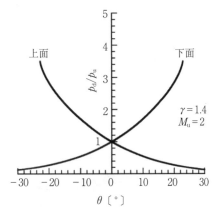

図 7.23　偏向角と圧力比の関係
（$\gamma=1.4$，$M_u=2$）

流れ場の例を図 7.24，図 7.25 に示す。上流の状態 ⓪ に対して，下面では斜め衝撃波を通して圧縮され（領域 ①）たのち，角で膨張する（領域 ②）。上面では，プラントル・マイ

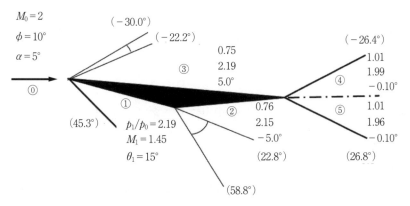

図 7.24　流れ場の例（$\gamma=1.4$，$M_0=2$，$\phi=10°$，$\alpha=5°$）

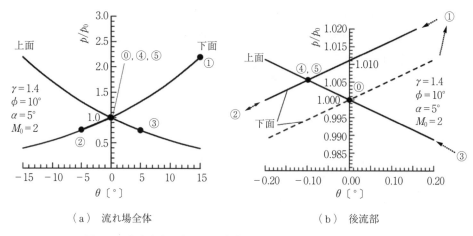

(a) 流れ場全体   (b) 後流部

図7.25 偏向角と圧力比の関係（$\gamma=1.4$, $M_0=2$, $\phi=10°$, $\alpha=5°$）

ヤー膨張によって流れは膨張・加速する（領域③）。後流では，下面②と上面③の流れが干渉し合い，圧力が等しくなるように偏向角が決まり，滑り面（一点鎖線）を隔てて領域④，⑤に分けられるこれらの領域の状態は，①の状態とは異なり，わずかに負の偏向角を持っていることに注意しよう（図7.25(b)）。この場合は，上下面からの流れに対して，ともに弱い斜め衝撃波が形成されている。

翼のスパンをb，コード長をcとする。翼の各面には，図7.26の向きに力が働くので，揚力（上流流れに垂直な上向きの力）L，抗力（上流流れに平行な右向きの力）はD，次式のように計算できる。

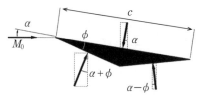

図7.26 各面に働く力のバランス

$$L = p_1 b \frac{c}{2\cos\phi}\cos(\alpha+\phi) + p_2 b \frac{c}{2\cos\phi}\cos(\alpha-\phi) - p_3 bc\cos\alpha \tag{7.109}$$

$$D = p_1 b \frac{c}{2\cos\phi}\sin(\alpha+\phi) + p_2 b \frac{c}{2\cos\phi}\sin(\alpha-\phi) - p_3 bc\sin\alpha \tag{7.110}$$

$$C_L = \frac{L}{\frac{1}{2}\rho_0 U_0^2 bc} = \frac{2}{\gamma M_0^2 p_0}\left\{p_1\frac{1}{2\cos\phi}\cos(\alpha+\phi) + p_2\frac{1}{2\cos\phi}\cos(\alpha-\phi) - p_3\cos\alpha\right\} \tag{7.111}$$

$$C_D = \frac{D}{\frac{1}{2}\rho_0 U_0^2 bc} = \frac{2}{\gamma M_0^2 p_0}\left\{p_1\frac{1}{2\cos\phi}\sin(\alpha+\phi) + p_2\frac{1}{2\cos\phi}\sin(\alpha-\phi) - p_3\sin\alpha\right\} \tag{7.112}$$

$$\frac{L}{D} = \frac{p_1\frac{1}{2\cos\phi}\cos(\alpha+\phi) + p_2\frac{1}{2\cos\phi}\cos(\alpha-\phi) - p_3\cos\alpha}{p_1\frac{1}{2\cos\phi}\sin(\alpha+\phi) + p_2\frac{1}{2\cos\phi}\sin(\alpha-\phi) - p_3\sin\alpha} \tag{7.113}$$

図 7.24 の例では，$C_L=0.255$，$C_D=0.068$，$L/D=3.8$ となる．上流のマッハ数 M_0 を一定（=2）として，迎角 α を変化させたときの，流れと空力特性の変化を計算した結果を**図 7.27** に示す．これらの結果は，翼の周囲全域で流れが超音速に保たれる場合のみ表示している．

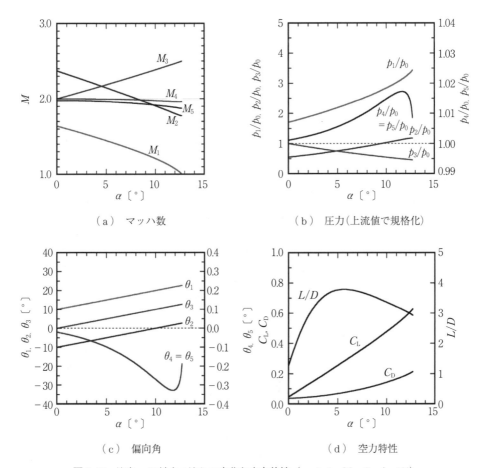

(a) マッハ数　　(b) 圧力(上流値で規格化)

(c) 偏向角　　(d) 空力特性

図 7.27 迎角 α に対する流れの変化と空力特性（$\gamma=1.4$，$M_0=2$，$\phi=10°$）

8

非定常一次元流れ

　これまで扱ってきた**圧力波**は，表8.1のようにまとめられる。まず，気体を圧縮して密度，圧力が高まる**圧縮波**と，膨張して低くなる**膨脹波**に大別される。**衝撃波**は，広義には圧縮波の特殊な形態であるが，ここでは別の波として扱う。音波は，極限的に弱い圧力波であり，その速さ，つまり**音速**は，圧力波伝播の基本となる量である。本章では，圧力波の伝播速度と性質について，非定常波動伝播の観点から定式化する。扱うのはおもに一次元非定常流れであるが，巻末の付録5に示すように，三次元非定常流れにも拡張することができる。

表8.1 圧力波の分類

圧力波	膨脹波	音　波	圧縮波	衝撃波
線形性	非線形	線　形	非線形	
密度変化	$\Delta\rho<0$		$\Delta\rho>0$	$\Delta\rho>0$
エントロピー変化，Δs		0		$O(\Delta p^3)>0$
流速・状態量の変化	連　続	時間平均量は不変	連　続	不連続

8.1　音　　　波

　通常，**音**（sound）とは人間が聴くことのできる周波数（20 Hz〜20 kHz）での空気の圧力変動を意味する。変動の振幅が音圧，周波数が音の高さ，周波数特性が音色を決める。圧力の変動に伴って密度も変動するが，図8.1に示すように，局所的な時間平均値は一定で，振幅はせいぜい大気圧の1万分の1程度で[†]，**じょう乱**（disturbance）として扱うことができる。流体力学における**音波**は，圧力，密度のじょう乱を伝える波であり，すべての圧力波の基準となり，じょう乱の周波数は可聴域にあるという制約は

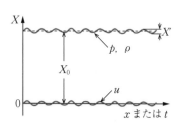

図8.1 音波における圧力，密度，流速の変動，横軸は位置あるいは時間座標，Xは流速あるいは状態量

[†] 通常，**音圧レベル**（sound pressure level）は，$L_\mathrm{P}=20\log\{(\Delta p)_\mathrm{rms}/p_0\}$〔dB〕で表される。$(\Delta p)_\mathrm{rms}$は圧力変動の実効値（実効音圧），$p_0=2\times10^{-5}$ Paである。$L_\mathrm{P}=120$ dBで会話ができないほどの騒音になるが，このときでも$(\Delta p)_\mathrm{rms}=20$ Paと大気圧の5 000分の1にすぎない。

ない．微小じょう乱であるかぎり，波は線形とみなされ，重ね合わせができる．

媒質中で密度が変動すると，それに伴って圧力の変動が起こり，周囲に伝播していく（**図 8.2**）．断熱過程では，気体の一部が圧縮されると，周囲よりも圧力が高くなり周囲を押しのけて膨張しようとする動きが生じる．逆に膨張すれば，圧力が低下し，周囲のほうが圧力が高くなるため収縮させられる．これは気相だけでなく液相，固相でも起こる．以下に示すように，**音速**は状態量のみの関数（理想気体の場合は，温度のみの関数）になる．一様気体中では音速は一様であり，先行する音波に背後の音波は追いつけない（図1.2）．次節の解析の中で，音波は極限的に弱い圧力波として位置づけられる．

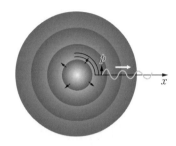

図 8.2 音の発生と伝播

8.2 特性速度と不変量

一次元（x軸方向）非定常流れにおける特性速度と不変量を導出する．外力，熱の出入りはないものとし，等エントロピー変化を仮定する．質量保存式(3.4)および運動量保存式(3.14)のx成分は

$$\text{質量保存式：} \quad \frac{\partial \rho}{\partial t} + u\frac{\partial \rho}{\partial x} + \rho\frac{\partial u}{\partial x} = 0 \tag{8.1}$$

$$\text{運動量保存式：} \quad \frac{\partial u}{\partial t} + u\frac{\partial u}{\partial x} + \frac{1}{\rho}\frac{\partial p}{\partial x} = 0 \tag{8.2}$$

である．等エントロピー流れを仮定しているので

$$Tds = de + pd\left(\frac{1}{\rho}\right) = dh - \frac{1}{\rho}dp = 0 \tag{8.3}$$

となる．理想気体の状態方程式(2.3)および熱量的完全気体に対する式(2.62)を適用して

$$Tds = C_p dT - \frac{1}{\rho}dp = C_p d\left(\frac{p}{\rho R}\right) - \frac{1}{\rho}dp = \frac{p}{\rho R}\left\{(C_p - R)\frac{dp}{p} - C_p\frac{d\rho}{\rho}\right\} = 0 \tag{8.4}$$

したがって，等エントロピー変化に対して

$$\left(\frac{\partial p}{\partial \rho}\right)_s = \frac{C_p}{C_p - R}\frac{p}{\rho} = \frac{C_p}{C_v}\frac{p}{\rho} = \gamma\frac{p}{\rho} = \gamma RT \tag{8.5}$$

ここで

$$a \equiv \sqrt{\left(\frac{\partial p}{\partial \rho}\right)_s} \quad \left(=\sqrt{\gamma\frac{p}{\rho}} = \sqrt{\gamma RT}\right) \tag{8.6}$$

と定義する．あとの結果からわかることであるが，aは音速に相当し，温度の平方根に比例する．例えば，ヘリウムやアルゴンなどの単原子分子では，内部自由度が小さく，並進運動

8. 非定常一次元流れ

エネルギーの割合が大きいので，比熱比 γ が大きく，音速が高くなる。また，水素やヘリウムのように分子量が小さい気体ほど音速が高い（**表 8.2**）。

表 8.2 気体の化学種・温度と音速（熱量的完全気体）

化学種	分子量〔g/mol〕	比熱比	音速 288K〔m/s〕	音速 400K〔m/s〕
水素	2.0	1.4	1 290	1 530
ヘリウム	4.0	1.67	1 000	1 180
空気	29	1.4	340	400
アルゴン	40	1.67	320	370

式（8.6）より，等エントロピー変化に対して

$$dp = a^2 d\rho \tag{8.7}$$

となる。これを実質微分（式(3.16)）と捉えて，一次元非定常流れに適用すると

$$\frac{\partial p}{\partial t} + u\frac{\partial p}{\partial x} - a^2\left(\frac{\partial \rho}{\partial t} + u\frac{\partial \rho}{\partial x}\right) = 0 \tag{8.8}$$

となる。式（8.1）を用いて変形すると

$$\frac{\partial p}{\partial t} + u\frac{\partial p}{\partial x} + \rho a^2 \frac{\partial u}{\partial x} = 0 \tag{8.9}$$

保存式(8.1)，(8.2)，(8.9)をまとめて，つぎのように表される。

$$\frac{\partial \mathbf{V}}{\partial t} + \mathbf{A}\frac{\partial \mathbf{V}}{\partial x} = \mathbf{0} \tag{8.10}$$

$$\mathbf{V} = \begin{pmatrix} \rho \\ u \\ p \end{pmatrix}, \quad \mathbf{A} = \begin{pmatrix} u & \rho & 0 \\ 0 & u & \frac{1}{\rho} \\ 0 & \rho a^2 & u \end{pmatrix}, \quad \mathbf{0} = \begin{pmatrix} 0 \\ 0 \\ 0 \end{pmatrix} \tag{8.11}$$

いま，式(8.10)が，波動解

$$\mathbf{V} = \overline{\mathbf{V}} e^{i\phi(x,t)}, \quad (i は虚数単位) \tag{8.12}$$

を持つとする。式(8.12)を，式(8.10)に代入すると

$$(\omega \mathbf{I} - k\mathbf{A})\overline{\mathbf{V}} = \mathbf{0} \tag{8.13}$$

$$\omega \equiv \frac{\partial \phi}{\partial t} \tag{8.14}$$

$$k = -\frac{\partial \phi}{\partial x} \tag{8.15}$$

ここで，$\mathbf{I}$ は単位行列を表す。式(8.13)の両辺に $1/k$ をかけて

$$\lambda \equiv \frac{\omega}{k} \tag{8.16}$$

と定義すると

$$(\mathbf{A}-\lambda\mathbf{I})\overline{\mathbf{V}}=\mathbf{0} \tag{8.17}$$

となる。$\overline{\mathbf{V}}$ が $\mathbf{0}$ でない解を持つためには，**特性方程式**（characteristic equation）

$$|\mathbf{A}-\lambda\mathbf{I}|=0 \tag{8.18}$$

を満たさなければならない。

$$\mathbf{A}\overline{\mathbf{V}}=\lambda\overline{\mathbf{V}} \tag{8.19}$$

であるので，λ，$\overline{\mathbf{V}}$ はそれぞれ，行列 $\mathbf{A}$ の固有値，固有ベクトルになる。また，式 (8.16) からわかるように，λ は波の位相速度である。$\mathbf{A}$ は 3×3 の行列であるから，3 個の固有値 λ_1, λ_2, λ_3 があり，これらを対角項に持つ行列を $\mathbf{\Lambda}$，それぞれの固有ベクトル $\overline{\mathbf{V}}_1$, $\overline{\mathbf{V}}_2$, $\overline{\mathbf{V}}_3$ を成分に持つ行列を $\mathbf{L}$ とする。

$$\mathbf{\Lambda}=\begin{pmatrix} \lambda_1 & 0 & 0 \\ 0 & \lambda_2 & 0 \\ 0 & 0 & \lambda_3 \end{pmatrix} \tag{8.20}$$

$$\mathbf{L}=(\overline{\mathbf{V}}_1, \overline{\mathbf{V}}_2, \overline{\mathbf{V}}_3) \tag{8.21}$$

これらを用いると，式 (8.19) はつぎのように変形できる。

$$\mathbf{A}\mathbf{L}=\mathbf{L}\mathbf{\Lambda} \quad \text{あるいは} \quad \mathbf{\Lambda}=\mathbf{L}^{-1}\mathbf{A}\mathbf{L} \tag{8.22}$$

特性方程式 (8.18) より

$$\begin{vmatrix} u-\lambda & \rho & 0 \\ 0 & u-\lambda & \dfrac{1}{\rho} \\ 0 & \rho a^2 & u-\lambda \end{vmatrix}=0$$

$$(\lambda-u-a)(\lambda-u+a)(\lambda-u)=0 \tag{8.23}$$

したがって解は

$$\begin{cases} \lambda_1=u+a \\ \lambda_2=u-a \\ \lambda_3=u \end{cases} \tag{8.24}$$

となる。ここで

$$\overline{\mathbf{V}}\equiv\begin{pmatrix} X_1 \\ X_2 \\ X_3 \end{pmatrix} \tag{8.25}$$

とおくと，式 (8.19) より

$$\begin{cases} uX_1+\rho X_2 = \lambda X_1 \\ uX_2 + \dfrac{1}{\rho}X_3 = \lambda X_2 \\ \rho a^2 X_2 + uX_3 = \lambda X_3 \end{cases} \tag{8.26}$$

となり，$\lambda=u\pm a$ を代入すると

$$\begin{cases} uX_1 + \rho X_2 & = (u\pm a)X_1 \\ uX_2 + \dfrac{1}{\rho}X_3 = (u\pm a)X_2 \\ \rho a^2 X_2 + uX_3 = (u\pm a)X_3 \end{cases}$$

したがって

$$\begin{cases} \rho X_2 = \pm aX_1 \\ X_3 = \pm \rho a X_2 \end{cases} \quad (\text{複合同順})$$

すなわち，固有ベクトルは次式となる。

$$\lambda_1 = u+a \text{ に対して}: \overline{\mathbf{V}}_1 = \begin{pmatrix} \rho \\ a \\ \rho a^2 \end{pmatrix} \tag{8.27}$$

$$\lambda_2 = u-a \text{ に対して}: \overline{\mathbf{V}}_2 = \begin{pmatrix} \rho \\ -a \\ \rho a^2 \end{pmatrix} \tag{8.28}$$

つぎに，式(8.26)に $\lambda = u$ を代入して

$$\begin{cases} uX_1 + \rho X_2 & = uX_1 \\ uX_2 + \dfrac{1}{\rho}X_3 = uX_2 \\ \rho a^2 X_2 + uX_3 = uX_3 \end{cases}$$

したがって

$$\begin{cases} X_1 \text{ は任意} \\ X_2 = 0 \\ X_3 = 0 \end{cases}$$

すなわち固有ベクトルは

$$\lambda_3 = u \text{ に対して}: \overline{\mathbf{V}}_3 = \begin{pmatrix} 1 \\ 0 \\ 0 \end{pmatrix} \tag{8.29}$$

としてよい。式(8.21)に代入して

$$\mathbf{L} = (\overline{\mathbf{V}}_1, \overline{\mathbf{V}}_2, \overline{\mathbf{V}}_3) = \begin{pmatrix} \rho & \rho & 1 \\ a & -a & 0 \\ \rho a^2 & \rho a^2 & 0 \end{pmatrix} \tag{8.30}$$

$$\mathbf{L}^{-1} = \frac{1}{2\rho a^3}\begin{pmatrix} 0 & \rho a^2 & a \\ 0 & -\rho a^2 & a \\ 2\rho a^3 & 0 & -2\rho a \end{pmatrix} = \begin{pmatrix} 0 & \dfrac{1}{2a} & \dfrac{1}{2\rho a^2} \\ 0 & -\dfrac{1}{2a} & \dfrac{1}{2\rho a^2} \\ 1 & 0 & -\dfrac{1}{a^2} \end{pmatrix} \tag{8.31}$$

これを式(8.10)に左からかけて

$$\mathbf{L}^{-1}\frac{\partial \mathbf{V}}{\partial t}+\mathbf{L}^{-1}\mathbf{A}\frac{\partial \mathbf{V}}{\partial x}=0 \tag{8.32}$$

$$\mathbf{L}^{-1}\frac{\partial \mathbf{V}}{\partial t}=\begin{pmatrix} 0 & \frac{1}{2a} & \frac{1}{2\rho a^2} \\ 0 & -\frac{1}{2a} & \frac{1}{2\rho a^2} \\ 1 & 0 & -\frac{1}{a^2} \end{pmatrix}\begin{pmatrix} \frac{\partial \rho}{\partial t} \\ \frac{\partial u}{\partial t} \\ \frac{\partial p}{\partial t} \end{pmatrix}=\begin{pmatrix} \frac{1}{2a}\frac{\partial u}{\partial t}+\frac{1}{2\rho a^2}\frac{\partial p}{\partial t} \\ -\frac{1}{2a}\frac{\partial u}{\partial t}+\frac{1}{2\rho a^2}\frac{\partial p}{\partial t} \\ \frac{\partial \rho}{\partial t}-\frac{1}{a^2}\frac{\partial p}{\partial t} \end{pmatrix} \tag{8.33}$$

$$\mathbf{L}^{-1}\mathbf{A}\frac{\partial \mathbf{V}}{\partial x}=\begin{pmatrix} 0 & \frac{1}{2a} & \frac{1}{2\rho a^2} \\ 0 & -\frac{1}{2a} & \frac{1}{2\rho a^2} \\ 1 & 0 & -\frac{1}{a^2} \end{pmatrix}\begin{pmatrix} u & \rho & 0 \\ 0 & u & \frac{1}{\rho} \\ 0 & \rho a^2 & u \end{pmatrix}\begin{pmatrix} \frac{\partial \rho}{\partial x} \\ \frac{\partial u}{\partial x} \\ \frac{\partial p}{\partial x} \end{pmatrix}=\begin{pmatrix} \frac{u+a}{2a}\frac{\partial u}{\partial x}+\frac{u+a}{2\rho a^2}\frac{\partial p}{\partial x} \\ \frac{-u+a}{2a}\frac{\partial u}{\partial x}+\frac{u-a}{2\rho a^2}\frac{\partial p}{\partial x} \\ u\frac{\partial \rho}{\partial x}-\frac{u}{a^2}\frac{\partial p}{\partial x} \end{pmatrix} \tag{8.34}$$

となる。式(8.32)に，式(8.33)，(8.34)を代入して整理すると

$$\begin{pmatrix} \frac{\partial u}{\partial t}+(u+a)\frac{\partial u}{\partial x}+\frac{1}{\rho a}\left\{\frac{\partial p}{\partial t}+(u+a)\frac{\partial p}{\partial x}\right\} \\ \frac{\partial u}{\partial t}+(u-a)\frac{\partial u}{\partial x}-\frac{1}{\rho a}\left\{\frac{\partial p}{\partial t}+(u-a)\frac{\partial p}{\partial x}\right\} \\ \frac{\partial \rho}{\partial t}+u\frac{\partial \rho}{\partial x}-\frac{1}{a^2}\left(\frac{\partial p}{\partial t}+u\frac{\partial p}{\partial x}\right) \end{pmatrix}=\begin{pmatrix} 0 \\ 0 \\ 0 \end{pmatrix} \tag{8.35}$$

関数 $Y=Y(t,x)$ を速度 c で追跡したときの変化は

$$\frac{\mathrm{d}Y}{\mathrm{d}t}=\frac{\partial Y}{\partial t}+c\frac{\partial Y}{\partial x} \tag{8.36}$$

$$c\equiv\frac{\mathrm{d}x}{\mathrm{d}t} \tag{8.37}$$

式(8.35)の第1～3行から，それぞれつぎの関係が得られる。

特性線 C_+：$\lambda_1\equiv c_+=u+a$ に沿って，$\mathrm{d}J_+\equiv \mathrm{d}u+\frac{1}{\rho a}\mathrm{d}p=0$ (8.38)

特性線 C_-：$\lambda_2\equiv c_-=u-a$ に沿って，$\mathrm{d}J_-\equiv \mathrm{d}u-\frac{1}{\rho a}\mathrm{d}p=0$ (8.39)

特性線 C_0：$\lambda_3\equiv c_0=u$ に沿って，$\mathrm{d}\rho-\frac{1}{a^2}\mathrm{d}p=0$

すなわち $a^2=\frac{\mathrm{d}p}{\mathrm{d}\rho}=\left(\frac{\partial p}{\partial \rho}\right)_s-\frac{\mathrm{d}p}{\mathrm{d}\rho}=0, \quad \mathrm{d}J_0\equiv \mathrm{d}s=0$ (8.40)

c を**特性速度**（characteristic velocity），J を**リーマン不変量**という。式(8.40)では，特性速度は流速 u であり，流れの各要素でエントロピーが不変であることを表している。

式(8.38)，(8.39)を熱量的完全気体に適用して，その意味を具体的に考えてみよう。

$$e=\frac{1}{\gamma-1}\frac{p}{\rho} \tag{8.41}$$

であるから，熱力学第1法則(8.3)より

$$\frac{1}{\gamma-1}\mathrm{d}\left(\frac{p}{\rho}\right)+p\mathrm{d}\left(\frac{1}{\rho}\right)=0$$

$$\frac{\mathrm{d}p}{p}=\gamma\frac{\mathrm{d}\rho}{\rho} \tag{8.42}$$

これと式(8.6)から

$$a^2=\gamma\frac{p}{\rho}, \quad \mathrm{d}a^2=\gamma\left(\frac{\mathrm{d}p}{\rho}-\frac{p}{\rho^2}\mathrm{d}\rho\right)=(\gamma-1)\frac{\mathrm{d}p}{\rho} \quad \therefore \quad \frac{\mathrm{d}p}{\rho a}=\frac{2\mathrm{d}a}{\gamma-1} \tag{8.43}$$

これを式(8.38), (8.39)に代入すると

$$\text{特性線 } C_+: c_+=u+a \text{ に沿って}, \quad dJ_+=0, \quad J_+\equiv u+\frac{2a}{\gamma-1} \tag{8.44}$$

$$\text{特性線 } C_-: c_-=u-a \text{ に沿って}, \quad dJ_-=0, \quad J_-\equiv u-\frac{2a}{\gamma-1} \tag{8.45}$$

これでリーマン不変量を陽的に表すことができた。

8.3　圧　縮　波

図8.3のように，静止する気体中でピストンをx軸正の向き（右向き）に動かす場合を考える。ピストンが徐々に加速されると，前方の気体を圧縮し，圧縮波C_+が伝わり流速が誘起される。ピストンが作り出す圧縮波は無数にあるが，図では間引いて描いてある。時刻$t=t_1$のとき，ピストンの速度はu_pで，圧力分布は図のようになっている。圧縮波C_+は，それぞれの位置での特性速度

$$c_+=u+a \tag{8.46}$$

で伝わる。u, aは(x,t)の値によって異なるので，c_+も一様ではない。先頭の波aは，ピストンが動き始めたとき($t=0$)に発生した波である。それよりも前方は，気体が一様に静止している状態であり，ピストンが動いているという波（情報）は伝わっていない。右向きの流速uは，先頭の波からピストンに近づくにつれて徐々に

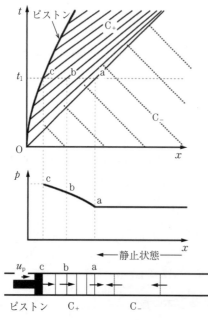

図8.3　ピストンがゆっくり加速するときの波動線図と速度$u_\mathrm{p}(>0)$になった$t=t_1$での圧力分布

高くなり，ピストン表面（波 c）でピストン速度 u_p と一致する。

一方，前方からピストンに向かって無数の C_- 波が伝播している（破線）。先頭の C_+ 波より前方は一様な静止状態（添字 0 で表す）であるので，その領域から発する C_- 波はすべて同じリーマン不変量 $J_{-,\infty}$ を持っている。波 b での流速 u_b からそこでの状態量を求めてみよう。式(8.45)より

$$u - \frac{2a}{\gamma-1} = -\frac{2a_0}{\gamma-1}$$

$$a = a_0 + \frac{\gamma-1}{2}u \tag{8.47}$$

等エントロピーの関係式(2.54)を用いて圧力を求めると

$$p = p_0\left(\frac{a}{a_0}\right)^{\frac{2\gamma}{\gamma-1}} = p_0\left(1 + \frac{\gamma-1}{2a_0}u\right)^{\frac{2\gamma}{\gamma-1}} \tag{8.48}$$

式(8.48)によれば，圧力は流速の増加関数である。ピストンに近づくに従って，流速は 0 から徐々に増加し，圧力も徐々に高くなる。

C_+ 波の伝播速度は次式で表される。

$$c_+ = u + a_0 + \frac{\gamma-1}{2}u = a_0 + \frac{\gamma+1}{2}u = \left\{\frac{\gamma+1}{2}\left(\frac{p}{p_0}\right)^{\frac{\gamma-1}{2\gamma}} - 1\right\}\frac{2}{\gamma-1}a_0 \tag{8.49}$$

$(\gamma-1)/(2\gamma) > 0$ であるから，圧力が高いほど，c_+ は大きな値をとる。すなわち，**圧縮波では，背後のほうが伝播速度が高い**。すると，**図 8.4** に示すように，時間が経つにつれて，圧縮波の間隔が狭まり，圧力勾配が大きくなることがわかる。そのような状態が続けば，いずれうしろの波が前の波に追いつく。背後の圧縮波が先行する圧縮波に追いつくと，不変量が多価となり数学的には破綻をきたす。この矛盾は，**衝撃波**の形成で解決される。複数の圧縮波が重なり合うと，滑らかな圧力分布を持つことができなくなり，衝撃波が形成される。衝撃波が発生すると，等エントロピー関係式が成り立たなくなり，背後でエントロピーが増加する。

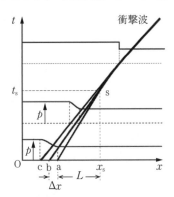

図 8.4 圧縮波の軌跡と衝撃波の形成

図 8.4 において，$t=0$ のとき点 $\mathrm{a}(x_\mathrm{a},0)$ および点 $\mathrm{b}(x_\mathrm{b},0)$ を基点とする特性曲線がいつどこで交わるかを考える。それぞれの特性線の速度は

$$c_{+,\mathrm{a}} = u_\mathrm{a} + a_\mathrm{a} = a_0 \tag{8.50}$$

$$c_{+,\mathrm{b}} = u_\mathrm{b} + a_\mathrm{b} \tag{8.51}$$

$$\Delta x = x_\mathrm{a} - x_\mathrm{b} \tag{8.52}$$

である。幾何学的な関係から，交点の座標 $(x_\mathrm{s}, t_\mathrm{s})$ は次式を満たす。

8. 非定常一次元流れ

$$t_s = \frac{x_s - x_a}{c_{+,a}} = \frac{x_s - x_b}{c_{+,b}} = \frac{x_s - x_a + \Delta x}{c_{+,b}} \tag{8.53}$$

ここで

$$J_{-,0} = u_a - \frac{2a_a}{\gamma - 1} = u_b - \frac{2a_b}{\gamma - 1} = -\frac{2a_0}{\gamma - 1} \tag{8.54}$$

式(8.50)～(8.54)より**衝撃波形成距離**（shock wave formation distance）L は

$$L \equiv x_s - x_a = \frac{c_{+,a}}{c_{+,b} - c_{+,a}} \Delta x = \frac{2}{\gamma + 1} \frac{a_0}{u_b} \Delta x \tag{8.55}$$

ここで，$\Delta x \to 0$ とすると

$$\frac{u_a - u_b}{\Delta x} = \frac{0 - u_b}{\Delta x} = -\frac{u_b}{\Delta x} \to \left(\frac{\partial u}{\partial x}\right)_{t=0} \tag{8.56}$$

$$L = -\frac{2}{\gamma + 1} \frac{a_0}{\left(\frac{\partial u}{\partial x}\right)_{t=0}} \tag{8.57}$$

$$t_s = \frac{L}{a_0} = -\frac{2}{\gamma + 1} \frac{1}{\left(\frac{\partial u}{\partial x}\right)_{t=0}} \tag{8.58}$$

式(8.57)より，L は，速度勾配の大きさに反比例することがわかる。測定するのは，流速 u ではなくて圧力 p であることが多い。式(8.43)，(8.45)より

$$\Delta u = \frac{2}{\gamma - 1} \Delta a = \frac{p}{\rho a} \frac{\Delta p}{p} = \frac{a}{\gamma} \frac{\Delta p}{p} \tag{8.59}$$

であるので，それを用いて書き換えると

$$L = -\frac{2\gamma}{\gamma + 1} \frac{p_0}{\left(\frac{\partial p}{\partial x}\right)_{t=0}} \tag{8.60}$$

とする。すなわち，L は圧力勾配の大きさにも反比例する。圧力は，ある特定の位置で測ることがほとんどである。式(8.49)より，点 b で測定した圧力の時間変化は

$$\left(\frac{\partial p}{\partial t}\right)_{t=0} = -(u_b + a_b)\left(\frac{\partial p}{\partial x}\right)_{t=0} = -\left\{\frac{\gamma + 1}{2}\left(\frac{p_b}{p_0}\right)^{\frac{\gamma-1}{2\gamma}} - 1\right\}\frac{2a_0}{\gamma - 1}\left(\frac{\partial p}{\partial x}\right)_{t=0}$$

$$\to -a_0 \left(\frac{\partial p}{\partial x}\right)_{t=0} \quad \text{as} \quad p_b \to p_0 \tag{8.61}$$

これを用いて式(8.60)を変形すると

$$L = \frac{2\gamma}{\gamma + 1} \frac{p_0 a_0}{\left(\frac{\partial p}{\partial t}\right)_{t=0}} \tag{8.62}$$

となる。すなわち，L は初期圧力の時間微分の大きさにも反比例する。

高速列車がトンネルに突入するとき，列車が隙間のあるピストンの働きをしてトンネル内に圧縮波が発生する（**図 8.5**）。例えば，列車の先端部が $l = 20$ m，突入速度が $u_{\text{train}} = 100$

m/s（時速360 km/s）としよう．この圧縮波がトンネル内で衝撃波に遷移することがあるだろうか？かりに，列車が突入したときの圧力上昇を1 kPa（$\Delta p/p_0 = 1\,\mathrm{kPa}/100\,\mathrm{kPa} = 0.01$）としよう．これだけの圧力上昇が，列車の先端部が突入してから完全にトンネルに入るまでに起こるとする．列車先頭部は，$l/u_\mathrm{train} = 20\,\mathrm{m}/100\,\mathrm{m/s} = 0.2\,\mathrm{s}$で完全にトンネルに入り，その間に先頭の波は$a_0 l/u_\mathrm{train} = 340\,\mathrm{m/s} \times 0.2\,\mathrm{s} = 68\,\mathrm{m}$だけ進む．これらの値を式(8.60)に代入すると次式となる．

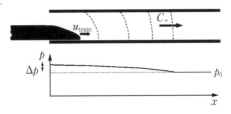

図8.5 高速列車がトンネルに突入するときに発生する圧縮波

$$L = \frac{2 \times 1.4}{1.4+1} \frac{100\,\mathrm{kPa}}{\dfrac{1\,\mathrm{kPa}}{68\,\mathrm{m}}} \cong 7.9 \times 10^3\,\mathrm{m} = 7.9\,\mathrm{km}$$

この見積りであると，現存のトンネルでもその中で衝撃波に遷移する可能性があることになる．衝撃波に遷移したのちに出口から放出されると，トンネルソニックブームとなって周囲への騒音や振動が問題となる．ただし，トンネルが長くなると境界層が発達し衝撃波を減衰させる効果もあり，またこのようなことが起こらないようにさまざまな対策が講じられているので，実際にはこの見積りどおりにはいかない．いずれにしても，衝撃波に遷移させないためには，突入時の圧力勾配を大きくしないようにすることが基本になる．

次節以降で述べるように，圧縮波が衝撃波に遷移すると，性質が大きく変わり，大きな力，力積，音が発生する．衝撃波の性質を積極的に利用しようとするにはLが短いほうが好ましく，逆に衝撃波の発生を抑制し，物の飛散，破壊，騒音などを抑えるためにはLが長いほうがよい．

8.4 膨　張　波

つぎに，図8.6のようにピストンを一定速度$u_\mathrm{p}(<0)$で引くことを考えよう．このとき，右側の気体は順次膨張し，膨張波が右向きに伝播する．図で先頭の波aは，静止状態の音速a_0で右向きに伝播する．それよりもピストン寄りの領域では，原点を中心にさまざまな傾きの波が放射状に伝播し，イクスパンションファンを形成する．最もピストン寄りの波dでは，流速がピストン速度に等しい．

式(8.49)は，流速が負の場合も成り立つので

$$c_{+,\mathrm{d}} = a_0 + \frac{\gamma+1}{2} u_\mathrm{p} \tag{8.63}$$

となり，波dとピストンの間の領域は，一様な分布になっている．

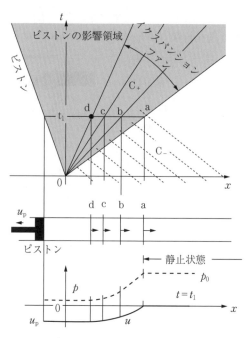

図 8.6 ピストンを速度 $u_p(<0)$ で引いたときの波動線図と圧力, 流速分布

イクスパンションファンの中のそれぞれの膨張波は C_+ 波である. 伝播速度が

$$c_+ = u + a$$

である膨張波に対して, 式(8.48), (8.49)よりつぎの関係式が成り立つ.

$$u = \frac{2}{\gamma+1}(c_+ - a_0) \tag{8.64}$$

$$p = p_0 \left(\frac{2}{\gamma+1} + \frac{\gamma-1}{\gamma+1} \frac{c_+}{a_0} \right)^{\frac{2\gamma}{\gamma-1}} \tag{8.65}$$

$$a_0 + \frac{\gamma+1}{2} u_p = c_{+,d} \leq \underset{d \text{と} a \text{の間}}{c_+} \leq c_{+,a} = a_0 \tag{8.66}$$

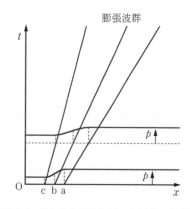

図 8.7 緩やかな圧力勾配に起因する膨張波伝播の軌跡（x-t 線図）と圧力分布

波面 a から波面 d にいくにつれて, 流速は 0 から負となり, その絶対値が徐々に大きくなっていき, 波面 d でピストン速度に等しくなる. これに伴い, 圧力も低下し音速も低くなる. すなわち, 圧縮波とは逆に, 膨張波は先頭（a 波）が最も速く伝わり, 背後にいくにつれて遅くなる. この結果, 時間が経つにつれて, 波の間隔が広くなっていき, 圧力勾配も緩やかになる. 圧縮波のよ

うにうしろの波が前に追いつくことはないので，等エントロピーの条件が破綻することはない。このようにして，イクスパンションファンが形成される。一点を起点としなくても，一般に膨張波群は図 8.7 に示すようにその伝播とともに広がっていき，圧力勾配が緩やかになっていく。

例題：管内を落下するピストンの運動

まっすぐな管（断面積 A）が，図 8.8 のように，大気中（大気圧 p_0）で鉛直下向きに固定されている。時刻 $t=0$ で，この管の中にある質量 m のピストンを，静かに放った。管はピストン上下方向に十分長いとする。ピストンの気密は保たれ，壁との摩擦は無視する。鉛直下向きに x 座標をとり，ピストンの初期位置を $x=0$ として，つぎの問いに答えよ。ただし，解析の対象は，圧縮波が衝撃波に遷移するまでとする。

① ピストンの上下面に働く力を，ピストン速度 U の関数として表せ。

② 衝撃波遷移距離を求めよ。

③ ピストンおよび圧力波の軌跡を x-t 線図に表せ。

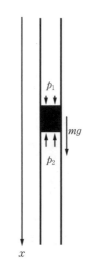

図 8.8 まっすぐな管内を落下するピストンの運動

〔解〕

① ピストンの上下面の圧力をそれぞれ p_1，p_2，重力加速度を g とする。ピストンの運動方程式は

$$m\frac{d^2x}{dt^2} = mg + (p_1 - p_2)A \tag{8.67}$$

$$\frac{d^2x}{dt^2} = g + \frac{\left(\dfrac{p_1}{p_0} - \dfrac{p_2}{p_0}\right)p_0 A}{m} \tag{8.68}$$

である。ピストンの速度を

$$U = \frac{dx}{dt} \tag{8.69}$$

とおくと，式 (8.48) より

$$p_1 = p_0\left(1 - \frac{\gamma-1}{2a_0}U\right)^{\frac{2\gamma}{\gamma-1}} \tag{8.70}$$

$$a_1 = a_0 - \frac{\gamma-1}{2}U \tag{8.71}$$

$$p_2 = p_0\left(1 + \frac{\gamma-1}{2a_0}U\right)^{\frac{2\gamma}{\gamma-1}} \tag{8.72}$$

$$a_2 = a_0 + \frac{\gamma-1}{2}U \tag{8.73}$$

したがって，上面に働く力は

$$p_1 A = p_0 A \left(1 - \frac{\gamma-1}{2a_0}U\right)^{\frac{2\gamma}{\gamma-1}} \tag{8.74}$$

下面に働く力は

$$-p_2 A = -p_0 A \left(1 + \frac{\gamma-1}{2a_0}U\right)^{\frac{2\gamma}{\gamma-1}} \tag{8.75}$$

となる。

② ピストンは下向きに加速度運動するので，上面では膨張波が発生し，下面で圧縮波が発生する。すなわち，衝撃波に遷移するのは，下面のみである。式(8.68)，(8.70)，(8.72)より，時刻 $t=0$ のときのピストンの加速度は

$$\left(\frac{dU}{dt}\right)_{t=0} = g + \left\{\left(1 - \frac{\gamma-1}{2a_0}U\right)^{\frac{2\gamma}{\gamma-1}} - \left(1 + \frac{\gamma-1}{2a_0}U\right)^{\frac{2\gamma}{\gamma-1}}\right\}\frac{p_0 A}{m} \tag{8.76}$$

$t=0$ で $U=0$ であることを利用し，式(8.72)，(8.76)を変形すると

$$\left(\frac{dp_2}{dt}\right)_{t=0} = \left(\frac{\partial p_2}{\partial t}\right)_{t=0} + 0 \cdot \left(\frac{\partial p_2}{\partial x}\right)_{t=0} = \left(\frac{\partial p_2}{\partial t}\right)_{t=0} = \frac{p_0 \gamma}{a_0}\left(1 + \frac{\gamma-1}{2a_0}U\right)^{\frac{\gamma+1}{\gamma-1}}\left(\frac{dU}{dt}\right)_{t=0} \tag{8.77}$$

となり，衝撃波形成距離は，式(8.62)に式(8.76)，(8.77)を代入して得られる。

$$L = \frac{2\gamma}{\gamma+1}\frac{p_0 a_0}{\left(\frac{\partial p}{\partial t}\right)_0}$$

$$= \frac{2\gamma}{\gamma+1}\frac{p_0 a_0}{\frac{p_0 \gamma}{a_0}\left(1 + \frac{\gamma-1}{2a_0}U\right)^{\frac{\gamma+1}{\gamma-1}}\left[g + \left\{\left(1 - \frac{\gamma-1}{2a_0}U\right)^{\frac{2\gamma}{\gamma-1}} - \left(1 + \frac{\gamma-1}{2a_0}U\right)^{\frac{2\gamma}{\gamma-1}}\right\}\frac{p_0 A}{m}\right]}$$

$$= \frac{2}{\gamma+1}\frac{a_0^2}{\left(1 + \frac{\gamma-1}{2a_0}U\right)^{\frac{\gamma+1}{\gamma-1}}\left[g + \left\{\left(1 - \frac{\gamma-1}{2a_0}U\right)^{\frac{2\gamma}{\gamma-1}} - \left(1 + \frac{\gamma-1}{2a_0}U\right)^{\frac{2\gamma}{\gamma-1}}\right\}\frac{p_0 A}{m}\right]} \tag{8.78}$$

③ これらを式(8.68)に代入し，数値積分することによって，ピストンの運動の解を得る。**図 8.9** に解答例を示す。ピストンは，下向きに加速度運動するが，下面のほうが圧力が高いので，自

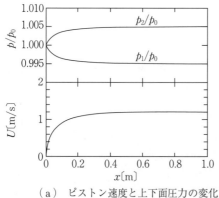
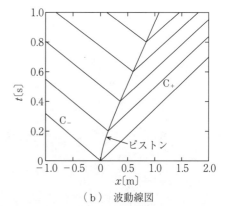

（a）ピストン速度と上下面圧力の変化　　　　（b）波動線図

$m=1\mathrm{kg}$, $A=1\times10^{-2}\mathrm{m}^2$, $p_0=1\times10^5\mathrm{Pa}$, $T_0=298\mathrm{K}$, $g=9.8\mathrm{m/s}^2$, 空気（分子量29, $\gamma=1.4$）

図8.9 解答例

由落下に比べて加速度は低くなる。Uが増すにつれて，p_1はますます低く，p_2はますます高くなるため，抗力も大きくなり，最終的には終端速度に漸近する。これに伴い，圧力もそれぞれの一定値に漸近する。ピストンより下方には圧縮波C_+が，上方には膨張波C_-が伝播する。図に表示した範囲では，圧縮波は衝撃波に遷移していない。

8.5 垂直衝撃波前後の圧力波伝播

4.2節で，衝撃波の前方は超音速，背後は亜音速であることを示した。これを，波動伝播の観点から考えてみよう。**図 8.10**に示すように実験室座標を考え，衝撃波の伝播速度U_sとその前（記号1）および後（記号2）での圧力波C_+の伝播速度を比べてみよう[†]。

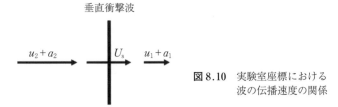

図 8.10 実験室座標における波の伝播速度の関係

$$c_{+,1} = u_1 + a_1 \tag{8.79}$$
$$U_s = u_1 + M_s a_1 \tag{8.80}$$

熱量的完全気体に対して，式(4.49)，(4.51)を用いて

$$c_{+,2} = u_2 + a_2 = u_1 + \frac{a_1}{(\gamma+1)M_s}\left[2(M_s^2-1) + (2\gamma M_s^2 - \gamma + 1)^{1/2}\{(\gamma-1)M_s^2 + 2\}^{1/2}\right] \tag{8.81}$$

式(8.79)〜(8.81)より，$M_s > 1$に対して

$$c_{+,1} < U_s < c_{+,2} \tag{8.82}$$

であることがわかる（**図 8.11, 8.12**）。これは，衝撃波固定座標での

$$1 < M_s, \quad M_2 < 1 \tag{8.83}$$

と等価な関係である。すなわち，圧力波は衝撃波の背後から衝撃波に追いつきその強さを変えることができるが，さらに前方の流れに対して，衝撃波に先回りをして影響を与えることはできない。衝撃波の前方にある圧力波は，必ず衝撃波に追いつかれてしまう。

[†] 4章では，実験室座標での速度に下線を付けて表したが，ここでは省略する。

146　8. 非定常一次元流れ

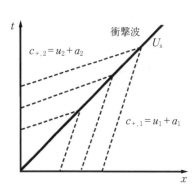

図 8.11　実験室座標における波の伝播

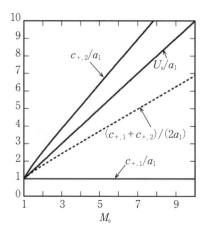

（実験室座標系, $\gamma=1.4$, $u_1=0$）

図 8.12　衝撃波，前後の圧力波の速度と衝撃波マッハ数の関係

$$\overline{c_+} = \frac{c_{+,1}+c_{+,2}}{2}$$

$$= \frac{u_1+a_1+u_2+a_2}{2}$$

$$= u_1 + \frac{a_1}{2(\gamma+1)M_s}\left[2(M_s^2-1)+(2\gamma M_s^2-\gamma+1)^{1/2}\{(\gamma-1)M_s^2+2\}^{1/2}+(\gamma+1)M_s\right]$$

$$= u_1 + f(M_s)M_s a_1$$

$$f(M_s) \equiv \frac{2M_s^2+(\gamma+1)M_s-2+(2\gamma M_s^2-\gamma+1)^{1/2}\{(\gamma-1)M_s^2+2\}^{1/2}}{2(\gamma+1)M_s^2}$$

ここで，$M_s \cong 1$ のとき

$$\overline{c_+} \cong u_1+f(1)M_s a_1 = u_1+M_s a_1 = U_s$$

すなわち，図 8.12 に示すように，M_s が 1 に近いとき，衝撃波速度は前後の特性速度の平均 $\overline{c_+}$ で近似できる。

8.6　断面積が変化する流路を伝わる衝撃波

断面積 A が流れ方向に変化する流路を垂直衝撃波が伝わるときの挙動を考えよう[†]。ただし，流れは非粘性で，$A=A(x)$ は時間的には変化しないものとする。5 章と同様，準一次元流れとして，図 5.2 の検査体積に非定常の保存式を適用する。質量保存式(3.2)より

---

†　W. Chester: Phil. Mag. (7) 45, p.1293 (1954),
　R. F. Chisnel: J. Fluid Mech. 2, pp.286–298 (1957),
　G. B. Whitham: J. Fluid Mech. 4, pp.337–360 (1958),
　G. B. Whitham: Linear and Nonlinear Waves, Jphn Wiley & Sons, Chap. 8 (1974)

8.6 断面積が変化する流路を伝わる衝撃波

$$\frac{\partial}{\partial t}(\rho A \mathrm{d}x) = -\mathrm{d}(\rho u A) \tag{8.84}$$

$$\frac{\partial \rho}{\partial t} + u\frac{\partial \rho}{\partial x} + \rho\frac{\partial u}{\partial x} = -\frac{\rho u}{A}\frac{\mathrm{d}A}{\mathrm{d}x} \tag{8.85}$$

となる。運動量保存式(3.6)より

$$\frac{\partial}{\partial t}(\rho u A \mathrm{d}x) = -\mathrm{d}(\rho u^2 A) - A\mathrm{d}p \tag{8.86}$$

となる。式(8.86)の右辺第2項でAが微分の外に出ているのは、5.1節で示したように、壁に掛かる力の流れ方向成分が断面積変化した部分の出入口の力の差とつり合っているためである。これを変形して、式(8.84)を代入すると

$$(\rho A \mathrm{d}x)\frac{\partial u}{\partial t} + \rho u A \mathrm{d}u + A\mathrm{d}p = 0$$

$$\frac{\partial u}{\partial t} + u\frac{\partial u}{\partial x} + \frac{1}{\rho}\frac{\partial p}{\partial x} = 0 \tag{8.87}$$

となる。すなわち、運動量保存式は、5.1.3項の結果と同様に、断面積変化があってもAを含まない形になる。

等エントロピー関係式は、気体の状態量の変化のみに依存する。

$$\frac{\partial p}{\partial t} + u\frac{\partial p}{\partial x} - a^2\left(\frac{\partial \rho}{\partial t} + u\frac{\partial \rho}{\partial x}\right) = 0 \tag{8.8：再掲}$$

保存式(8.85)、(8.87)、(8.8)を、8.2節の断面積変化がない場合と比べると、質量保存式のみに、Aとその変化の影響があらわれていることがわかる。これら3式よりρに関する微分を消去すると、C_+に対する関係式が得られる。

$$\frac{\partial p}{\partial t} + (u+a)\frac{\partial p}{\partial x} + \rho a\left\{\frac{\partial u}{\partial t} + (u+a)\frac{\partial u}{\partial x}\right\} + \frac{\rho u a^2}{A}\frac{\mathrm{d}A}{\mathrm{d}x} = 0 \tag{8.88}$$

$$\frac{\partial}{\partial t} + \frac{\mathrm{d}x}{\mathrm{d}t}\frac{\partial}{\partial x} = \frac{\mathrm{d}x}{\mathrm{d}t}\frac{\mathrm{d}}{\mathrm{d}x} \tag{8.89}$$

であり

$$\frac{\mathrm{d}x}{\mathrm{d}t} = u+a \tag{8.90}$$

とすると

$$\frac{\mathrm{d}p}{\mathrm{d}x} + \rho a\frac{\mathrm{d}u}{\mathrm{d}x} + \frac{\rho u a^2}{u+a}\frac{1}{A}\frac{\mathrm{d}A}{\mathrm{d}x} = 0 \tag{8.91}$$

となる。式(8.91)を式(8.35)第1行と比べると、断面積変化による第3項が加わっていることがわかる。この関係式を、流路を伝播する衝撃波の背後の状態に適用する。衝撃波前方は静止状態とし、添え字0を付けて表す。垂直衝撃波の関係式(4.47)〜(4.49)より

$$\frac{p}{p_0}=1+\frac{2\gamma}{\gamma+1}(M_s^2-1) \tag{8.92}$$

$$\frac{\rho}{\rho_0}=\frac{(\gamma+1)M_s^2}{(\gamma-1)M_s^2+2} \tag{8.93}$$

$$u=\frac{2a_0}{\gamma+1}\left(M_s-\frac{1}{M_s}\right) \tag{8.94}$$

式(8.92),(8.93)より

$$\frac{a}{a_0}=\sqrt{\frac{p}{\rho}\frac{\rho_0}{p_0}}=\frac{\sqrt{(2\gamma M_s^2-\gamma+1)\{(\gamma-1)M_s^2+2\}}}{(\gamma+1)M_s} \tag{8.95}$$

ここで,uは実験室座標での流速を表し,衝撃波の前方では0である.式(8.92)～(8.94)を式(8.91)に代入して,$a_0^2=\gamma p_0/\rho_0$を用い,M_sの変化に置き換えると

$$g(M_s)\frac{dM_s}{dx}+\frac{1}{A}\frac{dA}{dx}=0 \tag{8.96}$$

$$g(M_s)\equiv\frac{M_s}{M_s^2-1}\left(2\mu+1+\frac{1}{M_s^2}\right)\left(1+\frac{2}{\gamma+1}\frac{1-\mu^2}{\mu}\right) \tag{8.97}$$

$$\mu^2\equiv\frac{(\gamma-1)M_s^2+2}{2\gamma M_s^2-\gamma+1} \tag{8.98}$$

式(8.96)を積分して

$$\frac{A}{A_{\text{ref}}}=\exp\left\{-\int_{M_{\text{ref}}}g(M_s)dM_s\right\} \tag{8.99}$$

式(8.91)は衝撃波の背後を伝播する C_+ 波の特性量に対する関係式である.流路断面積が変化しない場合,衝撃波が伝播する起源側の条件が変わらなければ,特性量は不変である.しかし,流路断面積が変化する場合,衝撃波から発生する C_- 波が流路で反射して,C_+ 波として再び衝撃波に作用する.式(8.99)の関係式は,これを無視しているため,厳密には正しくない.しかし,A と M_s の関係が比較的簡単な形で与えられ,実際に起こる現象をよく表しているため,式(8.99)は衝撃波伝播の解析によく用いられる.

図8.13に,衝撃波マッハ数と流路断面積の関係の一例を示す.流路断面積が広がれば衝撃波マッハ数が低くなり,狭くなれば衝撃波マッハ数が高くなることがわかる.マッハ数の変化量は,基準断面積での衝撃波マッハ数に依存するが,どのような基準をとろうと,この性質は変わらない.図4.21(4.2.4項)では,この性質のために平面衝撃波面が安定であることを説明している.

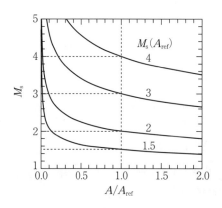

図8.13 流路断面積とマッハ数の関係

8.7 爆　　　　風

　火薬，火山，レーザーパルスなどのエネルギーがごく小さな領域から一気に開放されると（**爆発**，explosion），衝撃波およびその背後の流れによって周囲に大きな圧力変化をもたらす。このような現象を，**爆風**（blast wave）と呼ぶ（**図8.14**(a)）。爆風は，**エネルギー物質**（energetic medium）の爆発（急膨張）によって，接触面を通じて周囲の気体が圧縮を受けることで引き起こされる。通常，エネルギー物質の爆発では，周囲の物質との界面はレイリー・テイラー不安定性（4章）によって乱れたものになる。しかし，衝撃波の波面は安定なので，周囲に伝わる衝撃波は，点爆発の場合ほぼ球状をなす。先頭は衝撃波として伝播するが，その背後は圧力が低下する。これは，エネルギー物質の大きさが有限であり，膨張するに従って周囲との圧力差が徐々に縮まり，接触面が減速して外部に向けて膨張波が発生するからである。図(b)に示すように，定点で圧力 p を測定すると，衝撃波の通過直後に最高値 p_s をとり，その後低下していく。衝撃波通過後 Δt_+ の間は大気圧 p_0 に対して正の力積が作用する。その後，p は p_0 よりも低くなり，負の力積が作用する[†]。

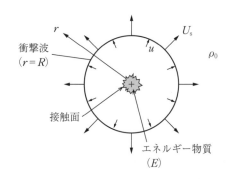
（a）衝撃波と流れの様子

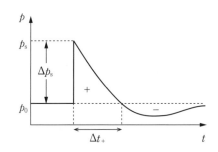
（b）定点での圧力時間変化

図8.14　爆　　　風

　エネルギー物質が持つエネルギーに対して，どの距離でどのような圧力，力積が発生するかという問題は，さまざまな災害予測やその対策に対して重要である。しかし，理論的にモデル化されているものは，極限的に理想化されたものに限定され，実際の評価はエネルギー物質の性質を把握したうえで，実測，数値シミュレーションなどを併用して評価する。

　ここでは，爆風の基本的な挙動を理解するために，図8.14(a)を球対称の現象とみなして，次元解析による相似則を導こう。解析を簡単にするために，強い衝撃波の関係式を適用

[†] 接触面が減速すると中心に向かって圧縮波が伝播し，中心で反射して，周囲に二次衝撃波として伝わる。図8.14では，簡単のために省略している。

し，エネルギー物質は無限小から無限大の寸法まで膨張し続けるとする．現象を定義するパラメータは，エネルギー物質のエネルギー E と周囲の密度 ρ_0 の二つである．その結果として，衝撃波半径 R に対する，爆発からの経過時間 t, 衝撃波速度 U_s, p_s などが決まる．E, ρ_0 の次元は，それぞれ $[ML^2T^{-2}]$，$[ML^{-3}]$ であり，これらからのみで長さ，時間の特性量を定義することはできない．そこで，これらに $r[L]$, $t[T]$ を加えて無次元量 η を定義すると

$$\eta \equiv E^{-1/5}\rho_0^{1/5} r t^{-2/5} = \frac{r}{\left(\dfrac{E}{\rho_0}\right)^{1/5} t^{2/5}} \tag{8.100}$$

となり，衝撃波の位置 $r=R$ に対応する η の値を η_0 とすると，式(8.100)より

$$R = \eta_0 \left(\frac{E}{\rho_0}\right)^{1/5} t^{2/5} \tag{8.101}$$

となる．すなわち，衝撃波の位置は，$t^{2/5}$ に比例して変化することがわかる．式(8.101)を時間で微分して

$$U_s = \frac{dR}{dt} = \frac{2}{5}\eta_0 \left(\frac{E}{\rho_0}\right)^{1/5} t^{-3/5} = \frac{2}{5}\frac{R}{t} = \frac{2}{5}\eta_0^{5/2} R^{-3/2}\left(\frac{E}{\rho_0}\right)^{1/2} \tag{8.102}$$

強い衝撃波の関係式(4.59)を適用して

$$p_s \approx \frac{2\gamma}{\gamma+1}p_0 M_s^2 = \frac{2\gamma p_0}{\gamma+1}\frac{U_s^2}{a_0^2} = \frac{2\gamma p_0}{\gamma+1}\frac{U_s^2}{\dfrac{\gamma p_0}{\rho_0}} = \frac{2}{\gamma+1}\rho_0 U_s^2 \tag{8.103}$$

式(8.102)を代入して

$$p_s \approx \frac{2}{\gamma+1}\rho_0 U_s^2 \sim R^{-3}\left(\frac{E}{\rho_0}\right) \tag{8.104}$$

$$R \sim \left(\frac{E/\rho_0}{p_s}\right)^{1/3} \tag{8.105}$$

　式(8.105)は，爆風による過剰圧のスケール則を与え，同じ爆風圧を再現するためにはエネルギーの3乗根に比例する距離で測定すればよいことを意味している．これは，例えば火薬庫の保安距離を少量の火薬量を使って実験評価するときに有用である．

9

リーマン問題

　前章で扱った特性線，不変量の関係を用いて，隣接する二つの一次元要素に対する初期値問題を解くことができる．これは**リーマン問題**（Riemann problem）と呼ばれ，オイラー方程式を満たす要素に対しては，不連続面を許容した厳密解を与える．本章では，その解と性質を詳しく調べ，実際の問題に適用する．

9.1　問題の定義と解

　隣接する二つの一次元要素に対して，圧力波と圧力波，あるいは圧力波と界面の干渉を一般的に扱う．図9.1に示すように，時刻 $t=0$ において，原点Oで状態量や流速が異なる二つの状態L, Rが干渉するとする．ここでは，$t<0$ の流れの履歴は問わず，$t=0$ の状態を定義して初期値問題を解く．

　原点Oの左右にある媒質の境界は，接触面を形成する．干渉後の左側の状態を L^*，右側の状態を R^* とする．領域Lの媒質中に接触面の動きと連動する**左進行波**（left-running wave）が伝播する．同様に，領域Rの媒質中を**右進行波**（right-running wave）が伝播する．ここで，左向き，右向きとは，接触面に相対する向きであり，必ずしも実験室座標での向きとは一致しない．それぞれの波は，圧縮波あるいは膨張波であるが，圧縮波の場合は原点Oでの速度勾配が無限大で，即座に衝撃波に遷移するとみなす．図では，それぞれ2本の実線によって波を表しているが，衝撃波であれば波は1本に集約され，膨張波ならばイクスパンションファンにわたって連続的な変化をもたらす．

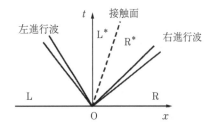

図9.1　リーマン問題の波動線図（一般形）

　リーマン問題の解は，L, Rの状態に応じて，いくつかの波の組合せのパターンに分類することができる．気体が膨張する速度は有限であるので，波動線図の一部の領域が真空状態になる可能性もある．図9.2に真空領域が現れないすべてのパターンを示す．現れる波は，衝撃波SWかイクスパンションファンEFのどちらかで，左右を区別するとパターンは4

152   9. リーマン問題

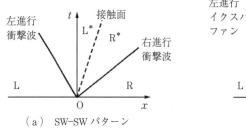
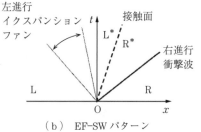
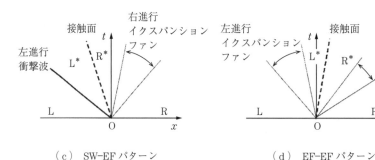

（a）SW–SW パターン　　　　　（b）EF–SW パターン

（c）SW–EF パターン　　　　　（d）EF–EF パターン

図9.2　リーマン問題の解のパターン（真空領域を伴わない場合）

通りに分類できる。図（a）はともに SW が現れる場合，図（b），図（c）は一方が SW，もう一方が EF の場合，図（d）はともに EF の場合である。

図9.3 は真空領域 VAC を伴う場合で，気体は膨張するのみであり，衝撃波，接触面が形成されることはない。パターンは左右を区別しても3通りになる。

以下の解析では，理解を容易にするために，理想気体，熱量的完全気体を対象とする。初期状態 L，R が与えられているとき，干渉後の状態 L*，R*，波の種類と伝播速度を求めよう。それぞれの状態は，流速 u および二つの状態量で一義的に定めることができる。ここでは，圧力 p と密度 ρ を変数とする。

左進行波が衝撃波の場合（$p_{L^*}/p_L > 1$，衝撃波マッハ数 $M_{s,L}$），それを通しての状態 L と L* の関係を求める。式(4.47)〜(4.50)より

$$\frac{p_{L^*}}{p_L} = 1 + \frac{2\gamma}{\gamma+1}(M_{s,L}^2 - 1) \tag{9.1}$$

$$\frac{\rho_{L^*}}{\rho_L} = \frac{(\gamma+1)M_{s,L}^2}{(\gamma-1)M_{s,L}^2 + 2} \tag{9.2}$$

$$-u_{L^*} + u_L = \frac{2a_L}{\gamma+1}\left(M_{s,L} - \frac{1}{M_{s,L}}\right) \tag{9.3}$$

$$M_{s,L} = \frac{-U_{s,L} + u_L}{a_L} \tag{9.4}$$

ここでの流速 u は実験室座標によるもので，右向きを正としている。衝撃波マッハ数 $M_{s,L}$

9.1 問題の定義と解   153

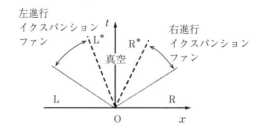

（a） EF-VAC-EF パターン

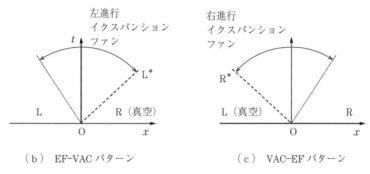

（b） EF-VAC パターン　　　　　　（c） VAC-EF パターン

図 9.3 リーマン問題の解のパターン（真空領域を伴う場合）

は衝撃波に固定した座標から見たときの上流流れのマッハ数であり，つねに正である．式(9.1)，(9.3)より

$$u_{L^*} - u_L = -a_L \left(\frac{p_{L^*}}{p_L} - 1\right) \left\{\frac{\dfrac{2}{\gamma(\gamma+1)}}{\dfrac{p_{L^*}}{p_L} + \dfrac{\gamma-1}{\gamma+1}}\right\}^{1/2} \tag{9.5}$$

となる．また，式(9.1)，(9.2)より次式を得る．

$$\frac{\rho_{L^*}}{\rho_L} = \frac{\dfrac{p_{L^*}}{p_L} + \dfrac{\gamma-1}{\gamma+1}}{\dfrac{\gamma-1}{\gamma+1}\dfrac{p_{L^*}}{p_L} + 1} \tag{9.6}$$

つぎに，接触面の左側を伝わる波がイクスパンションファンの場合（$p_{L^*}/p_L < 1$），L と L^* の状態でリーマン不変量 J_+ が等しい．式(8.44)より

$$u_{L^*} + \frac{2}{\gamma-1}a_{L^*} = u_L + \frac{2}{\gamma-1}a_L \tag{9.7}$$

等エントロピー関係式(2.54)より

$$\frac{\rho_{L^*}}{\rho_L} = \left(\frac{p_{L^*}}{p_L}\right)^{1/\gamma} \tag{9.8}$$

$$\frac{a_{L^*}}{a_L} = \left(\frac{p_{L^*}}{p_L}\right)^{\frac{\gamma-1}{2\gamma}} \tag{9.9}$$

式(9.7), (9.9)より次式を得る。

$$u_{L*} - u_L = \frac{2a_L}{\gamma - 1}\left\{1 - \left(\frac{p_{L*}}{p_L}\right)^{\frac{\gamma-1}{2\gamma}}\right\} \tag{9.10}$$

以上の結果をまとめると, 圧力比は速度差の陰関数として与えられる。

$$\frac{p_{L*}}{p_L} \equiv \Phi_L\left(\frac{u_{L*} - u_L}{a_L}\right)$$

$$\frac{u_{L*} - u_L}{a_L} = \begin{cases} -\left(\frac{p_{L*}}{p_L} - 1\right)\left[\dfrac{2}{\gamma\left\{(\gamma+1)\dfrac{p_{L*}}{p_L} + \gamma - 1\right\}}\right]^{1/2}, & \left(\dfrac{p_{L*}}{p_L} > 1\right) \\ \dfrac{2}{\gamma-1}\left\{1 - \left(\dfrac{p_{L*}}{p_L}\right)^{\frac{\gamma-1}{2\gamma}}\right\}, & \left(\dfrac{p_{L*}}{p_L} \leq 1\right) \end{cases} \tag{9.11}$$

$$\frac{\rho_{L*}}{\rho_L} = \begin{cases} \dfrac{\dfrac{p_{L*}}{p_L} + \dfrac{\gamma-1}{\gamma+1}}{\dfrac{\gamma-1}{\gamma+1}\dfrac{p_{L*}}{p_L} + 1}, & \left(\dfrac{p_{L*}}{p_L} > 1\right) \\ \left(\dfrac{p_{L*}}{p_L}\right)^{1/\gamma}, & \left(\dfrac{p_{L*}}{p_L} \leq 1\right) \end{cases} \tag{9.12}$$

つぎに, RとR*の関係を求める。これらは, 接触面の右側を伝播する波によって隔てられている。波の向きと不変量に注意して, 関係式を書き表す。衝撃波 ($p_{R*}/p_R > 1$) の場合

$$\frac{p_{R*}}{p_R} = 1 + \frac{2\gamma}{\gamma + 1}(M_{s,R}^2 - 1) \tag{9.13}$$

$$\frac{\rho_{R*}}{\rho_R} = \frac{(\gamma+1)M_{s,R}^2}{(\gamma-1)M_{s,R}^2 + 2} \tag{9.14}$$

$$u_{R*} - u_R = \frac{2a_R}{\gamma + 1}\left(M_{s,R} - \frac{1}{M_{s,R}}\right) \tag{9.15}$$

$$M_{s,R} = \frac{U_{s,R} - u_R}{a_R} \tag{9.16}$$

これより

$$u_{R*} - u_R = a_R\left(\frac{p_{R*}}{p_R} - 1\right)\left\{\frac{\dfrac{2}{\gamma(\gamma+1)}}{\dfrac{p_{R*}}{p_R} + \dfrac{\gamma-1}{\gamma+1}}\right\}^{1/2} \tag{9.17}$$

$$\frac{\rho_{R*}}{\rho_R} = \frac{\dfrac{p_{R*}}{p_R} + \dfrac{\gamma-1}{\gamma+1}}{\dfrac{\gamma-1}{\gamma+1}\dfrac{p_{R*}}{p_R} + 1} \tag{9.18}$$

膨張波の場合 ($p_{R*}/p_R < 1$), RとR*の状態では, リーマン不変量 J_- が等しい。式(8.45)より

$$u_{R*} - \frac{2}{\gamma-1}a_{R*} = u_R - \frac{2}{\gamma-1}a_R \tag{9.19}$$

となる．等エントロピー関係式は，式(9.8)，(9.9)と同様であるので次式を得る．

$$u_{R*} - u_R = \frac{2a_R}{\gamma-1}\left\{\left(\frac{p_{R*}}{p_R}\right)^{\frac{\gamma-1}{2\gamma}} - 1\right\} \tag{9.20}$$

以上の結果をまとめると

$$\frac{p_{R*}}{p_R} \equiv \Phi_R\left(\frac{u_{R*} - u_R}{a_R}\right)$$

$$\frac{u_{R*} - u_R}{a_R} = \begin{cases} \left(\frac{p_{R*}}{p_R} - 1\right)\left[\dfrac{2}{\gamma\left\{(\gamma+1)\dfrac{p_{R*}}{p_R} + \gamma - 1\right\}}\right]^{1/2}, & \left(\dfrac{p_{R*}}{p_R} > 1\right) \\ \dfrac{2}{\gamma-1}\left\{\left(\dfrac{p_{R*}}{p_R}\right)^{\frac{\gamma-1}{2\gamma}} - 1\right\}, & \left(\dfrac{p_{R*}}{p_R} \leq 1\right) \end{cases} \tag{9.21}$$

$$\frac{\rho_{R*}}{\rho_R} = \begin{cases} \dfrac{\dfrac{p_{R*}}{p_R} + \dfrac{\gamma-1}{\gamma+1}}{\dfrac{\gamma-1}{\gamma+1}\dfrac{p_{R*}}{p_R} + 1}, & \left(\dfrac{p_{R*}}{p_R} > 1\right) \\ \left(\dfrac{p_{R*}}{p_R}\right)^{1/\gamma}, & \left(\dfrac{p_{R*}}{p_R} \leq 1\right) \end{cases} \tag{9.22}$$

以上の結果は，あくまでも圧力が正の値であることを前提としていた．しかし，気体はどこまでも速い速度に加速できるわけではなく，自らが持っているエンタルピーに応じた限界値がある．気体が限界まで膨張するとその圧力，密度は極限的に0になる．この条件を式(9.10)に代入して

$$u_e \equiv [u_{L*} - u_L]_{p_{L*}/p_L \to 0} = \frac{2a_L}{\gamma-1} \tag{9.23}$$

u_e は，気体が非定常膨張して到達できる最高の流速であり，**脱出速度**（escape velocity）と呼ばれる[†]．

左進行イクスパンションファンによって真空領域が現れる解のパターンには，図9.3(a)と，図(b)の2通りある．図(a)は，両媒質の間に真空領域が現れる場合で，領域LとL*の間が左進行イクスパンションファンとなる．図(b)は，L*とRが真空状態になっている場合である．いずれの場合も，左進行イクスパンションファンの右側の境界の伝播速度は，次式で与えられる．

$$c_{-,L*} = u_{L*} - a_{L*} = u_L + u_e = u_L + \frac{2a_L}{\gamma-1} \tag{9.24}$$

右進行イクスパンションファンによっても，同様の結果が得られる．このとき解のパター

[†] 向きを逆にすれば，同様に式(9.20)からも同じ結果が得られる．

ンとしては図9.3(a)と図(c)の2通りになる。式(9.21)などから，右進行イクスパンションファンの左側の境界の伝播速度は，次式で与えられる。

$$c_{+,R*}=u_{R*}+a_{R*}=u_R-u_e=u_R-\frac{2a_R}{\gamma-1} \tag{9.25}$$

図9.4では，圧力比 $\Phi=p_*/p$ を縦軸に，無次元速度差 $(u_*-u)/a$ を横軸にとり，式(9.11)，式(9.21)を表示している。$u,\ a,\ p$ のうち * がつかないものは伝播前，ついているものが伝播後の状態を表す。このように無次元化すれば左進行波，右進行波は，衝撃波，イクスパンションファンの区別なく，それぞれについて単一の関数となる。右進行波に対する関数 Φ_R をみると，波が通過したあと正（右向き）の流速が生じるときは，衝撃波の解になり，速さが高まるほど圧力が高くなる。逆に，負（左向き）の流速を生じるときはイクスパンションファンの解となり，速さが高まるほど圧力が低下する。図からもわかるように，Φ_L と Φ_R は対称であり，速度の向きを反転させれば左進行波

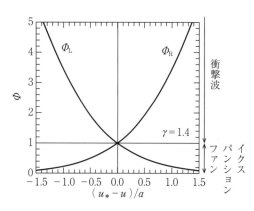

図9.4 圧力比 $\Phi_L,\ \Phi_R$ と無次元流速変化との関係

について同様の関係が成り立つ。

$\rho,\ a$ は，それぞれ L と R の状態について必ずしも等しくない。図9.2, 9.3 に示した解および流速-圧力のパターンの中で，図(b)と図(c)は左右反転すれば同じものになるのでこれらを一つのパターンとみなし，そのほか二つのパターンを併せて，有次元の流速-圧力の関係を示したのが，図9.5～図9.7である。干渉後は，接触面が生じ，その左右の状態がそれぞれ L*, R* となる。接触面では，流速と圧力が等しい（例えば図9.5(a)）が，密度（温度）は必ずしも等しくない（図9.5(b)）。

図9.5は，SW-SW パターン（図9.2(a)参照）の例で，干渉前に L と R は対向する流速を持っていた。干渉後，接触面の両側には衝撃波が生じ，どちらの領域も圧力が高くなる。

図9.6は，EF-SW パターン（図9.2(b)参照）の例で，干渉後，流速はともに正の向きに増加している。L の領域ではイクスパンションファンが生じ，流速が高まり圧力が低下する。R の領域では，衝撃波が生じ，流速が高まり圧力は増加する。

図9.7は，EF-EF パターン（図9.2(d)参照）の例で，干渉後どちらの領域でも気体が膨張する向きに流速が変化し，両側にイクスパンションファンが生じ，圧力が低下する。

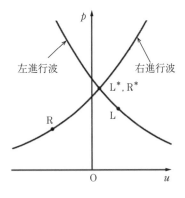
（a） u–p 座標

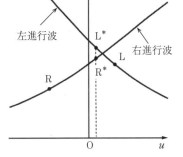
（b） u–ρ 座標

図 9.5 SW-SW パターン（図 9.2 (a)）の解

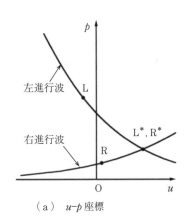
（a） u–p 座標

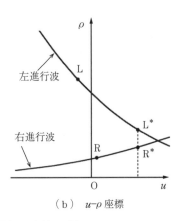
（b） u–ρ 座標

図 9.6 EF-SW パターン（図 9.2 (b)）の解

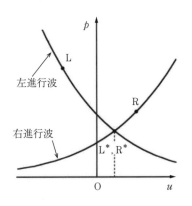
（a） u–p 座標

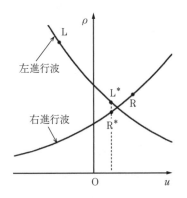
（b） u–ρ 座標

図 9.7 EF-EF パターン（図 9.2 (d)）の解

9.2 衝撃波管

衝撃波管(shock tube) は，気体の圧力差を利用して管内に衝撃波を発生させる装置で，その作動は初期が静止状態 ($u_L=u_R=0$) であるリーマン問題の解となる。図9.8のように両端を閉じた管を**高圧室**(high pressure channel)，**低圧室**(low pressure channel) の二つに仕切り，それぞれ圧力の異なる気体を封入する。それぞれに異なる種類，温度の気体を入れてもよい。仕切りを急に取り除くと，低圧室内を垂直衝撃波が，高圧室内を膨張波が伝播する。

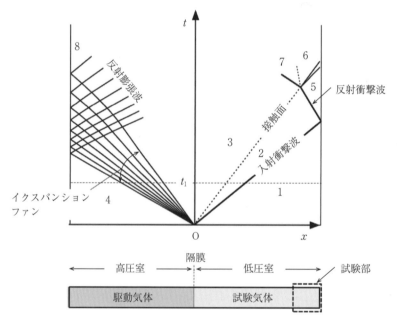

高圧室：ヘリウム，低圧室：空気
$p_1=1.0\times10^4$ Pa, $T_1=290$ K, $p_4=1.0\times10^5$ Pa, $T_4=290$ K

図9.8 衝撃波管作動の波動線図の例

衝撃波管の低圧室には，観測窓や圧力変換器などが取り付けられた試験部が設けられ，①垂直衝撃波と試験物体や試験流れとの干渉を調べたり，②衝撃波背後の高圧，高温，高速状態を利用して気体や流れの性質を調べる。特に，反射衝撃波を利用すると，背後で比較的容易に高温・高圧状態を作り出せるため，化学反応速度の測定などに利用される。

図に示すように，初期 ($t=0$) における低圧室，高圧室の状態を，それぞれ1，4 ($p_4>p_1$) とする。隔膜を取り除くと，そこから低圧室内を衝撃波が伝播する。その背後の状態を2とする。もともと隔膜があった箇所では，それが取り除かれたあとも状態が異なる

気体が接することになる。この接触面は流速 u_2 で低圧室内を右向きに移動する。その高圧室側の状態を 3 とする（$u_3=u_2$）。3 の一様な状態はある長さにわたって分布するが，それよりも左側ではイクスパンションファンが形成され，気体が非定常膨張し，流れの状態が連続的に変化する。イクスパンションファンの左側先頭では，音波が速度 $-a_4$ で伝播する。

初期状態 4，1 はそれぞれ前節のリーマン問題における状態 L，R に相当する。左右に異なる化学種，温度の気体を用いてもよく，ここではそれぞれ比熱比 γ にも初期状態に対応する添え字をつける。$u_1=u_4=0$ と領域 L（4→3）ではイクスパンションファン，領域 R（1→2）では衝撃波が生じることを考慮して，式(9.11)，(9.21)を適用すると

$$u_3 = \frac{2a_4}{\gamma_4-1}\left\{1-\left(\frac{p_3}{p_4}\right)^{\frac{\gamma_4-1}{2\gamma_4}}\right\} \tag{9.26}$$

$$u_2 = a_1\left(\frac{p_2}{p_1}-1\right)\left\{\frac{\frac{2}{\gamma_1(\gamma_1+1)}}{\frac{p_2}{p_1}+\frac{\gamma_1-1}{\gamma_1+1}}\right\}^{1/2} \tag{9.27}$$

接触面の条件より

$$p_2 = p_3 \tag{9.28}$$

$$u_2 = u_3 \tag{9.29}$$

式(9.26)～(9.29)より，つぎの関係式が得られる。

$$\frac{p_4}{p_1} = \frac{p_2}{p_1}\left[1-\frac{(\gamma_4-1)\frac{a_1}{a_4}\left(\frac{p_2}{p_1}-1\right)}{\sqrt{2\gamma_1\left\{2\gamma_1+(\gamma_1+1)\left(\frac{p_2}{p_1}-1\right)\right\}}}\right]^{-\frac{2\gamma_4}{\gamma_4-1}} \tag{9.30}$$

式(9.30)より，初期条件（p_4/p_1, a_1/a_4, γ_1, γ_4）を与えると圧力比 p_2/p_1 が陰的に求められ，式(9.13)を用いて，衝撃波マッハ数 M_s を求めることができる。

$$M_s = \sqrt{\frac{\gamma_1+1}{2\gamma_1}\frac{p_2}{p_1}+\frac{\gamma_1-1}{2\gamma_1}} \tag{9.31}$$

式(9.22)，(9.12)より，状態 2，3 の密度，音速がそれぞれ次式で与えられる。

$$\frac{\rho_2}{\rho_1} = \frac{\frac{p_2}{p_1}+\frac{\gamma_1-1}{\gamma_1+1}}{\frac{\gamma_1-1}{\gamma_1+1}\frac{p_2}{p_1}+1} \tag{9.32}$$

$$\frac{a_2}{a_1} = \left(\frac{p_2}{p_1}\right)^{1/2}\left(\frac{\rho_2}{\rho_1}\right)^{-1/2} = \frac{\{2\gamma_1 M_s^2-(\gamma_1-1)\}^{1/2}\{(\gamma_1-1)M_s^2+2\}^{1/2}}{(\gamma_1+1)M_s} \tag{9.33}$$

$$\frac{\rho_3}{\rho_4} = \left(\frac{p_3}{p_4}\right)^{1/\gamma_4} = \left(\frac{p_2}{p_4}\right)^{1/\gamma_4} \tag{9.34}$$

$$\frac{a_3}{a_4} = \left(\frac{p_3}{p_4}\right)^{\frac{\gamma_4-1}{2\gamma_4}} = \left(\frac{p_2}{p_4}\right)^{\frac{\gamma_4-1}{2\gamma_4}} \tag{9.35}$$

イクスパンションファン内での圧力の分布を調べよう。図9.8の波動線図の原点を隔膜の位置におく。式(8.44),(8.45),(2.54)より

$$u + \frac{2a}{\gamma-1} = \frac{2a_4}{\gamma-1} \tag{9.36}$$

$$\left(\frac{\mathrm{d}x}{\mathrm{d}t}\right) = c_- = u - a \tag{9.37}$$

$$\frac{a}{a_4} = \left(\frac{p}{p_4}\right)^{\frac{\gamma_4-1}{2\gamma_4}} \tag{9.38}$$

これらから,波線の傾きと圧力の関係を求めると次式となる。

$$\left(\frac{\mathrm{d}x}{\mathrm{d}t}\right) = \left\{1 - \frac{\gamma+1}{2}\left(\frac{p}{p_4}\right)^{\frac{\gamma_4-1}{2\gamma_4}}\right\}\frac{2a_4}{\gamma-1}$$

$$\frac{p}{p_4} = \left[\frac{\gamma-1}{\gamma+1}\left\{\frac{2}{\gamma-1} - \frac{1}{a_4}\left(\frac{\mathrm{d}x}{\mathrm{d}t}\right)\right\}\right]^{\frac{2\gamma_4}{\gamma_4-1}} \tag{9.39}$$

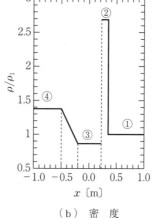

(a) 圧力 (b) 密度 (c) 流速

図9.9 $t=t_1$ における圧力,密度,流速の分布

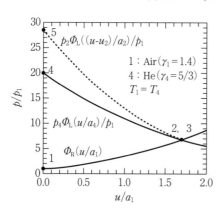

図9.10 衝撃波管作動の（無次元）u-p 線図 (1：空気, 4：ヘリウム, $T_1 = T_4$, $p_4/p_1 = 20$)

以上で,状態2,3がすべて定まった。図9.9に,図9.8の $t=t_1$ における圧力,密度,流速の分布,図9.10に無次元圧力 p/p_1 - 無次元流速 u/a_1 空間における解の軌跡,図9.11(a)に p_4/p_1 と衝撃波背後の状態の関係を示す。

式(9.30)において,p_4/p_1 を固定してなるべく強い衝撃波を作る（p_2/p_1 を大きくする）ためには,a_4/a_1 を高めてやればよい。駆動気体の音速を高くするため,ヘリウムや水素などの分子量（原子量）の小さな化学種が用いられる。式(8.

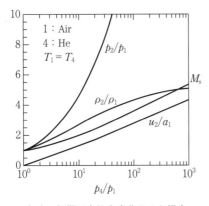
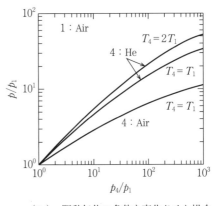

（a）初期圧力比を変化させた場合　　（b）駆動気体の条件を変化させた場合

図 9.11 衝撃波管の特性

5)，(8.6)から求められるように，水素，ヘリウムの音速は，空気に対してそれぞれ 3.8 倍，2.9 倍になる．さらに駆動気体の温度を上げることも有効である（図 9.11（b））．

コラム H：　対向衝撃波管

通常の衝撃波管（図 9.8）を用いて，入射衝撃波背後の流れ（状態 2）と対向する反射衝撃波の干渉を調べることができる．しかし，後述するように，反射衝撃波の強さは入射衝撃波マッハ数で一義的に決まってしまうので，対向する流れの条件を独立に変えることはできない．この制約をなくして衝撃波と対向する流れの条件を独立に変化させることを可能にしたのが，**対向衝撃波管**（counter-driver shock tube，**CD-ST**，**図 H.1**）である[†]．左右に独立した高圧室を持ち，相対的な衝撃波発生のタイミングを制御することによって，目的とする干渉を所定の位置に作り出すことができる．例えば，左ドライバー（L-driver）の背後の流れ L-PSF と，右ドライバー（R-driver）が駆動する入射衝撃波（R-SW（i））が左側の入射衝撃波 L-SW（i）と干渉したあとの透過衝撃波（R-SW（t））の干渉が試験部で起こるように設定する．それぞれのドライバーは，セロファン製隔膜を破膜装置（図（c））によって時間制御破断することによって開始する．この破断装置は，空圧シリンダーによって駆動されるピストンの先端に隔膜破断用の針を取り付けたものである．図（d）に示すように，5 方電磁弁に時間制御された駆動電気信号を送り，破断装置駆動ガスチャンバーに貯えられた高圧空気を破膜装置の空圧シリンダーに供給することで作動する．

CD-ST では，装置上の制約が許す限りにおいて，一定の対向流速に対して干渉する衝撃波のマッハ数を自由に変化させることができる．もちろん，左右から異なる強さの衝撃波を対向衝突させたりして，多様な対向流れの干渉実験を行うことができる．

[†] T. Tamba, et al.：Counter-Driver Shock Tube, Shock Waves, 25, pp.667-674（2015）
T. Tamba, et al.：Experimental investigation of the interaction of a weak planar shock with grid turbulence in a counter-driver shock tube, Phys. Rev. Fluids, 4, 073401（2019）

162   9. リーマン問題

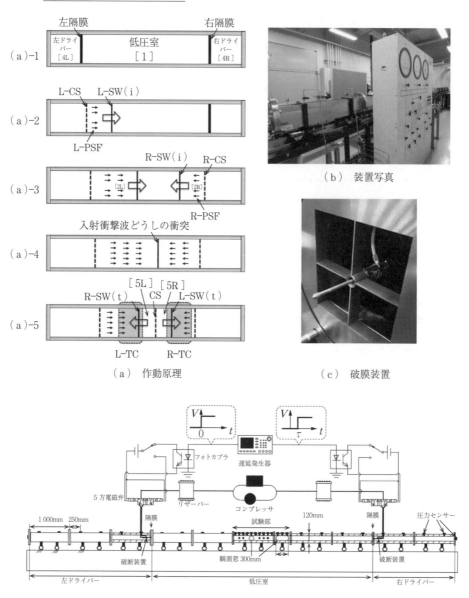

(a) 作動原理

(b) 装置写真

(c) 破膜装置

(d) 装置図

図 H.1 対向衝撃波管（名古屋大学）

9.3 垂直衝撃波の反射

衝撃波，膨張波が固定された壁で反射する場合を考える。これも，リーマン問題の応用として解を得ることができる。図 9.8 の衝撃波管においても，左端でイクスパンションファ

ン，右端で衝撃波が反射する．波が固定された壁で反射すると，背後の状態では流速が0になるので（図9.12(a)），この関係を使って背後の状態を求める．

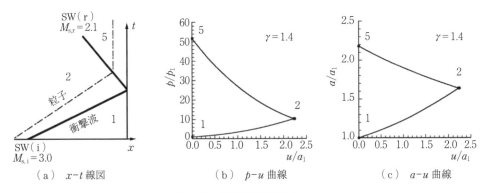

（a） x-t 線図　　　　（b） p-u 曲線　　　　（c） a-u 曲線

図9.12 垂直衝撃波の反射

衝撃波管端での反射を考える．図9.8の衝撃波管の作動において，右管端壁で**入射衝撃波** SW(i)が反射し，**反射衝撃波** SW(r)背後の状態5が現れる（図9.12(a)）．式(9.5)で，Lが状態2で既知であり，またL*が状態5（$u_5=0$）であるので

$$-u_2 = -a_2\left(\frac{p_5}{p_2}-1\right)\left\{\frac{\dfrac{2}{\gamma_1(\gamma_1+1)}}{\dfrac{p_5}{p_2}+\dfrac{\gamma_1-1}{\gamma_1+1}}\right\}^{1/2} \tag{9.40}$$

これを解いて

$$\frac{p_5}{p_2}=1+\gamma_1\frac{u_2}{a_2}\left\{\frac{\gamma_1+1}{4}\frac{u_2}{a_2}+\sqrt{\left(\frac{\gamma_1+1}{4}\frac{u_2}{a_2}\right)^2+1}\right\} \tag{9.41}$$

式(9.31)〜(9.33)と同様にして，反射衝撃波の衝撃波マッハ数 $M_{s,r}$，密度比，温度比を求めることができる．

$$M_{s,r}=\sqrt{\frac{\gamma_1+1}{2\gamma_1}\frac{p_5}{p_2}+\frac{\gamma_1-1}{2\gamma_1}} \tag{9.42}$$

$$\frac{\rho_5}{\rho_2}=\frac{\dfrac{p_5}{p_2}+\dfrac{\gamma_1-1}{\gamma_1+1}}{\dfrac{\gamma_1-1}{\gamma_1+1}\dfrac{p_5}{p_2}+1} \tag{9.43}$$

$$\frac{a_5}{a_2}=\left(\frac{T_5}{T_2}\right)^{1/2}=\frac{\{2\gamma_1 M_{s,r}^2-(\gamma_1-1)\}^{1/2}\{(\gamma_1-1)M_{s,r}^2+2\}^{1/2}}{(\gamma_1+1)M_{s,r}} \tag{9.44}$$

ここで，$M_{s,r}$ は反射衝撃波の前方（左側）の流れに相対する衝撃波伝播のマッハ数であり，実験室座標における衝撃波伝播速度に対するものではないことに注意する．

衝撃波管の場合は，入射衝撃波について式(9.17)，(9.18)が成り立つ．

$$u_2 = a_1\left(\frac{p_2}{p_1}-1\right)\left\{\frac{\dfrac{2}{\gamma_1(\gamma_1+1)}}{\dfrac{p_2}{p_1}+\dfrac{\gamma_1-1}{\gamma_1+1}}\right\}^{1/2} \tag{9.45}$$

$$\frac{\rho_2}{\rho_1} = \frac{\dfrac{p_2}{p_1}+\dfrac{\gamma_1-1}{\gamma_1+1}}{\dfrac{\gamma_1-1}{\gamma_1+1}\dfrac{p_2}{p_1}+1} \tag{9.46}$$

式(9.40),(9.45),(9.46)より

$$\left\{\left(\frac{\gamma_1-1}{\gamma_1+1}\frac{p_2}{p_1}+1\right)\frac{p_5}{p_2}-\frac{3\gamma_1-1}{\gamma_1+1}\frac{p_2}{p_1}+\frac{\gamma_1-1}{\gamma_1+1}\right\}\left(\frac{p_2}{p_1}\frac{p_5}{p_2}-1\right)=0 \tag{9.47}$$

$p_5 \neq p_1$ であるから

$$\frac{p_5}{p_2} = \frac{\left(\dfrac{3\gamma_1-1}{\gamma_1-1}\right)\dfrac{p_2}{p_1}-1}{\dfrac{p_2}{p_1}+\dfrac{\gamma_1+1}{\gamma_1-1}} \tag{9.48}$$

これを式(9.42)~(9.44)に代入すれば,入射衝撃波の条件と反射衝撃波背後の状態を関係づけることができる。例えば,式(9.13)を入射衝撃波に,式(9.1)を反射衝撃波に適用して,式(9.48)に代入すると式(9.49)が得られる。

入射衝撃波マッハ数 $M_{s,i}$ とその背後,反射衝撃波背後の圧力,温度の変化の関係を**図9.13**に示す。音波など線形の波では,入射波と反射波の重ね合わせができ,圧力の振幅はその和になる。しかし,衝撃波は非線形な波であり,5の状態の圧力,温度の比は,入射衝撃波前後,反射衝撃波前後の比の積として求められる。

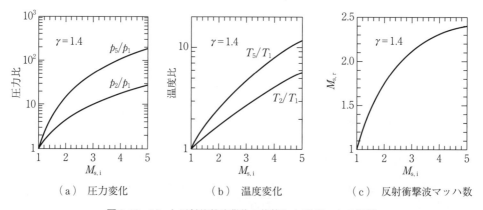

(a) 圧力変化 　　(b) 温度変化 　　(c) 反射衝撃波マッハ数

図9.13 $M_{s,i}$ と反射衝撃波背後の状態および $M_{s,r}$ との関係

反射衝撃波のマッハ数 $M_{s,r}$ は

$$M_{s,r} = \sqrt{\frac{2\gamma_1 M_{s,i}^2-(\gamma_1-1)}{(\gamma_1-1)M_{s,i}^2+2}} \tag{9.49}$$

で与えられ，$M_{s,i}$ の増加関数である（図9.13(c)）。反射衝撃波前後でも高い比が得られるため，反射衝撃波の背後はますます高圧・高温状態になり，得られる圧力，温度比は，$M_{s,i}$ が高いほど大きい。

このように，衝撃波管で反射衝撃波を発生させ，高圧，高温状態を比較的簡単に作ることができる。このため，衝撃波管は高温での化学反応速度の測定などに用いられる。衝撃波管の初期圧力比と入射/反射衝撃波背後の状態量の関係を図9.14に示す。ここで，$p_5 > p_4$ となる領域があることに注意してほしい。これは，非定常の波の性質を利用すると，初期値よりも高い圧力を発生させることができることを意味する。すなわち，非定常的に圧力が作用するとき，定常的な作用では実現できないような高圧状態を作り出すことができる。ただし，これは局所的に一部の時間でのみ起こることであって，系全体のエネルギーが増加するわけではない。

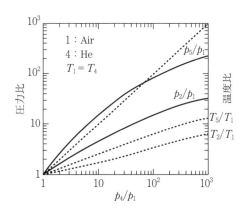

図9.14 衝撃波管初期圧力比と入射/反射衝撃波背後の状態量

9.4 イクスパンションファンの反射

衝撃波管（図9.8）の高圧室では，隔膜破断後イクスパンションファンが左管端に向かって伝播し，反射する。衝撃波と違って膨張波は $x\text{-}t$ 線図を扇状に広がって伝播するので，その反射波も広がりを持っている。

図9.8の衝撃波管の作動において，状態3，4が既知であるとする。このとき，左管端でイクスパンションファンが反射したあとの状態8を求めよう。このとき，反射膨張波は右進行波であり，式(9.20)が成り立つ。さらに，$u_8 = 0$ であるので

$$-u_3 = \frac{2a_3}{\gamma_4 - 1}\left\{\left(\frac{p_8}{p_3}\right)^{\frac{\gamma_4-1}{2\gamma_4}} - 1\right\} \tag{9.50}$$

$$\frac{p_8}{p_3} = \left(1 - \frac{\gamma_4-1}{2}M_3\right)^{\frac{2\gamma_4}{\gamma_4-1}} \tag{9.51}$$

状態3と4の関係は，式(9.9)，(9.10)に $u_4 = 0$ を代入して

$$\frac{p_4}{p_3} = \left(1 + \frac{\gamma_4-1}{2}M_3\right)^{\frac{2\gamma_4}{\gamma_4-1}} \tag{9.52}$$

したがって

$$\frac{p_8}{p_4} = \left(\frac{1 - \frac{\gamma_4 - 1}{2} M_3}{1 + \frac{\gamma_4 - 1}{2} M_3}\right)^{\frac{2\gamma_4}{\gamma_4 - 1}} \tag{9.53}$$

$$\frac{\rho_8}{\rho_4} = \left(\frac{p_8}{p_4}\right)^{\frac{1}{\gamma_4}} \tag{9.54}$$

図 9.15 に，初期状態 4，イクスパンションファン通過後の状態 3, 8 における圧力の関係を M_3 の関数として示す．イクスパンションファンに対しても，圧力比は入射波前後，反射波前後の圧力比の積として，線形の場合に比べて非常に低くなる．

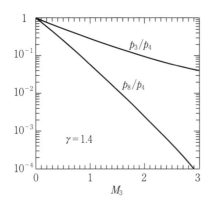

図 9.15 反射膨張波背後の圧力

高圧室を伝播した膨張波は，管端で反射し，後続する膨張波と干渉しつつ，前方に伝播する．高圧室が十分長くないと，入射衝撃波背後の領域がこの反射膨張波の到達によって非一様になり，有効な試験時間が短くなり，場合によっては試験時間がなくなってしまう．図 9.16 に示す衝撃波管の作動で，灰色の領域が入射衝撃波背後が一様に保たれる領域，すなわち有効な試験状態である．反射膨張波が到達しないかぎり（$0 < x < x_{\rm m}$）は，低圧室の長さに比例した試験時間が得られる．しかし，$x > x_{\rm m}$ では，左管端からの反射膨張波が状態 2 の領域を伝播し，接触面よりも先に到達するために，試験時間が短くなる．すなわち，試験時間を最大にする低圧室の長さ

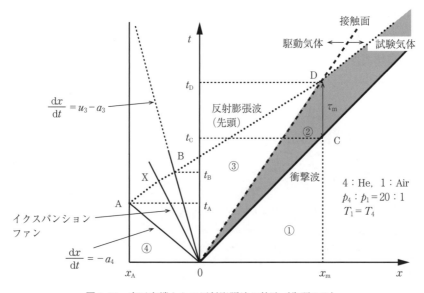

図 9.16 高圧室端からの反射膨張波の軌跡（先頭のみ）

x_m が存在する．有効な試験時間を求めるため，先頭の反射膨張波の軌跡を追ってみよう．

熱量的完全気体の場合，x_m を解析的に求めることができる．図 9.16 において，先頭の膨張波が高圧室の管端で反射する点を A，イクスパンションファンを通過し終わる点を B とし，その途中の任意の点を X(x,t) とする．③の領域は一様であり，先頭の反射膨張波（以下，単に反射膨張波と呼ぶ）がイクスパンションファン内を通過し終わる時刻 t_B を求めることができれば，以降の膨張波の軌跡は直線になり解析が容易になる．点 A において次式が成り立つ．

$$u_4 - a_4 = -a_4 = \frac{x_\mathrm{A}}{t_\mathrm{A}} \tag{9.55}$$

点 X において，幾何学的関係とリーマン不変量より

$$u - a = \frac{x}{t} \tag{9.56}$$

$$u + \frac{2a}{\gamma_4 - 1} = u_4 + \frac{2a_4}{\gamma_4 - 1} = \frac{2a_4}{\gamma_4 - 1} \tag{9.57}$$

となり，これを解くと次式になる．

$$u = a + \frac{x}{t} \tag{9.58}$$

$$a = \frac{2a_4}{\gamma_4 + 1} - \frac{\gamma_4 - 1}{\gamma_4 + 1} \frac{x}{t} \tag{9.59}$$

反射膨張波は，特性速度 c_+ で伝播するので

$$\frac{\mathrm{d}x}{\mathrm{d}t} = u + a = \frac{1}{\gamma_4 + 1}\left\{(3 - \gamma_4)\frac{x}{t} + 4a_4\right\} \tag{9.60}$$

これは同次形の微分方程式で

$$y = \frac{x}{t} \tag{9.61}$$

とおくことによって解を求めることができる．

$$\frac{\mathrm{d}y}{-\frac{2(\gamma_4 - 1)}{\gamma_4 + 1}y + \frac{4}{\gamma_4 + 1}a_4} = \frac{\mathrm{d}t}{t} \tag{9.62}$$

式 (9.59)，(9.61)，(9.62) より

$$\mathrm{d}y = -\frac{\gamma_4 + 1}{\gamma_4 - 1}\mathrm{d}a$$

$$\frac{-\frac{\gamma_4 + 1}{2(\gamma_4 - 1)}\mathrm{d}a}{a} = \frac{\mathrm{d}t}{t} \tag{9.63}$$

積分して，点 A の状態が状態 4 と等価であることを用いると

$$\frac{t_\mathrm{X}}{t_\mathrm{A}} = \left(\frac{a_\mathrm{X}}{a_\mathrm{A}}\right)^{-\frac{\gamma_4+1}{2(\gamma_4-1)}} \tag{9.64}$$

式(9.58)はイクスパンションファン内の任意の点に対して成り立つ。これを点 B（状態 3）に適用して

$$\frac{t_\mathrm{B}}{t_\mathrm{A}} = \left(\frac{a_3}{a_4}\right)^{-\frac{\gamma_4+1}{2(\gamma_4-1)}} \tag{9.65}$$

波の通過時間は，式(9.65)のような非常に簡単な形で表すことができた。これを用いて，低圧室の最適長さ x_m と有効試験時間 τ_m を求める。図 9.16 より

$$x_\mathrm{m} = U_\mathrm{s,i} t_\mathrm{C} = u_3 t_\mathrm{D} = (u_3+a_3)(t_\mathrm{D}-t_\mathrm{B}) + x_\mathrm{B}$$

$$x_\mathrm{B} = (u_3-a_3) t_\mathrm{B}$$

したがって

$$t_\mathrm{D} = 2 t_\mathrm{B}$$

$$t_\mathrm{C} = \frac{2u_3}{U_\mathrm{s,i}} t_\mathrm{B}$$

以上の関係と，式(9.65)に式(9.9)，(9.26)を代入することによって次式が得られる。

$$t_\mathrm{B} = \left(\frac{a_3}{a_4}\right)^{-\frac{\gamma_4+1}{2(\gamma_4-1)}} t_\mathrm{A} = \left(\frac{a_3}{a_4}\right)^{-\frac{\gamma_4+1}{2(\gamma_4-1)}} \frac{|x_\mathrm{A}|}{a_4} = \left(\frac{p_3}{p_4}\right)^{-\frac{\gamma_4+1}{4\gamma_4}} \frac{|x_\mathrm{A}|}{a_4}$$

$$x_\mathrm{m} = \frac{4}{\gamma_4-1} \left\{1 - \left(\frac{p_3}{p_4}\right)^{\frac{\gamma_4-1}{2\gamma_4}}\right\} \left(\frac{p_3}{p_4}\right)^{-\frac{\gamma_4+1}{4\gamma_4}} |x_\mathrm{A}| \tag{9.66}$$

$$\tau_\mathrm{m} = t_\mathrm{D} - t_\mathrm{C} = 2\left[1 - \frac{2}{\gamma_4-1} \frac{a_4}{U_\mathrm{s,i}} \left\{1 - \left(\frac{p_3}{p_4}\right)^{\frac{\gamma_4-1}{2\gamma_4}}\right\}\right] \left(\frac{p_3}{p_4}\right)^{-\frac{\gamma_4+1}{4\gamma_4}} \frac{|x_\mathrm{A}|}{a_4} \tag{9.67}$$

式(9.66)，(9.67)において，右辺の変数は $U_\mathrm{s,i}$, p_3/p_4 も含めて全て衝撃波管の作動条件を決めれば一義に決まる量であるので，x_m を求めることができる。いずれも，高圧室の長さ $|x_\mathrm{A}|$ に比例し，原理的には装置を長くするほど試験時間が比例して増えることになる。

9.5 垂直衝撃波どうしの干渉

9.5.1 Head-on 衝突

図 9.17 は，x 座標に沿って右向きの衝撃波 SW(a)（衝撃波マッハ数，$M_\mathrm{s,ii}=3$）と左向きの衝撃波 SW(b)（衝撃波マッハ数，$M_\mathrm{s,a}=2$）が正面衝突したときの様子をグラフに表したものである。衝突前 SW(a) の背後の状態を 2，SW(b) 背後の状態を 3 とする。衝突後は，衝撃波 SW(c)，SW(d) として強さと伝播方向が変化すると同時に，その間に接触面が現れ，4 と 5 の領域に分けられる。4, 5 の状態は，図(c)のように，衝撃波極線（p-u 線）図において，点 2 から左向きの衝撃波極線 $\Phi_{-,2}$ を，点 3 から右向きの衝撃波極線 $\Phi_{+,3}$ を引き，その交点として求めることができる。4 と 5 の状態では圧力と流速は等しいが，図(d)

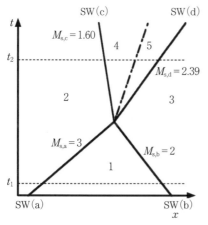
（a） x-t 線図，一点鎖線は接触面

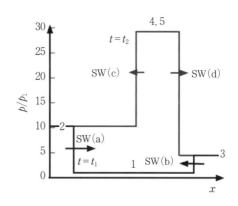
（b） 圧力分布と衝撃波の伝播方向圧

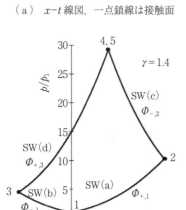
（c） p-u 曲線

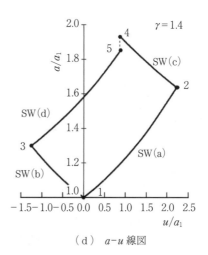
（d） a-u 線図

図 9.17 衝撃波-衝撃波 head-on 衝突

に示すように，音速（密度，温度）は異なる．これは，衝撃波による圧縮では，最終的に同じ圧力になる場合も，（一つの衝撃波によって圧縮するか，あるいは複数の衝撃波によって圧縮するかなど）そこに至るまでのプロセスによってエントロピーの増加量が異なるためである．接触面の発生は，前節の等エントロピー波の干渉と異なる重要な点である．

領域 4, 5 では，圧力が非常に高くなる．例えば，図 9.17 の例の場合，衝撃波 SW(a)，SW(b) 背後の圧力上昇値は，それぞれ $(p_2-p_1)/p_1=9.3$，$(p_3-p_1)/p_1=3.5$ となる．もし，これらが線形波（圧力の重ね合わせができる波）であるとすると，$(p_4-p_1)/p_1$，$(p_5-p_1)/p_1$ はともに 12.8 になるはずであるが，実際には $(p_4-p_1)/p_1=(p_5-p_1)/p_1=28.3$ となる．このことからもわかるように衝撃波は，非線形性が高い圧力波であり，衝撃波が強

くなればなるほど非線形性が顕著になる．この性質を利用して，高圧，高温状態を作り出すことができるのである．

9.5.2　先行する衝撃波に別の衝撃波が追いつく場合

図 9.18 は，先行する衝撃波 SW(a) の背後から衝撃波 SW(b) が追いつくときの挙動をグラフに表したものである．衝撃波が追いつくと，さらに強い衝撃波 SW(c) とその背後に，接触面 CS，イクスパンションファン EF が発生する．4 と 5 の状態では，圧力は等しいが，音速（温度）は 4 のほうが高いことがわかる．

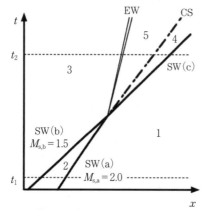

太実線は衝撃波，細実線は膨張波扇の境界，
一点鎖線は接触面

（a）　x-t 線図

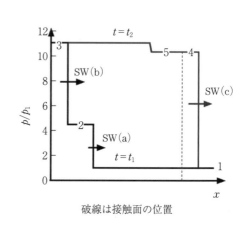

破線は接触面の位置

（b）　圧力分布と衝撃波の伝播方向

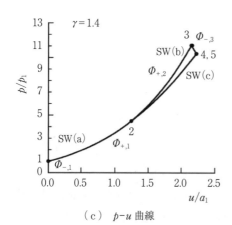

（c）　p-u 曲線

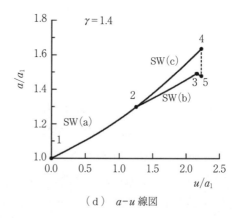

（d）　a-u 線図

図 9.18　衝撃波が背後から別の衝撃波に追いつく場合

9.6 衝撃波と接触面の干渉

図9.19のように，密度（音速，温度）が異なる二つの媒質A（左側），B（右側）が接触面を介して接しているとし，媒質Aの中を，x軸の正の向きに衝撃波が伝播し，接触面に入射するとする。媒質Aの初期状態，入射衝撃波SW(i)背後の状態を，それぞれ，1, 2とし，媒質Bの初期状態を3とする（$u_1=u_3=0$, $p_1=p_3$）。衝撃波が接触面に入射すると，媒質B中には透過衝撃波SW(t)が伝播し，圧力が高くなる。一方，接触面から媒質Aには反射波が伝わるが，それによって圧力が高くなるのか，低くなるのか，あるいは変化しないのかは，条件によって異なる。

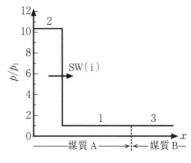

図9.19 衝撃波と接触面の干渉

衝撃波に固定した座標に対するランキン・ユゴニオ関係式(4.19)，(4.20)に，実験室座標への変換（式(4.25)）を施す。ただし，ここでは実験室座標での速度に下線を付けないことにする。入射衝撃波に対して

$$\rho_1 U_{s,i} = \rho_2 (U_{s,i} - u_2) \tag{9.68}$$

$$\rho_1 U_{s,i}^2 + p_1 = \rho_2 (U_{s,i} - u_2)^2 + p_2 \tag{9.69}$$

したがって

$$p_2 - p_1 = \rho_1 U_{s,i} u_2 \tag{9.70}$$

式(9.70)は，2章で扱った撃力を与える式と等価である。SW(t)の背後の状態を4とすると，同様に

$$p_4 - p_3 = p_4 - p_1 = \rho_3 U_{s,t} u_4 \tag{9.71}$$

反射によって圧力が変化しない条件は，$p_4 = p_2$, $u_4 = u_2$であるので

$$\rho_1 U_{s,i} = \rho_3 U_{s,t} \tag{9.72}$$

ρUは，**衝撃インピーダンス**（shock impedance）と呼ばれる。式(9.72)より，反射波によって圧力が変化しない条件は，二つの媒質の衝撃インピーダンスが等しいことである。ただ，衝撃波の速度U_sは，媒質固有のものではないので，これは陽的な表現ではない。

入射衝撃波が弱い極限では，衝撃波速度は音速に等しく，式(9.72)は次式のように書き換えられる。

$$\rho_1 a_1 = \rho_3 a_3 \tag{9.73}$$

ρaは，**音響インピーダンス**（acoustic impedance）と呼ばれる。媒質の音響インピーダンスが等しいとき，音波は接触面で反射しない。衝撃波と等エントロピー的な弱い圧力波は二

次のオーダーまで一致するので，弱い衝撃波は音響インピーダンスが等しい媒質の接触面では反射しないとしてもさしつかえない．圧力の増分 Δp は，近似的に音響インピーダンスと流速の増分 Δu の積になる．

$$\Delta p = \rho a \Delta u \tag{9.74}$$

この式は，p-u 曲線における傾きが，音響インピーダンスに等しいことを意味する．反射波が衝撃波 SW(r) であるかイクスパンションファン EF(r) であるかは，二つの媒質間の音響インピーダンスの大小関係で決まる．

まず，図 9.20 のように，音響インピーダンスが高い媒質 A から低い媒質 B に入射する場合（$\rho_1 a_1 > \rho_3 a_3$）を考える．共通する初期状態 $p_1 = p_3$，$u_1 = u_3 = 0$ から，それぞれの衝撃波に対する p-u 曲線（図（a））が引ける．音響インピーダンスの大小関係から，SW(i) の曲線のほうが，SW(t) の曲線よりも上にある．2 から引いた A の p-u 曲線は，B の p-u 曲

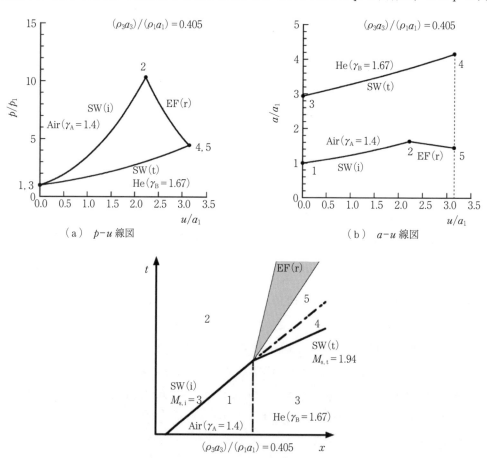

図 9.20　衝撃波と接触面の干渉（$\rho_1 a_1 > \rho_3 a_3$），灰色部分はイクスパンションファン

9.6 衝撃波と接触面の干渉

線と 5 で交わる．$p_5 < p_2$ であるので，この場合の反射波はイクスパンションファン EF(r) になる．

つぎに，**図 9.21** のように，音響インピーダンスが低い媒質 A から高い媒質 B に入射する場合（$\rho_1 a_1 < \rho_3 a_3$）の場合を考える．この場合は，SW(i) の p-u 曲線よりも，SW(t) の p-u 曲線のほうが上にある．2 から引いた A の p-u 曲線は，B の p-u 曲線と 5（$p_5 > p_2$）で交わり，反射波は衝撃波 SW(r) になる．

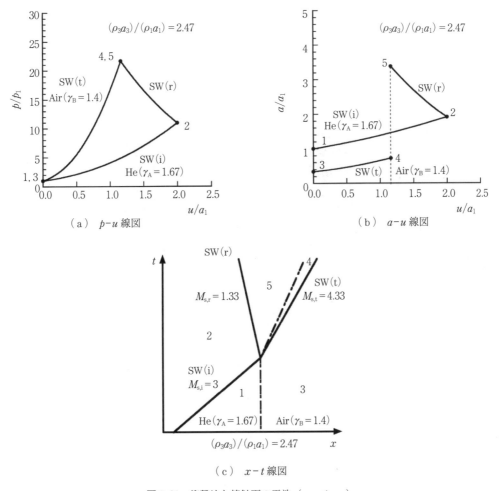

図 9.21 衝撃波と接触面の干渉（$\rho_1 a_1 < \rho_3 a_3$）

コラム I： エネルギー付加による超音速抗力の低減

超音速流れに置かれた物体の前方にエネルギーを付加すると，抗力を低減できることが知られている．**図 I.1** に示すように，超音速流れの中に置かれた物体の前方の一部をレーザーや放電で加熱して高温・低密度の「**バブル**（bubble，あわ）」を作る．これが，衝撃層の中に入ると，壁面上の圧力，そして抗力が低下する．これは，**エネルギー付加**（energy deposition）と

174   9. リーマン問題

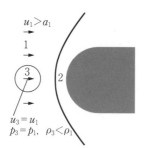

1. エネルギー付加がない場合の上流の状態
2. よどみ線上での衝撃波直後の状態
3. エネルギー付加により高温,低密度になった領域(バブル)

図 I.1 エネルギー付加による超音速抗力の低減の概念図

総称され,流れのマッハ数が高いときに有効な方法であるとの報告がなされている[†1]。

図 I.2 に,マッハ数 1.94 の超音速流れに置かれた直径 20 mm の円柱の上流にレーザーパルスによって繰返しエネルギー付加したときの実験結果の例を示す。図(a)は,エネルギー付

(a) シュリーレン画像[†2]
 ($f=0$ kHz)

(b) シュリーレン画像
 ($E=5.0$ mJ, $f=80$ kHz)

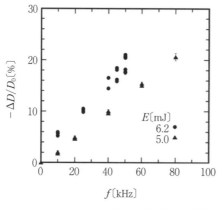

E:1パルス当りのレーザーエネルギー
D_0:エネルギー付加しないときの抗力
f:レーザーパルス繰返し周波数

(c) f と抗力低減量 $-\Delta D$ の関係

図 I.2 エネルギー付加による超音速抗力低減の実験例

---

†1 D. Knight : J. Prop. & Power 24, pp. 1153-1167 (2008)
 P. K. Tret'yakov, et al. : Physics-Doklady 41, pp. 566-567 (1996)
 J.-H. Kim, et al. : AIAA J. 49, 2076-2078 (2011)
†2 密度の勾配が画像の濃淡として現れる流体の可視化法

加をしない場合で，円柱の前方に弓型衝撃波が形成されている．ところが，図(b)のようにエネルギーを付加すると，レーザー加熱領域が衝撃層内で渦輪になって堆積し，仮想的なスパイクを形成する．これに伴って，衝撃波も弱くなり，抗力が低減する（図(c)）．

抗力低減のメカニズムは複雑であるが，まず衝撃波と低密度領域の干渉をリーマン問題としてとらえよう．図 I.1 に示すように，上流流れを状態 1，離脱衝撃波の状態を代表して，よどみ線上の垂直衝撃波の直後を状態 2，バブル内部を状態 3 とする．これは，衝撃波が伝播する向きは逆になるが，図 9.19 の干渉と等価である．

状態 1 の一部を一定体積で単位質量当りエネルギー q だけ加熱し（状態 $1'$），そのあと状態 1 と圧力が等しくなるまで等エントロピー的に膨張した状態が 3 であるとする．熱量的完全気体に対して，以下の関係式が成り立つ[†]．

$$p_3 = p_1$$

$$\frac{1}{\gamma-1}RT_{1'} = \frac{1}{\gamma-1}RT_1 + q \tag{I.1}$$

$$\frac{p_{1'}}{T_{1'}} = \frac{p_1}{T_1} \tag{I.2}$$

$$\frac{p_3}{p_{1'}} = \frac{p_1}{p_{1'}} = \left(\frac{\rho_3}{\rho_{1'}}\right)^\gamma = \left(\frac{\rho_3}{\rho_1}\right)^\gamma \tag{I.3}$$

$$\frac{a_3}{a_{1'}} = \left(\frac{T_3}{T_{1'}}\right)^{1/2} = \left(\frac{\rho_3}{\rho_1}\right)^{\frac{\gamma-1}{2}} \tag{I.4}$$

以上より

$$\frac{\rho_3}{\rho_1} = (1+Q)^{-1/\gamma} \tag{I.5}$$

$$\frac{a_3}{a_1} = (1+Q)^{1/2\gamma} \tag{I.6}$$

$$\frac{\rho_3 a_3}{\rho_1 a_1} = (1+Q)^{-1/2\gamma} \quad (<1) \tag{I.7}$$

$$Q \equiv \frac{q}{\frac{RT_1}{\gamma-1}} = \frac{q}{e_1} \tag{I.8}$$

式 (I.7) より，加熱によって音響インピーダンスが低下することがわかる．

垂直衝撃波関係式を用いて，リーマン問題における L, R の状態を，それぞれ状態 3, 2 に当てはめる．

$$\frac{p_R}{p_L} = \frac{p_2}{p_3} = \frac{p_2}{p_1} = 1 + \frac{2\gamma}{\gamma+1}(M_1^2 - 1) \tag{I.9}$$

$$\begin{cases} \dfrac{u_L}{a_1} = \dfrac{u_3}{a_1} = M_1 \\ \dfrac{\rho_L}{\rho_1} = \dfrac{\rho_3}{\rho_1} = (1+Q)^{-1/\gamma} \\ \dfrac{a_L}{a_1} = \dfrac{a_3}{a_1} = (1+Q)^{1/2\gamma} \end{cases} \tag{I.10}$$

[†] A. Iwakawa, et al.: Trans, JSASS/Aerospace Technology Japan, 60(5), pp. 303-311 (2017)

$$\begin{cases} \dfrac{u_\mathrm{R}}{a_1} = \dfrac{u_2}{a_1} = \dfrac{u_1}{a_1}\dfrac{u_2}{u_1} = M_1\dfrac{\rho_1}{\rho_2} = \dfrac{(\gamma-1)M_1^2+2}{(\gamma+1)M_1} \\ \dfrac{\rho_\mathrm{R}}{\rho_1} = \dfrac{\rho_2}{\rho_1} = \dfrac{(\gamma+1)M_1^2}{(\gamma-1)M_1^2+2} \\ \dfrac{a_\mathrm{R}}{a_1} = \dfrac{a_2}{a_1} = \dfrac{(2\gamma M_1^2-\gamma+1)^{1/2}\{(\gamma-1)M_1^2+2\}^{1/2}}{(\gamma+1)M_1} \end{cases} \quad (\mathrm{I}.11)$$

垂直衝撃波の関係式より

$$\dfrac{\rho_2 a_2}{\rho_1 a_1} > 1$$

なので

$$\dfrac{\rho_\mathrm{L} a_\mathrm{L}}{\rho_\mathrm{R} a_\mathrm{R}} = \dfrac{\rho_3 a_3}{\rho_2 a_2} = \dfrac{\rho_3 a_3}{\rho_1 a_1}\dfrac{\rho_1 a_1}{\rho_2 a_2} < 1$$

となる.すなわち,バブルが衝撃層に入ると,バブル内には透過衝撃波が伝播し,衝撃波背後に膨張波が発生して圧力が低下する.この関係を式(9.11),(9.21)に適用すると,リーマン問題の解は,次式を連立して求めることができる.

$$\dfrac{u_*}{a_1} - \dfrac{u_3}{a_1} = -\dfrac{a_3}{a_1}\left(\dfrac{p_*}{p_1}-1\right)\left\{\dfrac{\dfrac{2}{\gamma(\gamma+1)}}{\dfrac{p_*}{p_1}+\dfrac{\gamma-1}{\gamma+1}}\right\}^{1/2} \quad (\mathrm{I}.12)$$

$$\dfrac{u_*}{a_1} - \dfrac{u_2}{a_1} = \dfrac{2}{\gamma-1}\left\{\left(\dfrac{p_*}{p_2}\right)^{\frac{\gamma-1}{2\gamma}}-1\right\}\dfrac{a_2}{a_1} \quad (\mathrm{I}.13)$$

これらを連立し

$$\dfrac{p_*}{p_1} = f(Q, M_1) \quad (\mathrm{I}.14)$$

$$-(1+Q)^{\frac{1}{2\gamma}}\left(\dfrac{p_*}{p_1}-1\right)\left\{\dfrac{\dfrac{2}{\gamma}}{(\gamma+1)\dfrac{p_*}{p_1}+\gamma-1}\right\}^{1/2}\dfrac{\gamma+1}{2}M_1$$

$$= -(M_1^2-1) + \dfrac{1}{\gamma-1}\left\{\left(\dfrac{p_*}{p_1}\right)^{\frac{\gamma-1}{2\gamma}}\left(\dfrac{2\gamma M_1^2-\gamma+1}{\gamma+1}\right)^{-\frac{\gamma-1}{2\gamma}}-1\right\}(2\gamma M_1^2-\gamma+1)^{1/2}\{(\gamma-1)M_1^2+2\}^{1/2}$$

式(I.14)を式(I.12)に代入すれば,干渉後の流速 u_* が得られる.さらに,垂直衝撃波の関係式より

$$\dfrac{p_*}{p_1} = 1 + \dfrac{2\gamma}{\gamma+1}(M_{\mathrm{s},3*}^2-1) \quad (\mathrm{I}.15)$$

$$M_{\mathrm{s},3*} = \sqrt{\dfrac{\gamma+1}{2\gamma}\left(\dfrac{p_{3*}}{p_1}+\dfrac{\gamma-1}{\gamma+1}\right)} \quad (\mathrm{I}.16)$$

$$\dfrac{a_{3*}}{a_1} = \dfrac{a_3}{a_1}\dfrac{a_{3*}}{a_3} = (1+Q)^{1/2\gamma}\dfrac{(2\gamma M_{\mathrm{s},3*}^2-\gamma+1)^{1/2}\{(\gamma-1)M_{\mathrm{s},3*}^2+2\}^{1/2}}{(\gamma+1)M_{\mathrm{s},3*}} \quad (\mathrm{I}.17)$$

バブル内を伝播する透過衝撃波の速度 $U_{\mathrm{s},3*}$ は

$$\dfrac{U_{\mathrm{s},3*}}{a_1} = \dfrac{u_3 - M_{\mathrm{s},3*}a_{3*}}{a_1} = M_1 - \dfrac{a_{3*}}{a_1}M_{\mathrm{s},3*} \quad (\mathrm{I}.18)$$

図 I.3 に示すとおり,エネルギー付加によって衝撃波背後の圧力が低下し,流れと逆向きの流速が誘起され,透過衝撃波が流れと逆向きに伝播する.これは,衝撃層が上流に膨らむよう

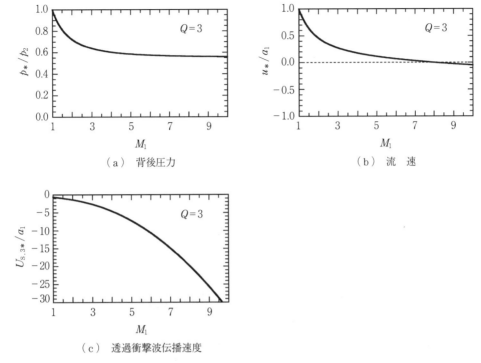

(a) 背後圧力
(b) 流速
(c) 透過衝撃波伝播速度

図 I.3 レンズ効果による背後圧力，流速，透過衝撃波伝播速度の変化

に変形するので，レンズ効果（lens effect）[†] とも呼ばれている．特に，$1<M_1<2$ の低マッハ数のとき，圧力低下，逆向きの流速誘起の効果が大きい．特に流速は，$M_1 \cong 8$ で上流に向くようになる．しかし，それ以上高くしても変化量は飽和する．しかし，M_1 を大きくしていくと，透過衝撃波が流れに逆行する速さは（$|U_{s,3*}|$）がますます高い割合で増加する．すなわち，比較的マッハ数が低いときには圧力低下の割合が大きく，マッハ数を高くしていくと衝撃波が上流に向かって突き出していく効果が顕著になっていく．

[†] D. Knight：J. Prop. Power, 24, pp.1153-1167 (2008)

10

特 性 曲 線 法

　定常二次元超音速流れ（7章），非定常一次元流れ（8章）では，流速や状態量が，時間あるいは空間についての二つの独立変数の関数として表され，オイラー方程式を適用して問題を定式化した．このとき方程式は**双曲型**（hyperbolic）で，それぞれ上流条件，初期条件を与え，特性曲線の干渉を順次解くことによって流れの解が得られる．このような方法を，**特性曲線法**（method of characteristics）といい，本章で扱うような比較的単純な問題では，非常に有用である．

10.1　超音速ノズルの設計

　定常二次元超音速流れの代表例として，特性曲線法で超音速ノズルを設計しよう．ノズル内の流れは剥離せず，壁に沿って流れるとする．5章の定常準一次元流れでは，流れのマッハ数は流路断面積のみの関数であったが，実際の流れは多次元的である．

10.1.1　特性線と流れの変化の扱い

　超音速流れは，流路が拡大する向きに曲がると，プランドル・マイヤー膨張によってマッハ数が増加する．滑らかにつながる流路を，多くの小さな角を曲がる折れ線に置き換えると，それぞれの角からイクスパンションファンが発生する．図10.1(a)はこの様子を示している．イクスパンションファンは，上流（領域1）のマッハ波と下流（領域2）のマッハ

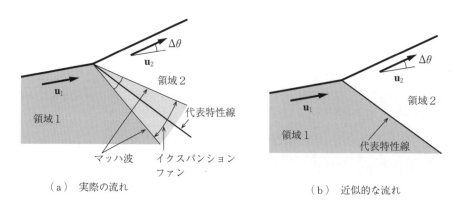

（a）実際の流れ　　　　　　　　　　（b）近似的な流れ

図10.1　代表特性線によるイクスパンションファンの近似

波に挟まれた領域にある．このような広がりを持つ流れの分布を扱うことは，処理が非常に複雑になる．そこで，特性曲線法では，これを1本の代表的な特性線に置きかえることによって，処理を簡便にしている（図(b)）．代表特性線は，領域1，2におけるマッハ波の二等分線とし，その上流側は領域1の状態で一様，下流側は領域2の状態で一様とする．

流れを圧縮するように曲げると，斜め衝撃波が発生し，それを境界として流れが不連続的に変化する．しかし，流れの偏角の変化 $|\Delta\theta|$ が十分小さければ，その変化は等エントロピー的な圧縮波によるものと近似してよい．このとき斜め衝撃波の角度は，前後の状態のマッハ波の二等分線と近似的に一致する．すなわち，膨張，圧縮に関わらず，代表特性線（以降，単に特性線と呼ぶ）の傾きを前後のマッハ波の二等分線とし，それを境に流れが不連続的に変化すると近似することによって，領域を有限個の一様な領域に分割することができる．この近似は，領域分割が細かいほど，精度が高くなる．

図10.2 に二次元ラバールノズル設計の一例を示す．超音速流れは，上部の面の傾きが変化し，特性線が生じることによって変化する．$y=0$ は底面あるいは対称面である．粘性を無視すれば，両者に違いはない．ここでは以降，対称面としておく．亜音速流れが左側の入口から流入し，収縮部で亜音速加速，スロートで音速に達したのち，拡大流路で超音速加速されて流出する．

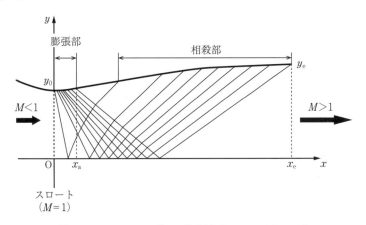

図10.2 ラバールノズルの設計例（$\gamma=1.4$, $M_e=1.7$）

超音速ノズルの設計法ではさまざまな工夫がなされているが，ここでは最も単純な形状として，スロート断面でマッハ数が一様に1.0で，拡大流路が膨張部と相殺部のみからなるものを取り上げる．膨張部では，曲率が正であり，壁面の傾きが増加するのに伴って膨張波が発生する．膨張部の出口（$x=x_a$）は，変曲点となっており，その下流では曲率が負（上に凸）となり，膨張波は発生しない．図では，膨張部での傾きの増加を，偏向角の増分 $\Delta\theta$ を一定とした9段階に分けて，それらによって発生する特性線（この場合は膨張波）のすべてを表示している．膨張波は対称面で反射し，ほかの膨張波と干渉しつつ相殺部に到達する．

相殺部では，反射波によって流れの状態が変化しないように壁の角度すなわち偏向角が与えられる。膨張部と相殺部の間は，一定の傾き（すなわち直線）で接続されている。

図 10.3 は，プラントル・マイヤー関数 ν，偏向角 θ について，特性線で囲まれた領域 3 の状態が，隣り合う上流側の領域 1 および 2 の状態とどのような関係にあるかを示している。7.1 節で示したように，領域 1 と 3 の間では $\nu+\theta$ が保存され，領域 2 と 3 の間では $\nu-\theta$ が保存される。

$$\nu_3+\theta_3=\nu_1+\theta_1 \tag{10.1}$$

$$\nu_3-\theta_3=\nu_2-\theta_2 \tag{10.2}$$

したがって

$$\nu_3=\frac{\nu_1+\nu_2}{2}+\frac{\theta_1-\theta_2}{2} \tag{10.3}$$

$$\theta_3=\frac{\nu_1-\nu_2}{2}+\frac{\theta_1+\theta_2}{2} \tag{10.4}$$

領域 1 と 3 および領域 2 と 3 の境界となる特性線が x 軸となす角を，それぞれ $\alpha_{+,13}$，$\alpha_{-,23}$ とすると

$$\alpha_{+,13}=\frac{(\theta_1+\beta_{M,1})+(\theta_3+\beta_{M,3})}{2} \tag{10.5}$$

$$\alpha_{-,23}=\frac{(\theta_2-\beta_{M,2})+(\theta_3-\beta_{M,3})}{2} \tag{10.6}$$

ここで，β_M はマッハ角を表す。

$$\beta_M=\sin^{-1}\left(\frac{1}{M}\right) \tag{10.7}$$

角度は，それぞれ x 軸に対して反時計回りの向きを正にとっている。

図 10.4 は，特性線 $c_{-,12}$ が対称面で反射して，反射波 $c_{+,23}$ が発生するときの関係を図示

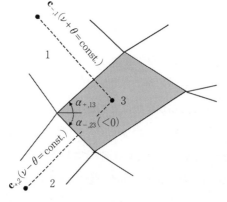

図 10.3　隣り合う領域の関係

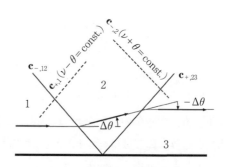

図 10.4　対称面での特性線の反射

したものである．流れは，反射波背後で対称面に平行でなければならないので

$$\theta_2 = \theta_1 + \Delta\theta = \Delta\theta \quad (>0) \tag{10.8}$$

$$\theta_3 = \theta_1 = 0 \tag{10.9}$$

また，リーマン不変量を適用して

$$\nu_2 - \theta_2 = \nu_1 - \theta_1 \tag{10.10}$$

$$\nu_3 + \theta_3 = \nu_2 + \theta_2 \tag{10.11}$$

したがって

$$\nu_2 = \nu_1 + \Delta\theta \tag{10.12}$$

$$\nu_3 = \nu_2 + \Delta\theta \tag{10.13}$$

すなわち，流れは $\mathbf{c}_{-,12}$ を横切って膨張加速したのち，$\mathbf{c}_{+,23}$ を横切るときにさらに膨張加速する．そのときの偏向角の変化の大きさは等しい．

同様に，図 10.5(a)に示すように，上側の壁において偏角が $\Delta\theta$（図では負の値）だけ変化する反射の場合

$$\theta_3 = \theta_1 + \Delta\theta \tag{10.14}$$

$$\nu_3 - \theta_3 = \nu_2 - \theta_2 \tag{10.15}$$

したがって

$$\nu_3 = \nu_2 + \theta_3 - \theta_2 \tag{10.16}$$

図 10.5(b)のように，反射波が相殺されるとき

$$\nu_3 = \nu_2 \tag{10.17}$$

であるので

$$\theta_3 = \theta_2 \tag{10.18}$$

を満たすように，$\Delta\theta$ を与えればよい．式(10.14)，(10.18)より

$$\Delta\theta = \theta_2 - \theta_1 \tag{10.19}$$

以上の過程をスロートから下流に向かって進めていけば，全領域の流れの状態を求めることができる．

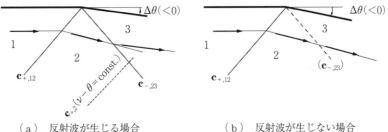

(a) 反射波が生じる場合　　(b) 反射波が生じない場合

図 10.5　壁での特性線の反射

図10.6のように，領域に番号 (i,j) をつける．スロートでの音速流れの領域を $(1,1)$ とし，上部壁に沿って，偏角が変化するごとに，すなわちC₋線を横切るごとに，i を増やしていく．さらに，壁から遠ざかる向きに反射特性線（C₊線）を横切るごとに，j を増やしていく．このように番号付けした領域 (i,j) の流れの状態を求めよう．

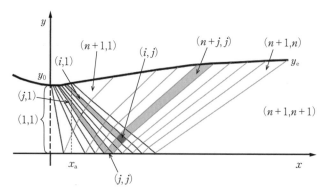

図10.6 領域の番号とその状態の関係

図において，壁に接する領域 $(i,1)$ での偏向角を，下記のように与える．

$$\theta(i,1)=\theta(1,1)+\sum_{k=1}^{i-1}\Delta\theta(k)=\sum_{k=1}^{i-1}\Delta\theta(k) \tag{10.20}$$

$$\Delta\theta(k)=\theta(k+1,1)-\theta(k,1) \tag{10.21}$$

リーマン不変量を適用して

$$\nu(i,1)-\theta(i,1)=\nu(1,1)-\theta(1,1)=\nu(1,1)=0$$

すなわち

$$\nu(i,1)=\theta(i,1)=\sum_{k=1}^{i-1}\Delta\theta(k) \tag{10.22}$$

同様にして，領域 (j,j) に対する関係を書き表すと

$$\nu(j,j)+\theta(j,j)=\nu(j,1)+\theta(j,1)=2\sum_{k=1}^{j-1}\Delta\theta(k)$$

$$\theta(j,j)=0$$

したがって

$$\nu(j,j)=2\sum_{k=1}^{j-1}\Delta\theta(k) \tag{10.23}$$

以上の結果を用いて，領域 (i,j) における値を求めると

$$\nu(i,j)+\theta(i,j)=\nu(i,1)+\theta(i,1)=2\sum_{k=1}^{i-1}\Delta\theta(k)$$

$$\nu(i,j)-\theta(i,j)=\nu(j,j)-\theta(j,j)=2\sum_{k=1}^{j-1}\Delta\theta(k)$$

これらを変形して

$$\nu(i,j)=\sum_{k=1}^{i-1}\Delta\theta(k)+\sum_{k=1}^{j-1}\Delta\theta(k)=\theta(i,1)+\theta(j,1) \tag{10.24}$$

$$\theta(i,j)=\sum_{k=1}^{i-1}\Delta\theta(k)-\sum_{k=1}^{j-1}\Delta\theta(k)=\theta(i,1)-\theta(j,1) \tag{10.25}$$

ν と θ は，領域番号と式(10.24)，(10.25)の簡単な関係にあることがわかる．

10.1.2 ラバールノズルの設計手順

図 10.6 のラバールノズルの設計は，以下の ① ～ ⑧ の手順による．

① 出口の高さ y_e とマッハ数 M_e を与える．

② 式 (5.29) に影響係数を代入し，積分することによって，M_e と断面積 A の比との関係を求める．

$$\frac{dM^2}{M^2} = -\frac{(\gamma-1)M^2+2}{1-M^2}\frac{dA}{A}$$

$$\frac{y_e}{y_0} = \frac{1}{M_e}\left\{\frac{(\gamma-1)M_e^2+2}{\gamma+1}\right\}^{\frac{\gamma+1}{2(\gamma-1)}} \tag{10.26}$$

③ 亜音速部の高さ y の分布（$x<0$）を，滑らかな曲線で与える．スロートで閉塞するための境界条件は

$$\frac{dy}{dx}=0 \quad (x=0) \tag{10.27}$$

さらに，スロートで流れの物理量の微分が連続であるために，y の 2 階微分も連続である必要があり，スロートの上流の流路を設計するときに考慮する必要がある．

④ 膨張部の高さ y の分布（$0 \leq x \leq x_a$）を与える．境界条件は

$x=0$ において $\quad y=y_0 \tag{10.28}$

$$\frac{dy}{dx}=0 \tag{10.29}$$

$x=x_a$ において $\quad \dfrac{dy}{dx}=\tan\theta_{\max} \tag{10.30}$

$$\frac{d^2y}{dx^2}=0 \tag{10.31}$$

ここで，式(10.24) より，一様出口流れに対して，$\nu(n+1,n+1)=2\theta(n+1,1)=2\theta_{\max}$．これと M_e を式(7.46)に代入すると，$\theta_{\max}$ が得られる．これらをすべて満足する多項式のうち，最低次のものは三次式である．

$$\frac{y-y_0}{x_a}=\tan\theta_{\max}\left\{\left(\frac{x}{x_a}\right)^2-\frac{1}{3}\left(\frac{x}{x_a}\right)^3\right\} \quad (0\leq x \leq x_a) \tag{10.32}$$

⑤ 分割数 n を決めて，式(10.32)を n 個の折れ線で表し，$\theta(i,1)$ $(i=2,\cdots,n+1)$ を与える．

⑥ 式(10.24)，(10.25)により，各領域の $\nu(i,j)$，$\theta(i,j)$ $(i=1,\cdots,n, j=1,\cdots,i)$ を求める．

⑦ 相殺部では，式(10.19)を用いて，反射波が出ないように壁の角度を与える．これにより，$\nu(n+1,j)$，$\theta(n+1,j)$ $(j=2,\cdots,n+1)$ が求まる．

⑧ 領域 (1,1)，点 $(0,y_0)$ から出発し，順次に式(10.5)，(10.6)を用いて特性線を求める．

以上により，超音速ノズルを設計することができた．ここでは，その設計の原理を理解することを主眼として，最も単純な設計例を解説した．現実に所定のマッハ数で一様な試験気流を得るためには，より高度な設計が必要となる．例えば，音速線の形状として直線ではなく曲線を仮定したり，部分膨張部を設けて膨張部での断面積変化を緩やかにすることなどが行われている．実際の設計では，ノズル部での境界層の発達によって膨張比が実質的に減少するため，その厚さ分だけ壁の高さ（流路の面積）を補正することが多い．高い M_e を得るためには，上流の全エンタルピーを高くする必要があるが，極度にエンタルピーが高くなると，実在気体効果が問題となり比熱比一定の仮定が成り立たない．このような場合は，特性曲線法による設計は限定的な設計指針を与えるのみで，数値シミュレーションを併用した設計が必要になる．

10.2 衝撃波管作動の波動線図

非定常一次元流れでは，10.1節で扱った空間座標の一つが時間座標に置き換わる．前節と同様に，衝撃波が生じない限りは8章の結果を用いた特性曲線法による解析が可能である．また，衝撃波が発生しても，ほかの衝撃波や界面との干渉であれば，リーマン問題（9章）の解として流れを解析できる．ここでは，図9.8の衝撃波管作動の波動線図の中で，高圧室端での膨張波の反射を例にとって解析してみよう．なお，これは9.4節に示すような解析解が存在する．

図 10.7 のように，x-t 平面において，左側の点Lから伝わる圧力波 $C_{+,L}$ と，右側の点Rから伝わる圧力波 $C_{-,R}$ が点Iで干渉するとする．8.2節の結果を用いると

$$u_I + \frac{2}{\gamma-1} a_I = u_L + \frac{2}{\gamma-1} a_L \tag{10.33}$$

$$u_I - \frac{2}{\gamma-1} a_I = u_R - \frac{2}{\gamma-1} a_R \tag{10.34}$$

したがって

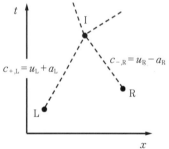

図 10.7 非定常一次元流れにおける特性線の干渉

$$u_I = \frac{u_L + u_R}{2} + \frac{a_L - a_R}{\gamma - 1} \tag{10.35}$$

$$a_I = \frac{\gamma-1}{4}(u_L - u_R) + \frac{a_L + a_R}{2} \tag{10.36}$$

全領域でエントロピーが一様であるとすると，点Iの圧力は，次式から求めることができる．

$$p_I = p_L \left(\frac{a_I}{a_L}\right)^{\frac{2\gamma}{\gamma-1}} = p_R \left(\frac{a_I}{a_R}\right)^{\frac{2\gamma}{\gamma-1}} \tag{10.37}$$

以上のプロセスを入射膨張波と反射膨張波の干渉に対して適用する。

高圧室端，隔膜の位置をそれぞれ，x_A，$x_B=0$ とし，$t=0$ で隔膜が瞬時に破断したとする（**図10.8**（a））。図（b）に示すように，高圧室端に入射してくるイクスパンションファンを，n 個の膨張波に分割し，$i=1,\cdots,n$ の番号を付ける。ここで，$i=1$ の状態は図（a）の状態4に，$i=n$ は状態3に相当する。分割の仕方は任意であるが，ここでは波の伝播速度を等間隔に分割する。反射波については，左側の壁で反射した順番に番号 j をつけ，入射波を $j=0$ とする。i 番目の入射膨張波と j 番目の反射膨張波の交点における値を (i,j) で表す。

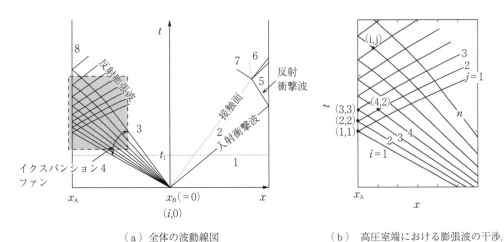

（a）全体の波動線図　　　　（b）高圧室端における膨張波の干渉，図（a）の灰色部分の拡大図

図10.8 衝撃波管作動の波動線図（図9.8と同条件）

$u_4=0$ であるから，i 番目の入射膨張波の伝播速度は

$$c_{-,R}(i,0) = -a_4 + (u_3 - a_3 + a_4)\frac{i-1}{n-1} \tag{10.38}$$

となる。反射波と干渉する前の i 番目の入射膨張波の特性速度 $c_{-,R}(i,0)$ および不変量 $J_-(i)$ について，以下の関係が成り立つ。

$$J_-(i) = u(i,0) - \frac{2}{\gamma-1}a(i,0) \tag{10.39}$$

$$c_{-,R}(i,0) = u(i,0) - a(i,0) \tag{10.40}$$

$$u(i,0) + \frac{2}{\gamma-1}a(i,0) = \frac{2}{\gamma-1}a_4 \tag{10.41}$$

ここで，インデックス $(i,0)$ は，i 番目の入射膨張波を指している。式(10.39)〜(10.41)より

$$a(i,0) = -\frac{\gamma-1}{\gamma+1}c_{-,R}(i,0) + \frac{2}{\gamma+1}a_4 \tag{10.42}$$

$$u(i,0) = \frac{2}{\gamma+1}c_{-,R}(i,0) + \frac{2}{\gamma+1}a_4 \tag{10.43}$$

$$J_-(i) = \frac{4}{\gamma+1} c_{-,R}(i,0) + \frac{2(\gamma-3)}{(\gamma+1)(\gamma-1)} a_4 \tag{10.44}$$

i 番目の入射膨張波（リーマン不変量 $J_-(i)$）の反射波の管端での状態 (i,i) を求める。管端において

$$u(i,i) = 0 \tag{10.45}$$

であるので，式(10.39)より

$$J_-(i) = -\frac{2}{\gamma-1} a(i,i)$$

$$a(i,i) = -\frac{\gamma-1}{2} J_-(i) \tag{10.46}$$

i 番目の反射膨張波に対するリーマン不変量 $J_+(i)$ および管端での特性速度 $c_{+,L}(i,i)$ は

$$J_+(i) = \frac{2}{\gamma-1} a(i,i) \tag{10.47}$$

$$c_{+,L}(i,i) = a(i,i) \tag{10.48}$$

j 番目の反射膨張波は，$i=j+1,\cdots,n$ 番目の入射膨張波と順次交差する。j 番目の反射膨張波と i 番目の入射膨張波との交点を $\mathrm{P}(i,j)$ とする。高圧室端（$x=x_A$）にある場合を除いて，点 $\mathrm{P}(i,j)$ では，点 $\mathrm{P}(i-1,j)$ を通りリーマン不変量 $J_+(j)$ を持つ反射膨張波と，点 $\mathrm{P}(i,j-1)$ を通りリーマン不変量 $J_-(i)$ を持つ入射膨張波が交わる。すなわち

$$J_+(j) = u(i,j) + \frac{2}{\gamma-1} a(i,j) \tag{10.49}$$

$$J_-(i) = u(i,j) - \frac{2}{\gamma-1} a(i,j) \tag{10.50}$$

したがって

$$a(i,j) = \frac{\gamma-1}{4} \{J_+(j) - J_-(i)\} \tag{10.51}$$

$$u(i,j) = \frac{1}{2} \{J_+(j) + J_-(i)\} \tag{10.52}$$

式(10.51)，(10.52)に従い，$j=1,\cdots,n$ に対して $i=j+1,\cdots,n$ の点を順次求めていけばイクスパンションファン全体の反射を解くことができる。

$$c_{+,L}(i-1,j) = u(i-1,j) + a(i-1,j) \tag{10.53}$$

$$c_{-,R}(i,j-1) = u(i,j-1) - a(i,j-1) \tag{10.54}$$

$$x(i,j) = x(i,j-1) + c_{-,R}(i,j-1)\{t(i,j) - t(i,j-1)\} \tag{10.55}$$

$$x(i,j) = x(i-1,j) + c_{+,L}(i-1,j)\{t(i,j) - t(i-1,j)\} \tag{10.56}$$

$$t(i,j) = \frac{x(i,j-1) - x(i-1,j) + c_{+,L}(i-1,j) t(i-1,j) - c_{-,R}(i,j-1) t(i,j-1)}{c_{+,L}(i-1,j) - c_{-,R}(i,j-1)} \tag{10.57}$$

11

圧縮性流れの発生と利用

　圧縮性流れの性質をうまく利用すると，高速気流，高圧，高温状態を作りだすことができる。また，ロケットエンジンのノズルや，航空機エンジンの空気取入れ口のように，性能を高めるため圧縮性流体力学の原理に基づいて精密な設計をする必要があるものもある。本章では，そのような装置の代表的なものを取り上げる。

11.1　ノズルとオリフィス

　5章で，流路断面積の変化によって流れを変化させることができることを示した。**ノズル**（nozzle）は，この原理を利用して高速流れを発生させる装置で，圧縮性流れの原理を有効に生かした装置である。その形状は目的や流れのマッハ数によって異なる。

　亜音速流れを加速するために，**先細ノズル**（converging nozzle, 図 11.1（a））が用いられ，スプレー缶の先などに取り付けられている。なお，ろうそくの火を消すときに口をすぼめるのも，同じ原理である。

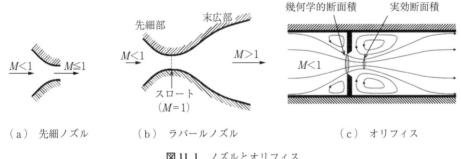

（a）先細ノズル　　（b）ラバールノズル　　（c）オリフィス

図 11.1　ノズルとオリフィス

　先細部のあとに末広部が接続されているものを，**ラバールノズル**（Laval nozzle, 図（b））という。ラバールノズルの作動では，断面積最小部（**スロート**，throat）で閉塞条件が満たされ，流れが音速に達する。ロケットエンジンや超音速風洞では，これを用いて流れを出口まで超音速のまま加速する。また，単に一定流量を流すためにも用いられ，**音速ノズル**（sonic nozzle）あるいは**臨界ノズル**（critical nozzle）とも呼ばれる。**オリフィス**（orifice）は，流路を塞ぐ板に所定の断面積の孔が開けられたものであるが，図（c）のよう

に循環領域ができて壁と等価な流線ができ，閉塞条件を利用して流れの流量を一定に保つので，作動原理は臨界ノズルと同じである．ただし，実際の流れ線をたどるとオリフィスの内径で流路断面積が最小とはならず，下流側で実効的断面積が最小になる．

ノズルの用途は，つぎのように分類できる．

① 一定の流量を得る：流量調整弁，エンジン内の燃料噴射器など
② 高速噴流を発生させる：スプレー，シャワー，口をすぼめてろうそくの火を消す，口笛など
③ 一定の流速・マッハ数を得る：風洞
④ 推力を得る：航空機やロケットのエンジン

11.1.1 断面積と等エントロピー流れの関係

流れを定常準一次元等エントロピー流れとし，熱の出入り，体積力がなく，衝撃波は発生しないとする．流路断面積 A と流れの変数の関係は，5章で述べた関係式を積分することによって得られる．ただし，流れが成り立つために十分な圧力差が確保されていることが必要である．マッハ数 M と A の関係は

$$\frac{dM^2}{M^2} = -\frac{(\gamma-1)M^2+2}{1-M^2}\frac{dA}{A} \tag{11.1}$$

で与えられる．これを積分して

$$\frac{\left(M^2+\frac{2}{\gamma-1}\right)^{\frac{\gamma+1}{\gamma-1}}}{A^2 M^2} = \text{const.} \tag{11.2}$$

閉塞状態（choking state）に添え字 $*$ をつけて表し，$M_*=1$，$A=A_*$ を代入すると次式となる．

$$\frac{A}{A_*} = \frac{\left(\frac{\gamma-1}{\gamma+1}M^2+\frac{2}{\gamma+1}\right)^{\frac{\gamma+1}{2(\gamma-1)}}}{M} \tag{11.3}$$

式 (11.3) は，M を A のみの陰関数として与える．同様に次式が成り立つ．

$$\frac{du}{u} = \frac{1}{(\gamma-1)M^2+2}\frac{dM^2}{M^2} = \left\{-\frac{\frac{\gamma-1}{2}}{(\gamma-1)M^2+2}+\frac{\frac{1}{2}}{M^2}\right\}dM^2$$

$$\frac{u^2}{u_*^2} = \frac{u^2}{a_*^2} = \frac{(\gamma+1)M^2}{(\gamma-1)M^2+2} \tag{11.4}$$

$$\frac{dp}{p} = \frac{\gamma M^2}{1-M^2}\frac{dA}{A} = -\frac{\gamma}{(\gamma-1)M^2+2}dM^2$$

$$\frac{p}{p_*} = \left(\frac{\gamma-1}{\gamma+1}M^2+\frac{2}{\gamma+1}\right)^{-\frac{\gamma}{\gamma-1}} \tag{11.5}$$

熱力学状態量については，**よどみ状態** (stagnation state)（添え字 t，$M_t=u_t=0$）を基準にすると便利である。

$$\frac{p}{p_t}=\left\{\frac{2}{(\gamma-1)M^2+2}\right\}^{\frac{\gamma}{\gamma-1}} \tag{11.6}$$

p_t は全圧である。同様に

$$\frac{dT}{T}=\frac{da^2}{a^2}=-\frac{(\gamma-1)dM^2}{(\gamma-1)M^2+2}$$

$$\frac{T}{T_t}=\left(\frac{a}{a_t}\right)^2=\frac{2}{(\gamma-1)M^2+2} \tag{11.7}$$

T_t は全温である。

$$\frac{\rho}{\rho_t}=\left\{\frac{2}{(\gamma-1)M^2+2}\right\}^{\frac{1}{\gamma-1}} \tag{11.8}$$

以上のように，閉塞状態あるいはよどみ状態の値で無次元化された流れの変数は，M のみの関数となる（**図 11.2**）。流路断面積変化 dA は，音速点（$M=1$）を境に符号が逆転し，マッハ数 M の増加に伴い，亜音速（$M<1$）では減少，超音速（$M>1$）では増加，音速点で最小値（$A=A_*$）をとる。M が増加するのに伴い，気体は断熱膨張し，圧力 p，温度 T，密度 ρ は単調に低下する。

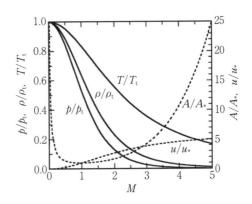

図 11.2 マッハ数と流路断面積，流れの変化

11.1.2 流　　　量

出口が $dA=0$ になっている先細ノズルを考える。オリフィス，ラバールノズルでも，流路断面積が最小になる部分での扱いは同様である。流量は，出口の流路断面積 A_*，全圧 p_t，出口の雰囲気圧力 p_a で決まる。出口の流れの状態は未知であるので，変数に $'$ を付けて表そう。式(11.7)，(11.8)を用いると，**質量流量** $\dot{m}$ は次式で与えられる。

$$\dot{m}=\rho'u'A_*=\frac{\rho'}{\rho_t}\frac{u'}{a'}\frac{a'}{a_t}\rho_t a_t A_*=M'\left\{\frac{2}{(\gamma-1)M'^2+2}\right\}^{\frac{\gamma+1}{2(\gamma-1)}}\rho_t a_t A_* \tag{11.9}$$

また，式(11.6)より

$$M'=\sqrt{\frac{2}{\gamma-1}\left\{\left(\frac{p'}{p_t}\right)^{-\frac{\gamma-1}{\gamma}}-1\right\}} \tag{11.10}$$

式(11.6)，(11.9)，(11.10)より

$$\phi \equiv \frac{\dot{m}}{\rho_t a_t A_*} = \left(\frac{p'}{p_t}\right)^{\frac{\gamma+1}{2\gamma}} \sqrt{\frac{2}{\gamma-1}\left\{\left(\frac{p'}{p_t}\right)^{-\frac{\gamma-1}{\gamma}} - 1\right\}} \tag{11.11}$$

式(11.11)は，無次元流量 ϕ が圧力比 p'/p_t の関数であることを表している．右辺を微分して 0 とおくと，ϕ は

$$\frac{p'}{p_t} \equiv \left(\frac{p'}{p_t}\right)_c = \left(\frac{2}{\gamma+1}\right)^{\frac{\gamma}{\gamma-1}} \tag{11.12}$$

のとき，極大値

$$\phi_c \equiv \left(\frac{2}{\gamma+1}\right)^{\frac{\gamma+1}{2(\gamma-1)}} \tag{11.13}$$

をとることがわかる．このとき式(11.10)より

$$M' = 1$$

であり，閉塞条件と等価であることがわかる．このような状態を**臨界状態**（critical state）と呼び，式(11.12)，(11.13)をそれぞれ**臨界圧力比**（critical pressure ratio），**臨界流量**（critical mass flow rate）という†．式(11.11)，(11.13)より

$$\dot{m} = \left(\frac{2}{\gamma+1}\right)^{\frac{\gamma+1}{2(\gamma-1)}} \rho_t a_t A_* = \left(\frac{2}{\gamma+1}\right)^{\frac{\gamma+1}{2(\gamma-1)}} \frac{p_t}{RT_t} \sqrt{\gamma RT_t} A_* = \left(\frac{2}{\gamma+1}\right)^{\frac{\gamma+1}{2(\gamma-1)}} p_t A_* \sqrt{\frac{\gamma}{RT_t}} \tag{11.14}$$

すなわち，全温が一定であるとき，臨界状態における質量流量は，スロート断面積と全圧に比例する．これは，実用上非常に便利な関係であり，流量を一定に保つのに広く用いられている．

流れが閉塞すると，下流の状態が上流に伝播しないため，下流の圧力をさらに低くしても流量は一定に保たれる．多くの流体機器では，これを利用して流量を制御している．式(11.6)～(11.8)に，閉塞条件 $M=1$ を代入すると

$$\frac{p_*}{p_t} = \left(\frac{2}{\gamma+1}\right)^{\frac{\gamma}{\gamma-1}} \tag{11.15}$$

$$\frac{T_*}{T_t} = \left(\frac{a_*}{a_t}\right)^2 = \frac{2}{\gamma+1} \tag{11.16}$$

$$\frac{\rho_*}{\rho_t} = \left(\frac{2}{\gamma+1}\right)^{\frac{1}{\gamma-1}} \tag{11.17}$$

が得られる．$\gamma=1.4$ のとき $p_*/p_t \cong 0.528$ となる．$p_a \leq p_*$ であれば，流れは閉塞する．すなわち，流れを閉塞させて流量を一定にするためには，よどみ状態の圧力が，雰囲気圧力の約 2 倍（$=1/0.528 \cong 1.89$）以上である必要がある．

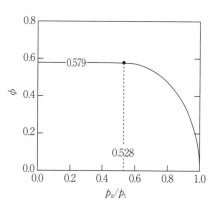

図 11.3 ϕ と圧力比 p_a/p_t との関係，$\gamma=1.4$

---

† $\phi_c = C_m p_t/(\rho_t a_t)$ と整理して，C_m を**質量流量係数**（mass flow coefficient）と呼ぶこともある．

$p_a > p_*$ であると，流れは閉塞せず $p' = p_a$ となり，ϕ は式(11.11)に従って変化する（図11.3）。

コラム J：　容器からの気体の放出

図J.1 に示すように，容積 V の容器に，圧力 p_0，温度 T_0 の気体（比熱比 γ）が充填されているとする。この気体が，断面積 A_* の流路を通して雰囲気圧 p_a の大気中に放出されるとき，ガスが流出するまでの時間を求めよう。ただし，この時間は臨界状態が持続する時間とみなす。

気体の放出が始まってから経過した時間を，そのときの容器内の圧力，温度を $p(t)$，$T(t)$ とする。臨界流量は式(11.14)で与えられ，それと気体の状態方程式より

$$\dot{m} = -\frac{d}{dt}\left(\frac{pV}{RT}\right) = \left(\frac{2}{\gamma+1}\right)^{\frac{\gamma+1}{2(\gamma-1)}} pA_*\sqrt{\frac{\gamma}{RT}} \quad (\text{J.1})$$

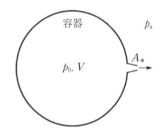

図J.1　容器からの気体の放出

容器内の気体は，等エントロピー膨張すると，式(2.54)より

$$\frac{p}{p_0} = \left(\frac{T}{T_0}\right)^{\frac{\gamma}{\gamma-1}} \quad (\text{J.2})$$

式(J.1)，(J.2)を連立して

$$\left(\frac{p}{p_0}\right)^{-\frac{\gamma+1}{2\gamma}} d\left(\frac{p}{p_0}\right)^{1/\gamma} = \left(\frac{2}{\gamma+1}\right)^{\frac{\gamma+1}{2(\gamma-1)}} \frac{A_*}{V}\sqrt{\gamma RT_0}\, dt \quad (\text{J.3})$$

これを解いて

$$\frac{p}{p_0} = \left\{1 - \frac{\gamma-1}{2}\left(\frac{2}{\gamma+1}\right)^{\frac{\gamma+1}{2(\gamma-1)}} \frac{A_* a_0}{V} t\right\}^{\frac{\gamma-1}{2\gamma}} \quad (\text{J.4})$$

を得る。この式は，容器内圧力の時間変化を与える。$t = t_c$ で臨界圧力に達したとして，式(11.12)を代入して変形すると，次式となる。

$$t_c = \frac{2}{\gamma-1}\left(\frac{2}{\gamma+1}\right)^{-\frac{\gamma+1}{2(\gamma-1)}} \left\{\left(\frac{p_0}{p_a}\right)^{\frac{\gamma-1}{2\gamma}}\left(\frac{2}{\gamma+1}\right)^{1/2} - 1\right\} \frac{V}{A_* a_0} \quad (\text{J.5})$$

11.1.3　推　力

図11.4のようなガスジェットを考え，容器内の気体がラバールノズルを通じて外部に排出されるとする。この装置の推力 F を計算してみよう。容器は，一定断面積を持ち，ラバールノズルにつながれている。容器の上流端面はよどみ状態（$u = 0$）で添え字 t を付け，ノズル入口，スロート，出口の状態をそれぞれ添え字 1，*，2 を付けて表す。圧力の時間変化は無視する。ガスジェットの外壁には，一様な**背圧**（back pressure）p_a が作用している。

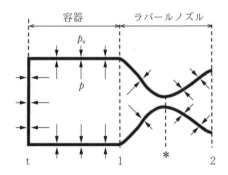

図11.4　ガスジェット

ノズル出口をふさいでガスが流れない状態にすると,装置は周囲の一様な雰囲気圧力 p_a の中に置かれることになり,内部の圧力に関わらず推力は発生しない。ガスジェットが作動しているときの推力は,この状態との力の差となる。出口には壁がないので,壁の外側は前面の面積 A_2 にかかる圧力分 $p_a A_2$ だけ負の推力(すなわち抵抗)となる。これは,A_1 と A_2 の大小関係によらない。壁の内側の上流端では,正の推力の向き(左前向き)の力 $p_t A_1$ がかかっており,これに側壁にかかる圧力による正の向きの力 $\int_1^2 p\,dA$ を加えれば,合力である推力 F が得られる。

$$\begin{aligned} F &= -p_a A_2 + p_t A_1 + \int_1^2 p\,dA \\ &= -p_a A_2 + p_t A_1 + [pA]_1^2 - \int_1^2 A\,dp \\ &= -p_a A_2 + p_t A_1 + p_2 A_2 - p_1 A_1 - \int_1^2 A\,dp \end{aligned} \tag{11.18}$$

壁との摩擦を無視すると,t と 1 の間の運動量保存式は

$$p_t A_1 = p_1 A_1 + \rho_1 u_1^2 A_1 = p_1 A_1 + \dot{m} u_1 \qquad \because\ \dot{m} = \rho_1 u_1 A_1 \tag{11.19}$$

また

$$dp = -\rho u\,du \tag{5.12 より}$$

を用いて

$$\int_1^2 A\,dp = -\int_1^2 \rho u A\,du = -\dot{m}(u_2 - u_1) \tag{11.20}$$

式(11.19),(11.20)を式(11.18)に代入して

$$F = \dot{m} u_2 + (p_2 - p_a) A_2 \tag{11.21}$$

式(11.21)は,F をノズル出口の状態のみで表しており,推力が単位時間当りに排出される運動量に等しいことを示している。右辺第1項を**運動量推力**(momentum thrust),第2項を,**圧力推力**(pressure thrust)と呼ぶ。ロケットエンジンでは,通常の設計で地上にて $p_2 < p_a$ であり,打上げ時には圧力推力は負になる。

ノズルによる推力は,**推力係数**(thrust coefficient)C_F で評価される。

$$C_F \equiv \frac{F}{p_t A_*} = \frac{1}{p_t A_*}\{\rho_2 u_2^2 A_2 + (p_2 - p_a)A_2\} = \left\{\gamma M_2^2 \frac{p_2}{p_t} + \left(\frac{p_2}{p_t} - \frac{p_a}{p_t}\right)\right\}\frac{A_2}{A_*} \tag{11.22}$$

ロケットエンジンでは,上空へ行くほど,すなわち p_a/p_t が小さいほど,圧力推力が増加するため C_F が大きくなる。スロート断面積に対する出口断面積の比を**膨張比**(expansion ratio)と呼ぶ。等エントロピー流れに対して,ノズル出口でのマッハ数 M_2,圧力比 p_2/p_t は膨張比の関数である。式(11.10)より

$$M_2^2 = \frac{2}{\gamma - 1}\left\{\left(\frac{p_2}{p_t}\right)^{-\frac{\gamma-1}{\gamma}} - 1\right\} \tag{11.23}$$

これと，式(11.3)より

$$\frac{A_2}{A_*} = \frac{\left(\dfrac{2}{\gamma+1}\right)^{\frac{\gamma+1}{2(\gamma-1)}} \left(\dfrac{p_2}{p_t}\right)^{-\frac{\gamma+1}{2\gamma}}}{\sqrt{\dfrac{2}{\gamma-1}\left\{\left(\dfrac{p_2}{p_t}\right)^{-\frac{\gamma-1}{\gamma}} - 1\right\}}} \tag{11.24}$$

式(11.24)は，p_2/p_t を A_2/A_* の陰関数として与える．これと式(11.23)を式(11.22)に代入すると，C_F が A_2/A_* の関数として与えられる．図11.5(a)は，$p_a=0$ である極限的な場合で，膨張比を大きくしていくと，圧力推力は小さくなるが，運動量推力が増加し，C_F も増加する．

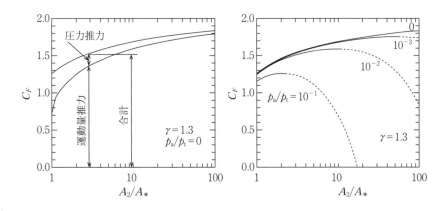

(a) 運動量推力，圧力推力の内訳　　(b) C_F と A_2/A_* の関係

図11.5 膨張比と推力係数の関係（$\gamma=1.3$）

図11.5(b)からわかるように，p_a/p_t 一定のもとで C_F を最大にする膨張比 A_2/A_* が存在する．式(11.22)の p_2/p_t についての偏微分が0であるとすると

$$\frac{\partial C_F}{\partial \left(\frac{p_2}{p_t}\right)} = \frac{A_2}{A_*} \frac{\partial}{\partial \left(\frac{p_2}{p_t}\right)}\left\{\gamma M_2^2 \frac{p_2}{p_t} + \left(\frac{p_2}{p_t} - \frac{p_a}{p_t}\right)\right\} + \left\{\gamma M_2^2 \frac{p_2}{p_t} + \left(\frac{p_2}{p_t} - \frac{p_a}{p_t}\right)\right\} \frac{\partial}{\partial \left(\frac{p_2}{p_t}\right)} \frac{A_2}{A_*}$$

$$= \frac{A_2}{A_*}(\gamma M_2^2 + 1) + \frac{A_2}{A_*} \gamma \frac{p_2}{p_t} \frac{\partial M_2^2}{\partial \left(\frac{p_2}{p_t}\right)} + \left\{\gamma M_2^2 \frac{p_2}{p_t} + \left(\frac{p_2}{p_t} - \frac{p_a}{p_t}\right)\right\} \frac{\partial \left(\frac{A_2}{A_*}\right)}{\partial \left(\frac{p_2}{p_t}\right)}$$

式(11.6)より

$$\frac{\partial M_2^2}{\partial \left(\frac{p_2}{p_t}\right)} = -\frac{(\gamma-1)M_2^2 + 2}{\gamma \left(\frac{p_2}{p_t}\right)}$$

式(11.5)より

$$\frac{\partial\left(\frac{A_2}{A_*}\right)}{\partial\left(\frac{p_2}{p_\mathrm{t}}\right)} = \frac{1-M_2^2}{\gamma M_2^2}\frac{\frac{A_2}{A_*}}{\frac{p_2}{p_\mathrm{t}}}$$

したがって

$$\frac{\partial C_F}{\partial\left(\frac{p_2}{p_\mathrm{t}}\right)} = \frac{A_2}{A_*}(\gamma M_2^2+1) - \frac{(\gamma-1)M_2^2+2}{\gamma\left(\frac{p_2}{p_\mathrm{t}}\right)}\frac{A_2}{A_*}\gamma\frac{p_2}{p_\mathrm{t}} + \left\{\gamma M_2^2\frac{p_2}{p_\mathrm{t}} + \left(\frac{p_2}{p_\mathrm{t}}-\frac{p_\mathrm{a}}{p_\mathrm{t}}\right)\right\}\frac{1-M_2^2}{\gamma M_2^2}\frac{\frac{A_2}{A_*}}{\frac{p_2}{p_\mathrm{t}}}$$

$$= \left(1-\frac{\frac{p_\mathrm{a}}{p_\mathrm{t}}}{\frac{p_2}{p_\mathrm{t}}}\right)\frac{1-M_2^2}{\gamma M_2^2}\frac{A_2}{A_*}$$

$M_2>1$ に対して，C_F を最大にするためには

$$p_2 = p_\mathrm{a} \tag{11.25}$$

すなわち，ノズル出口での圧力が周囲の圧力に等しいとき，C_F が最大となる。このような作動を，**適正膨張**（optimum expansion）という。このとき，式(11.22)より，圧力推力は 0 になり，推力は運動量推力のみとなる。

11.1.4 ノズル圧力比と流れの形態

ここまでは，ノズル内部の流れのマッハ数が，下流の圧力の影響を受けずに断面積比のみで決まる等エントロピー流れを仮定してきた。しかし，ほとんどの作動条件において，ノズル出口での流れの圧力は雰囲気圧力と異なっている。その力の不つり合いを解消するため，ノズル内外に衝撃波や膨張波が発生する。

ノズル圧力比（nozzle pressure ratio，**NPR**）

$$\mathrm{NPR} \equiv \frac{p_\mathrm{t}}{p_\mathrm{a}} \quad (>1) \tag{11.26}$$

を定義する。流れの形態は，**図 11.6** のように整理することができる[†]。

〔1〕 **全域亜音速流れ**　NPR が 1 に近いとき，流れは上流の縮流部で亜音速加速し，下流の末広部で再び減速，結局全域で亜音速になる。

〔2〕 **臨界流れ**（critical flow）　NPR をしだいに高めていくと（p_t を固定して p_a をしだいに低くしていくと），スロートで流速が音速に達する。このとき，下流の末広部で亜音速減速するか超音速加速するかの分かれ目になる。このときのスロートでの圧力とよどみ点圧力の比は**臨界圧力比**になる。式(11.15)より次式となる。

[†] ただし，実際のノズル内部の流れでは，境界層との干渉や，流れが剥離するなどして，より複雑な形態となることが多々ある。

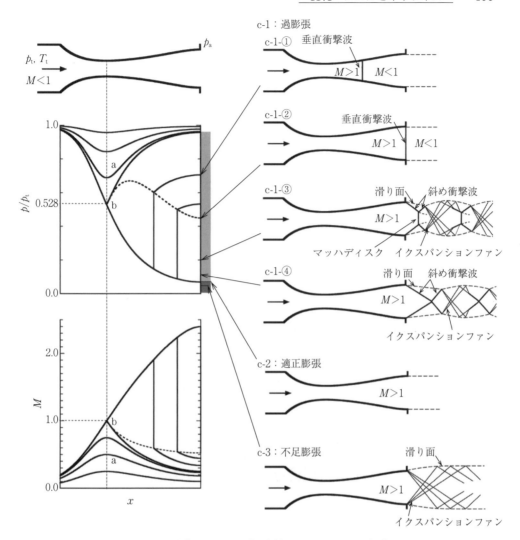

図 11.6 異なる背圧下でのノズル内外の流れ，$\gamma=1.4$，膨張比 2.4

$$\beta_c \equiv \frac{p_*}{p_t} = \left(\frac{2}{\gamma+1}\right)^{\frac{\gamma}{\gamma-1}} \tag{11.27}$$

〔3〕**閉塞流れ**（choked flow）　NPR$>1/\beta_c$ のとき，スロートのすぐ下流の末広部で流れが超音速となるため，背圧の影響を受けず，流量は背圧に依存せず一定になる。スロート下流の流れが等エントロピーを保つとすると，流れのマッハ数は断面積比のみの関数となる。このように求めた出口圧力と背圧とは下記（2）の条件を除いて一致しない。NPRを徐々に高めていくと，流れはつぎのように変化していく。

（**1**）**過膨張流れ**　ノズル出口圧力よりも背圧のほうが高い状態を過膨張（overexpansion）という。このとき，流れの圧力を高めてバランスをとるためにノズル内外に衝撃波が

発生する。その形態と位置は、流れの圧力が背圧と等しくなるように自己調節される。NPRを上げていくと、図11.6で右上から①→④の順に示すように形態が変わる。

① 背圧が比較的高いとき、末広部に垂直衝撃波が発生し、その背後で亜音速減速して、出口で圧力が背圧に等しくなる。

② 垂直衝撃波がノズル出口に達する。

③ ノズル出口での静圧は、まだ背圧よりも低いが、垂直衝撃波が発生してしまうほどではない。このようなとき、出口から斜め衝撃波が生じ、流れは中心の方に曲げられる。斜め衝撃波は、マッハ反射して対称面付近にマッハディスク（垂直衝撃波）が現れる。

④ ノズル出口で斜め衝撃波が発生し、対称面で正常反射する。反射衝撃波は、ジェットの自由界面（滑り面かつ密度不連続面になっている）で膨張波として反射し、以下衝撃波（または圧縮波）と膨張波の干渉を繰り返す。

（2） **適正膨張** ノズル出口の静圧が背圧と一致し、出口で圧力波が発生しない。このとき、スロート上流で亜音速流れ、スロートで音速、下流全域で超音速流れとなり、流れは向きを変えずに排気され、雰囲気気体との間に滑り面が形成される。

（3） **不足膨張**（under-expansion） 雰囲気の圧力をさらに低くしても、末広部全域で超音速流れが保たれることに変わりはない。しかし、出口での静圧が背圧よりも高くなり、出口でイクスパンションファンが発生し、流れはさらに加速され外向きに曲げられる。静圧が雰囲気圧力とつり合うまで、圧力波の干渉、反射が繰り返される。

11.2 超音速ディフューザー

流れを減速させて静圧を高める流体機器を**ディフューザー**と呼ぶ。これによって、航空機エンジンの圧縮機に効率よく流れを導入したり、風洞試験部下流で低損失、低騒音で流れを循環または排気する。入口の流れが超音速である**超音速ディフューザー**（supersonic diffuser）は、流れを低損失で亜音速まで減速させることを目的としている。**図11.7**は超音速ディフューザーの作動を模式的に表している。図(a)のように、ノズルの逆過程として、等エントロピー的に超音速流れを亜音速流れまで減速するのは現実的に不可能で、図(b)

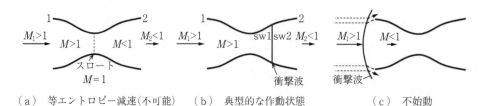

（a） 等エントロピー減速(不可能) 　（b） 典型的な作動状態 　　（c） 不始動

図11.7 超音速ディフューザー（一次元モデル）

のように，流路断面積を減少させて超音速流れを減速し，拡大部で垂直衝撃波を定在させて流れを亜音速まで減速させる．このような作動は，じょう乱に対してもある程度安定である．しかし，条件を適切に設定しないと，**不始動**（unstart）（図(c)）を起こしていまい，流量，圧力の大きな損失をもたらし，また大きな抗力が発生し，機器自体の作動が成り立たなくなる．

ここでは，超音速ディフューザーの作動条件と性能について考える．ただし，簡単のために境界層の影響は考慮しないことにする．

11.2.1　一次元的取扱い

まず，超音速ディフューザーの流れを定常準一次元流れとして扱い，その作動範囲を調べる．実際に超音速流れを減速させるときには衝撃波を伴い，エントロピーは増加する．しかし，ここでは簡単のため，超音速流れが保たれる範囲で等エントロピー変化すると仮定する．断面積 A とマッハ数 M の関係式(11.2)より

$$\frac{A}{A_1} = \frac{M_1}{M}\left\{\frac{(\gamma-1)M^2+2}{(\gamma-1)M_1^2+2}\right\}^{\frac{\gamma+1}{2(\gamma-1)}} \tag{11.28}$$

図 11.8 は，流れが超音速の状態での M，圧力 p と A の関係を表す．入口（$A=A_1$）から流入した流れは，収縮部（converging 部）で A の減少に伴って減速する．ただしこれは，$M=1$（sonic 点）に達しない，すなわち閉塞しないことが条件となる．このとき，スロートより下流の拡大部（diverging 部）で，流れは再び加速する（**図 11.9**(a)）．流速がスロートで音速に達するのが，閉塞状態（図(b)）である．図(c)に示すような，スロートよりも手前で流れが閉塞する解は存在しない．すなわち，ディフューザーが作動するための必要条件は，等エントロピー流れがスロートよりも手前で閉塞しないことであり，次式で表される．

$$A_{\text{throat}} \geq A_* \tag{11.29}$$

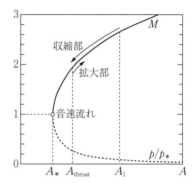

図 11.8 超音速領域（等エントロピー流れ）でのディフューザーの作動（$\gamma=1.4$）

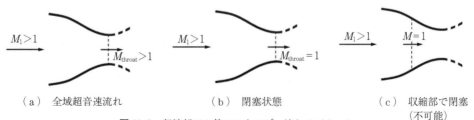

（a）全域超音速流れ　　（b）閉塞状態　　（c）収縮部で閉塞（不可能）

図 11.9 収縮部での等エントロピー流れのパターン

ここで，A_*は閉塞条件に対応するAの値を表す．以降も，閉塞状態に対応する記号には添え字 $*$ をつける．式(11.28)に代入して

$$\frac{A_{\text{throat}}}{A_1} = \frac{M_1}{M_{\text{throat}}}\left\{\frac{(\gamma-1)M_{\text{throat}}^2+2}{(\gamma-1)M_1^2+2}\right\}^{\frac{\gamma+1}{2(\gamma-1)}} \geq \frac{A_*}{A_1} = \frac{M_1}{1}\left\{\frac{(\gamma-1)\cdot 1^2+2}{(\gamma-1)M_1^2+2}\right\}^{\frac{\gamma+1}{2(\gamma-1)}}$$

$$= M_1\left\{\frac{\gamma+1}{(\gamma-1)M_1^2+2}\right\}^{\frac{\gamma+1}{2(\gamma-1)}}$$

$$\therefore\quad \frac{A_{\text{throat}}}{A_1} \geq M_1\left\{\frac{\gamma+1}{(\gamma-1)M_1^2+2}\right\}^{\frac{\gamma+1}{2(\gamma-1)}} \tag{11.30}$$

左辺は，入口に対するスロートの断面積比であり，その逆数は**収縮率**（contraction ratio）と呼ばれる．式(11.30)は，超音速ディフューザーが作動するための必要条件であり，ここでは**等エントロピー非閉塞条件**（isentropic, unchoked condition）と呼ぶことにする．等号は，閉塞状態に対して成り立つ．例えば，$M_1=3$のとき，$A_{\text{throat}}/A_1\geq 0.236$となる．

式(11.6)より，圧力pは次式で与えられる（図11.8）．

$$\frac{p}{p_1} = \left\{\frac{(\gamma-1)M_1^2+2}{(\gamma-1)M^2+2}\right\}^{\frac{\gamma}{\gamma-1}} \tag{11.31}$$

つぎに，超音速ディフューザーの入口に流入する流量を漏らすことなく，垂直衝撃波が定在するときにとりうる流れの形態を考える．垂直衝撃波の背後は亜音速になるので，収縮部では亜音速流れが加速される．垂直衝撃波直後のマッハ数は，流入マッハ数によって一義に決まり，それが定まると，収縮部のマッハ数変化は断面積比のみの関数となる．このようにして求めたマッハ数が，スロートでも1より小さい場合（**図 11.10（a）**），垂直衝撃波は入口に定在することができず，スロートより下流に吸い込まれ，図11.7(b)の形態をとる．すなわち，このような場合ディフューザーは必ず始動する．この極限的な状態が，図11.10(b)で，スロートでマッハ数が1となる．これが，必ず始動する限界の状態で，**カントロビッツ限界**（Kantrowitz limit）[†] と呼ばれる．$M=1$となってもまだ収縮部が続く場合（図

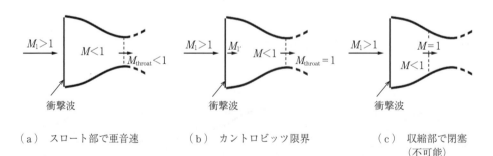

（a）スロート部で亜音速　　（b）カントロビッツ限界　　（c）収縮部で閉塞
　　　　　　　　　　　　　　　　　　　　　　　　　　　　　　　（不可能）

図 11.10　入口に垂直衝撃波がある場合の流れの形態

[†] A. Kantrowitz, C. duP. Donaldson：NACA ACR, No. L5D20（1945）

11.10(c)），閉塞条件を満たすことができず，図 11.7(c) のように，垂直衝撃波が前方に突き出して，取り込まれるべき流れの一部があふれ出し，不始動となる．

カントロビッツ限界は，始動の十分条件（以下「**衝撃波吸込み**（shock wave shallow off）**条件**」と呼ぶ）の限界を与えるもので，熱量的完全気体に対して解析的に求めることができる．図 11.10(b) に示すように，垂直衝撃波背後の状態を添え字 1′ で表す．衝撃波関係式 (4.59) より

$$M_{1'} = \left\{ \frac{(\gamma-1)M_1^2 + 2}{2\gamma M_1^2 - \gamma + 1} \right\}^{1/2} \tag{11.32}$$

これと閉塞条件を式(11.3)に代入して

$$\frac{A_1}{A_{\text{throat}}} = \frac{\left(\frac{\gamma-1}{\gamma+1}M_{1'}^2 + \frac{2}{\gamma+1}\right)^{\frac{\gamma+1}{2(\gamma-1)}}}{M_{1'}}$$

したがって，衝撃波吸込み条件は

$$\frac{A_{\text{throat}}}{A_1} \geq \frac{\{(\gamma-1)M_1^2 + 2\}^{1/2}\{2\gamma M_1^2 - (\gamma-1)\}^{\frac{1}{\gamma-1}}}{(\gamma+1)^{\frac{\gamma+1}{2(\gamma-1)}} M_1^{\frac{\gamma+1}{\gamma-1}}} \tag{11.33}$$

等号が，カントロビッツ限界に相当する．

入口マッハ数 M_1 と断面積比 A_{throat}/A_1 の組合せに対して，つぎの三つの作動領域に分類することができる．

① 必ず**始動**（start）：非閉塞条件（式(11.30)）と衝撃波吸込み条件（式(11.33)）をともに満たす．

② 始動/不始動ともに可能（dual solution domain）：非閉塞条件（式(11.30)）を満たすが，衝撃波吸込み条件（式(11.33)）を満たさない．すなわち，どちらの解が現れるかは，境界条件や流れの履歴が影響する．

③ 必ず**不始動**（unstart）：上記 2 式をともに満たさない．

これらの条件は，**図 11.11** の解の存在範囲としてまとめることができる．dual solution domain においてどちらの解が現れるかは，流れの履歴および流れが受けるじょう乱によって決まる．例えば，この領域に入るのに低マッハ数側からアプローチすると，領域内に入ってもある程度不始動のままになる．しかし，高マッハ数側からマッハ数を下げていくと，ある程度始動状態が持続する．

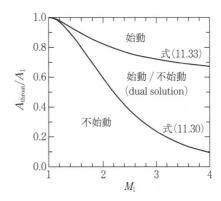

図 11.11 M_1-A_t/A_1 空間における解の存在範囲

超音速流れをディフューザーによって亜音速まで減速させるためには，拡大部に垂直衝撃波を定在させる必要がある（図11.7(b)）。垂直衝撃波背後ではエントロピーが増加し，その増加量は衝撃波マッハ数が高ければ高いほど大きくなる。すなわち，エントロピーの増加をできるだけ抑えるためには，発生する衝撃波の位置をなるべくスロートに近づけたほうがよい。スロートで閉塞条件を満たしていると，衝撃波は音波となりエントロピーは増加しない。しかし，このような極限的な作動は不安定で，実用的ではない。後述のように，衝撃波の位置（断面積 A_{sw}）は，出口2の圧力によって決まる。垂直衝撃波の位置での流路断面積を A_{sw}，その前後の状態をそれぞれ添字 sw1，sw2 で表す。衝撃波までは等エントロピー流れであるとすると，式(11.28)より，衝撃波前面でのマッハ数は

$$\frac{A_{sw}}{A_1} = \frac{M_1}{M_{sw1}}\left\{\frac{(\gamma-1)M_{sw1}^2+2}{(\gamma-1)M_1^2+2}\right\}^{\frac{\gamma+1}{2(\gamma-1)}} \tag{11.34}$$

の解であり，圧力は次式で与えられる。

$$\frac{p_{sw1}}{p_1} = \left\{\frac{(\gamma-1)M_1^2+2}{(\gamma-1)M_{sw1}^2+2}\right\}^{\frac{\gamma}{\gamma-1}} \tag{11.35}$$

垂直衝撃波の関係式(4.47)，(4.60)より

$$\frac{p_{sw2}}{p_{sw1}} = 1 + \frac{2\gamma}{\gamma+1}(M_{sw1}^2-1) \tag{11.36}$$

$$M_{sw2} = \left\{\frac{(\gamma-1)M_{sw1}^2+2}{2\gamma M_{sw1}^2-\gamma+1}\right\}^{1/2} \tag{11.37}$$

出口のマッハ数と圧力は，以下の式で与えられる。

$$\frac{A_2}{A_{sw}} = \frac{M_{sw2}\{(\gamma-1)M_2^2+2\}^{\frac{\gamma+1}{2(\gamma-1)}}}{M_2\{(\gamma-1)M_{sw2}^2+2\}^{\frac{\gamma+1}{2(\gamma-1)}}} \tag{11.38}$$

$$\frac{p_2}{p_{sw2}} = \left\{\frac{(\gamma-1)M_{sw2}^2+2}{(\gamma-1)M_2^2+2}\right\}^{\frac{\gamma}{\gamma-1}} \tag{11.39}$$

ここでは亜音速の解をとることに注意する。出口圧力が与えられている場合，解が式(11.39)を満たすように，衝撃波の位置（断面積 A_{sw}）が決まる。

11.2.2 多次元効果

これまでの結果は，定常一次元流れに基づくものであった。しかし，実際の流れでは，断面積比のみでは流れの性質は決まらない。**図11.12**に入口/出口断面積が等しく幾何形状が異なる三つの場合を示す。図(a)は，軸対照の円筒の中に軸対称（図では円錐状）のセンターボディーを挿入されている。円錐の先端から斜め衝撃波が発生し，壁との間を何度か往復する。ほかの場合に比べて，衝撃波が最も弱く，最も圧力損失が小さい（等エントロピー流れに近い）。図(b)は，二次元流れの場合で，先端から斜め衝撃波が発生し，中心で反射

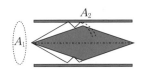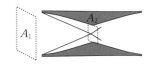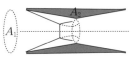
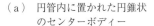

(a) 円管内に置かれた円錐状のセンターボディー　　(b) 二次元流路　　(c) 内向きに収縮する軸対称流れ

図11.12 入口／出口断面積が等しく幾何形状が異なる三つのディフューザー内の流れ

する。非粘性流れであれば，中心に楔を置いて外側を平行流路にしても原理的に同じになる。図では，比較的圧力損失が小さい正常反射の場合を示している。先端から発生する衝撃波は図(a)に比べて強く，その反射でもたらされる圧力損失も大きい。図(c)は，軸対称流で内側に断面積が狭まっていく場合で，先端から発生する衝撃波は最も強くなる。この場合，衝撃波の反射はマッハ反射となり，中心軸上に垂直衝撃波，その背後に亜音速部が現れる。このため，圧力損失は最も大きくなり，不始動が起こりやすくなる。

スクラムジェットエンジン（supersonic combustion ram (SCRAM) jet engine）では，前方の超音速流れをインテーク（すなわち超音速ディフューザー）から取り込み，流れを超音速に保ったまま燃料を燃焼させて推力を得る。このとき，全圧損失が小さいほうが，推進性能が高くなり，かつ始動可能範囲が広くなる。このためには図(a)の形状が最も有利であるが，センターボディーを支える構造が必要となる。図(b)，図(c)では，機体取り付けはより簡便であるが，空力性能のハンディを負っていることは否めない。

11.2.3 擬似衝撃波

ここまでは流路内での境界層を考慮してこなかったが，実際の流路では境界層の影響を強く受けることが多い。境界層内は外部よりも流れが遅く，衝撃波による高圧領域は，境界層内で逆圧力勾配を形成する。すなわち，境界層内部のほうが外部よりも高圧になる領域がより上流にさかのぼる。このような**衝撃波・境界層干渉**（shock-boundary layer interaction）は，高速流体力学の大きな課題の一つである。管内での超音速流れでこれが顕著になると，**擬似衝撃波**（pseudo-shock）が形成され，単独の垂直衝撃波と異なる条件で流れが亜音速まで減速する。

擬似衝撃波は，**図11.13**に示すように，境界層と干渉する衝撃波が繰り返し現れる**ショックトレイン**（shock train）とその下流の**混合領域**（mixing region）によって構成される[†]。ショックトレインでは，境界層との干渉によって衝撃波がマッハ反射あるいは正常反射を繰り返す。マッハ反射が現れ，マッハステムの背後で流れが亜音速になっても，流れは再び膨

[†] K. Matsuo, Y. Miyazato, and H.D. Kim : Shock train and pseudo-shock phenomena in internal gas flows, Progress in Aerospace Sciences, 35, 1, pp.33-100 (1999)

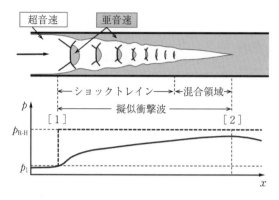

図 11.13 擬似衝撃波による超音速から亜音速流れへの遷移

張加速し，超音速流れになる．これが繰り返されるうちに流れは徐々に減速し，亜音速領域の割合が増えていく．混合領域では，流路の中心付近で超音速流れ，壁付近で亜音速流れとなるが，衝撃波が見られなくなっても，流れはさらに圧縮波によって減速し，ついには全域が亜音速流れとなり，混合領域が終わる．擬似衝撃波全体をみると，入口 [1] から出口 [2] まで管径の何倍もの長さの距離をかけて，超音速流れが亜音速まで減速したことになる．流れの減速にともなって，静圧は増加するが，[2] での静圧は，[1] での流れのマッハ数に対する垂直衝撃波の背後の圧力よりも低くなる．擬似衝撃波よりも下流では，管壁との摩擦力によって，圧力勾配は順方向になり，流れは加速，静圧は低下していく（図 11.13）．

擬似衝撃波は，超音速エンジンの空気取り入れ部分などで発生し，エンジンの作動範囲や性能に大きな影響を及ぼす．

11.3　超音速流れの試験方法

　超音速流れの試験には特別な装置が必要で，その発生原理は比較的単純であるが，装置は比較的大掛かりになる．その方法は，風洞によって流れを発生させるか，物体を自由飛行させるかの 2 通りに大別される．本節では，それぞれの要点に触れ，以降で代表的な装置について詳しく解説する．

11.3.1　超音速風洞
　定常の超音速流れを発生させるためには，ラバールノズルを利用する（図 11.14(a)）．高圧のよどみ状態から，流れを収縮部に導入，末広部で超音速とし，試験部（test section）で流れの状態や力を計測する．その後流れはディフューザーで減速，（2）から排気される．

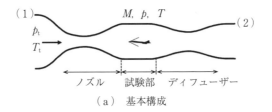
(a) 基本構成

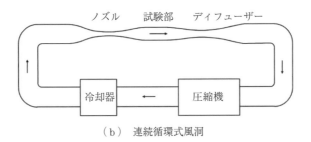
(b) 連続循環式風洞

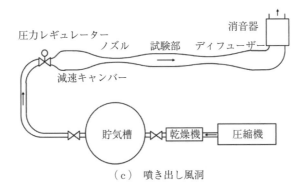
(c) 噴き出し風洞

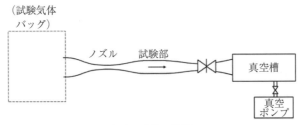
(d) 吸込み風洞

図 11.14 ラバールノズルを用いた超音速風洞

風洞の方式としては，つぎの三つに大別できる．

連続循環式風洞（continuous, closed-circuit tunnel）（図 (b)）は，図 (a) の (1) と (2) を接続して循環式にしたもので，(2) から出た気流を圧縮機，冷却器を通して，再び (1) に導入する．場合によっては試験気流（空気）から水分を除去するために乾燥機（drier）が組み込まれる．連続運転が可能であるが，装置が大掛かりになり，運転コストも

高い。

間欠風洞（intermittent tunnel）は，図（a）の（1）または（2）が有限体積の容器（槽）につながれたもので，（1）に高圧貯気槽がつながれたものを**噴出し風洞**（blow-down tunnel）（図（c）），（2）を真空槽に接続したものを**吸込み風洞**（in-draft tunnel）（図（d））という。吸込み風洞では，ノズルの上流部で基本的には大気を吸い込むが，大気に含まれる水分を除去するために，ガスバッグの中にあらかじめ乾燥した空気入れておいて，それを吸い込む方式もある。

噴出し，吸込み風洞のいずれも，容器に入る気体の量によって作動時間が制限され，作動を再開するには容器内を作動可能な状態に戻す必要がある。また，高圧貯気槽と真空槽をともに接続することもできる。

インパルス風洞（impulse tunnel）は，間欠風洞の範疇に含まれるが，非定常作用によってより高い全エンタルピーを持つ試験流れを発生させる装置で，本書では特に区別することにする。**衝撃風洞**（shock tunnel）は，衝撃波管で生成した反射衝撃波の背後を淀み状態として，ノズルで膨張加速して高速流れを発生させる装置である。**イクスパンション管**（expansion tube）では，ノズルを用いず，非定常膨張により流れを加速する。

11.3.2　超音速自由飛行

超音速流れの実験は，本来超音速飛行を模擬するものである。もちろん，機会が許せば，直接超音速飛行させて調べるのが最良の方法である。前方条件を飛行条件とは独立に設定することができ，もし前方が静止状態であれば，乱れがない流れの実験をすることができる。

ただし，実際に飛行機を超音速飛行させるには，そのための設備が必要で，コストも高く，機会も限られる。また，前方条件は気象条件に頼らざるを得ず，完全に静止した条件を得ることは難しい。機体上でも地上でも，計測できる物理量にも制約がある。また，飛行体のモデルを自由落下させ，超音速飛行を実現することもできるが，実験機会，気象条件，コスト等で制約を受けることに変わりはない。

バリスティックレンジ（ballistic range，超音速自由飛行実験装置）は，小型模型を実験室内で自由飛行させるもので，相似関係が明らかになっている条件での自由飛行実験法としては，機会，コストの面で有効な手段である。

11.4　非定常ドライバー

インパルス風洞では，定常的方法では実現困難である高圧・高温の駆動気体を発生させるため，非定常的作動のドライバーを用いる。

自由ピストンドライバー（free-piston driver）は，ピストンの慣性によって駆動気体を高圧・高温にする装置で，衝撃波管，衝撃風洞，イクスパンション管，バリスティックレンジなどに広く用いられている。基本構成は，**図 11.15** に示すように，**貯気槽**（reservoir）と**圧縮管**（compression tube）で構成され，衝撃波管やバリスティックレンジの加速管に接続される。貯気槽内に自由ピストンを駆動する気体（通常は高圧空気）を充填し，仕切りを取り去ることによって圧縮管内の自由ピストンを加速する。自由ピストンの慣性によって，その前方の衝撃波駆動気体が，ほぼ等エントロピー的に圧縮される。駆動気体の圧力が所定の値に達すると，隔膜が破断し，図 11.15 の場合は，衝撃波管内を入射衝撃波が伝播する。衝撃波駆動気体を高温・高圧にするためには，自由ピストンの質量，速度を上げて慣性力をできるだけ大きくする必要がある。しかし，衝撃波駆動気体の圧力が低くすぎると，自由ピストンが高速で圧縮管端に衝突して装置を痛めてしまい，逆に圧力が高過ぎると十分な駆動圧力まで達することができない。さらに入射衝撃波が発生したあともできるだけ一定の状態を保つことも重要であり，自由ピストンの運動を精密に解析し，設計する必要がある。伊藤らによる**チューンドオペレーション**（tuned operation）は，ピストン前方の圧力が一定に保たれ，自由ピストンが管端に衝突することなく，安全に静止するように作動条件を定める方法である[†1]。

自由ピストンドライバーは，試験気流の全エンタルピーを上げることに対して有効であるが，試験気流の状態を長時間一定に保つことも重要である。Yu[†2]が考案した**後退デトネーションドライバー**（retarding detonation wave driver）（**図 11.16**）は，自由ピストンを用い

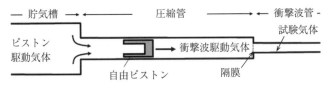

図 11.15 自由ピストンドライバー（衝撃波管に接続された場合）

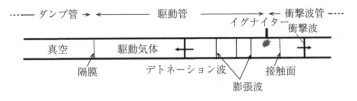

図 11.16 後退デトネーションドライバー

---

†1　K. Itoh, et al.：Improvement of a free piston driver for a high-enthalpy shock tunnel, Shock Waves, 8, pp. 215-233（1998）

†2　H. R. Yu：Proc. Fifth National Symp. on Shock Waves & Shock tubes, November（1988）
　　H. R. Yu, B. Esser, M. Lenartz, H. Grönig,：Shock Waves, 2 (4), pp. 245-254（1992）

ず，デトネーション背後の状態を利用して，比較的長時間圧力を一定にすることができる装置である．駆動管（driver tube）にはデトネーションが可能な可燃性混合気を充填する．駆動管の衝撃波管側の隔膜の手前でデトネーションを起こし，衝撃波管から遠ざかる向きにデトネーション波を伝播させる．その左側のダンプ管（dump tube）内は十分減圧しておき，デトネーション波がダンプ部への隔膜に到達し，それが破断することによって，デトネーション波を減衰させる．デトネーション波が伝播している最中は，背後に圧力がほぼ一定になる領域が形成され，衝撃波管内の試験気体を圧縮する．一般的に，後退デトネーションドライバーは，自由ピストンドライバーに比べて，達成できる駆動気体の全エンタルピーは低いが，一定圧力持続時間をはるかに長くとることができる．

11.5 衝 撃 風 洞

地球の**大気圏再突入**（reentry）やほかの惑星の大気圏突入では，宇宙船がマッハ数20以上で大気を通過するため，前方に強い衝撃波が形成され背後に高温の**衝撃層**（shock layer）が形成される．この衝撃層からの熱伝達から宇宙船を保護するための壁の設計は，重要な課題である．また，空気吸込みエンジンを使った高マッハ数での飛行でも，熱伝達や空力特性を精度よく見積もる必要がある．このような流れでは，全エンタルピーのうちの内部エネルギーの割合は小さく，ほとんどが運動エネルギーであり，流れを特徴づけるのに，マッハ数だけでなく全エンタルピーを用いることが多い．例えば，高度20 kmをマッハ10で飛行するときの全エンタルピーは4.6 MJ/kgとなり，爆薬のエネルギーと同程度以上になる[†]．高度200 kmを7.9 km/sで再突入すると，31 MJ/kgにも達する．

衝撃風洞（shock tunnel）は，衝撃波管の端にノズルを付けた構成になっており，初期状態では，衝撃波管内とその下流の気体は隔膜で仕切りがなされている（**図 11.17**(a)）．入射衝撃波が管端で反射して，反射衝撃波背後に高温・高圧の淀み状態（5）が作り出されると（図(b)），隔膜が破断し，ノズルを通して高速の試験気流が発生する（図(c)）．試験気流が流出すると，ノズル上流（状態5′）の圧力

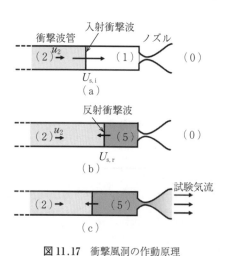

図 11.17 衝撃風洞の作動原理

---

† 代表的な爆薬トリニトロトルエン（TNT）のエネルギーは，4.2 MJ/kgである．

が低下するが，5′の状態がほぼ5の状態に等しいとみなせるあいだ，ほぼ一定状態の試験気流が持続する。

まず，衝撃波による全エンタルピー増加の原理を理解しよう。図11.18に示すように衝撃波管における，入射衝撃波による全エンタルピーの変化を考える。灰色で示した流体要素は，初期状態で静止しており，右向きに伝わる衝撃波によって圧縮，加速される。断面積A，速度U_sの衝撃波で，単位時間に圧縮される流体の質量は$\rho_1 U_s A$である。この流体要素を伸び縮みする物質とみなすと，左端は力$p_2 A$を受けつつ速度u_2で移動しているのに対して，右側はこの瞬間まで変位していない。したがって，要素の左側に単位時間になす仕事$p_2 A u_2$だけ要素の全エネルギーが増える。すなわち次式となる。

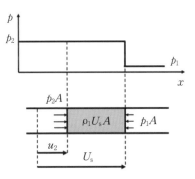

図11.18 右向きに伝わる垂直衝撃波と流体要素に働く力

$$\rho_1 U_s A \Delta \left(e + \frac{1}{2}u^2\right) = p_2 A u_2 > 0 \tag{11.40}$$

衝撃風洞の試験気流の全エンタルピーh_tの変化量を調べよう。比熱比γは一定であるとする。入射衝撃波，反射衝撃波のマッハ数をそれぞれ$M_{s,i}$，$M_{s,r}$とし，衝撃波管作動の慣習にならって，入射衝撃波前方の静止状態を1，背後の状態を2，反射衝撃波背後の状態を5とする。ここでの流速uは，実験室座標上でのものであることに注意する。

$$\frac{p_2}{p_1} = 1 + \frac{2\gamma}{\gamma+1}(M_{s,i}^2 - 1) \tag{11.41}$$

$$\frac{\rho_2}{\rho_1} = \frac{(\gamma+1)M_{s,i}^2}{(\gamma-1)M_{s,i}^2 + 2} \tag{11.42}$$

$$u_2 = \frac{2a_1}{\gamma+1}\left(M_{s,i} - \frac{1}{M_{s,i}}\right) \tag{11.43}$$

より

$$\frac{h_{t,2}}{h_1} = \frac{\frac{\gamma}{\gamma-1}\frac{p_2}{\rho_2} + \frac{1}{2}u_2^2}{h_1} = \frac{2(\gamma-1)M_{s,i}^2 + 3 - \gamma}{\gamma+1} \tag{11.44}$$

つぎに，反射衝撃波背後の状態を考える。式(9.49)より

$$M_{s,r} = \sqrt{\frac{2\gamma M_{s,i}^2 - (\gamma-1)}{(\gamma-1)M_{s,i}^2 + 2}} \tag{11.45}$$

$u_5=0$ であるので

$$\frac{h_{\text{t},5}}{h_2}=\frac{\dfrac{p_5}{\rho_5}}{\dfrac{p_2}{\rho_2}}=\frac{1+\dfrac{2\gamma}{\gamma+1}(M_{\text{s,r}}^2-1)}{\dfrac{(\gamma+1)M_{\text{s,r}}^2}{(\gamma-1)M_{\text{s,r}}^2+2}}=\frac{(2\gamma M_{\text{s,r}}^2-\gamma+1)\{(\gamma-1)M_{\text{s,r}}^2+2\}}{(\gamma+1)^2 M_{\text{s,r}}^2} \tag{11.46}$$

$$\frac{h_{\text{t},5}}{h_1}=\frac{h_{\text{t},5}}{h_2}\frac{h_2}{h_1}==\frac{\{(3\gamma-1)M_{\text{s,i}}^2-2(\gamma-1)\}\{2(\gamma-1)M_{\text{s,i}}^2-\gamma+3\}}{(\gamma+1)^2 M_{\text{s,i}}^2} \tag{11.47}$$

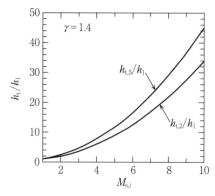

図 11.19 衝撃波による全エンタルピー変化（$\gamma=1.4$）

図 11.19 に示すように，h_t は入射衝撃波，反射衝撃波により増加するが，その増加の割合は $M_{\text{s,i}}$ が大きいほど高くなる。例えば，入射衝撃波のマッハ数が10であると，入射衝撃波背後で34倍，反射衝撃波背後で初期状態の45倍になる。ただし実際には，これだけ高温になると気体の内部自由度が増え，γ が小さくなるので，この比も変わる。

式(11.44)，(11.46)より，反射衝撃波による全エンタルピー増加の上限値は

$$\left.\frac{h_{\text{t},5}}{h_{\text{t},2}}\right|_{M_{\text{s,i}}\to\infty}=\frac{3\gamma-1}{\gamma+1} \tag{11.48}$$

となり，$\gamma=1.4$ のとき，この比は約 1.3 となり，反射衝撃波によっては h_t をそれほど高くできないことがわかる。

壁への熱損失を無視すれば，試験気流の全エンタルピーは入射衝撃波のマッハ数で決ま

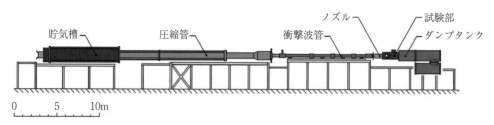

（a）T4（クイーンズラン大学（オーストラリア）提供）

（b）HIEST（宇宙航空研究開発機構提供）

図 11.20 自由ピストン式衝撃風洞

る。これを高めるために，多くの装置で自由ピストンドライバーが用いられ，**自由ピストン式衝撃風洞**（free-piston shock tunnel）あるいは考案者に因んで**ストーカー管**（Stalker tube）[†1]と呼ばれている（**図11.20**）。

姜らは，後退デトネーションドライバーを採用した全長265 mの大型衝撃風洞（**図11.21**）を開発し，試験気流直径2 mで，200 ms以上の試験時間を得ることに成功した[†2]。

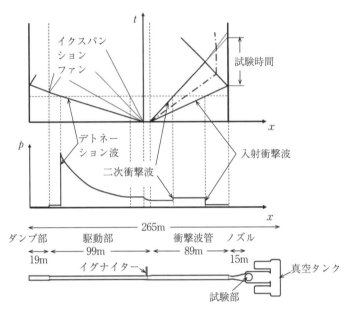

（a）装置図と圧力分布（波動線図の横線の時間），波動線図

（b）外観写真，肉眼では全長を見渡すのが難しい

図11.21 後退デトネーション駆動式衝撃風洞（JF12，中国科学院力学研究所提供）

いずれの方式であっても，試験気流の持続時間を長くとるためには，反射衝撃波が駆動気体と試験気体との接触面を透過するときに，圧力波が管端に向かって反射しないことが好ましい。この条件は，**テーラード条件**（tailored condition）と呼ばれ，リーマン問題を解くこ

[†1] R. J. Starker：A study of the free-piston shock tunnel, AIAA Journal, **5**, 12, pp.2160-2165 (1967)
[†2] Jiang Zonglin, et al.：Chinese Journal of Theoretical and Applied Mechanics, **44**, 5, p.824 (2102)

とによって求めることができる。

11.6 イクスパンション管

イクスパンション管は，衝撃波管で発生した入射衝撃波背後の流れを，淀ませることなく非定常膨張によって加速し，高エンタルピー流れを発生させる装置である。ここではまず，ノズルによる定常的な膨張加速と非定常膨張加速の違いについて考える。ノズルによる定常膨張（**図 11.22**(a)）では，超音速部で流路断面積を徐々に広げる。図の破線で囲まれた検査体積内の気体に作用する合力は下流向きであるが，流れは固定された壁に沿っており，壁自身は動かないので流れに対して仕事をせず，全エンタルピーは一定に保たれる。等エントロピー変化に対して，流れのマッハ数 M と圧力 p，全圧 p_t の関係は，式(11.10)より与えられる。

$$M = \left[\frac{2}{\gamma-1}\left\{\left(\frac{p}{p_\mathrm{t}}\right)^{-\frac{\gamma-1}{\gamma}} - 1\right\}\right]^{1/2} \tag{11.49}$$

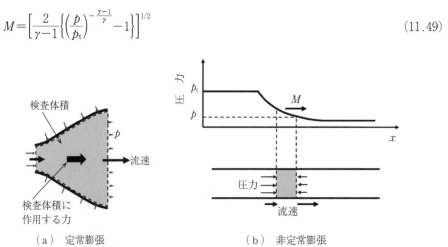

図 11.22　定常膨張と非定常膨張の違い

つぎに，まっすぐな管内での非定常膨張を（図(b)）考える。圧力差がある気体を仕切りを隔てて隣接させておき，その仕切りを急に取り去ると，高圧気体は低圧側に向かって膨張加速する。これは，衝撃波管で高圧室内の駆動気体の動きと同じである。このとき灰色部分の気体について，左側の圧力のほうが右側よりも高いため，右向きに加速される。このとき，左側の高圧気体から仕事を受け，右側の低圧気体に仕事をする。その仕事の大小関係は，圧力と流速の積の差で決まる。左から右に向かうにつれて，圧力が低下し，流速は増加するので，その積の大小関係は一概にはわからない。検査体積の左境界における積の値のほうが大きいとき，検査体積内の気体の全エンタルピーは増加する。

9章のリーマン問題において，Lを静止した高圧状態（添え字 t），L* を膨張加速した状

態（添え字なし）とすると，式(9.11)より

$$\frac{u}{a_t} = \frac{u}{a}\frac{a}{a_t} = M\frac{a}{a_t} = \frac{2}{\gamma-1}\left\{1-\left(\frac{p}{p_t}\right)^{\frac{\gamma-1}{2\gamma}}\right\} \quad (11.50)$$

$$M = \frac{u}{a} \quad (11.51)$$

式(2.54)より

$$\frac{a}{a_t} = \left(\frac{p}{p_t}\right)^{\frac{\gamma-1}{2\gamma}} \quad (11.52)$$

式(11.50)に式(11.52)を代入して

$$M = \frac{2}{\gamma-1}\left\{\left(\frac{p}{p_t}\right)^{-\frac{\gamma-1}{2\gamma}}-1\right\} \quad (11.53)$$

これが，非定常膨張するときの流れのマッハ数と圧力比の関係を表す。

図11.23に示すように，十分低い圧力まで膨張させるとき，非定常膨張（式(11.53)）のほうが定常膨張（式(11.49)）より高いマッハ数を得ることができる。これは，定常膨張では全エンタルピーが一定であるのに対して，非定常膨張では局所的に全エンタルピーをより高い状態にできることと結びついている。

イクスパンション管（**図11.24**）は，下側に示すように衝撃波管の低圧室端に，より低圧の加速

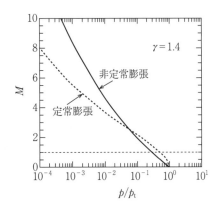

図11.23 p/p_tとMの関係，$M<1$での定常膨張は収縮流路で起こる

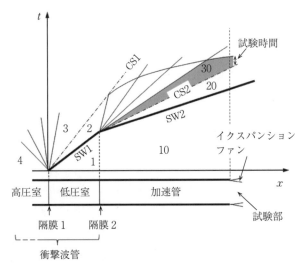

図11.24 イクスパンション管の構成と波動線図

管を付けた構成になっている．衝撃波管の低圧室で衝撃波圧縮した気体を，加速管で非定常膨張加速し，高い全エンタルピー流れを発生させる．試験部は，加速管出口にあり，管端からのイクスパンションファンが影響を及ぼさない領域において，試験状態（領域30，灰色部分）の流れが一定時間持続する．試験気流をよどませないで加速するので，高温過程を経ず，電子励起や解離，電離などに起因する流れの非平衡性を低く抑えることができる．また，可燃性混合気であっても，着火せずに高速流れを発生させることもできる．

一方，試験時間はきわめて短かく，非定常膨張による膨張波，あるいはそれが駆動気体との界面で反射したものが試験部に到達するまで確保する必要がある．その波動線図は複雑で，作動条件，試験部の位置によっては，試験時間がまったく確保されないこともある．

入射衝撃波背後の流れ（図の状態2）を，非定常的に膨張加速することを考える．状態2の全エンタルピーは次式で表される．

$$h_{t,2} = h_2 + \frac{1}{2}u_2^2 = h_2\left(1 + \frac{\gamma-1}{2}M_2^2\right) \tag{11.54}$$

この流体要素が，非定常膨張すると，式(8.44)より

$$u + \frac{2a}{\gamma-1} = u_2 + \frac{2a_2}{\gamma-1} \tag{11.55}$$

2の状態のよどみ状態を，添え字t,2で表す．等エントロピー関係式より

$$a = a_2\left(\frac{p}{p_2}\right)^{\frac{\gamma-1}{2\gamma}} = a_{t,2}\left(\frac{p}{p_{t,2}}\right)^{\frac{\gamma-1}{2\gamma}} \tag{11.56}$$

したがって，全エンタルピー h_t は

$$\frac{h_t}{h_{t,2}} = \frac{h+\frac{1}{2}u^2}{h_{t,2}} = \frac{\frac{a^2}{\gamma-1}+\frac{1}{2}u^2}{\frac{a_{t,2}^2}{\gamma-1}} = \frac{1}{\gamma-1}\left\{(\gamma+1)\left(\frac{p}{p_{t,2}}\right)^{\frac{\gamma-1}{\gamma}} - 4\left(\frac{p}{p_{t,2}}\right)^{\frac{\gamma-1}{2\gamma}} + 2\right\} \tag{11.57}$$

式(11.53)より

$$M = \frac{2}{\gamma-1}\left\{\left(\frac{p}{p_{t,2}}\right)^{-\frac{\gamma-1}{2\gamma}} - 1\right\} \tag{11.58}$$

式(11.57)を微分して，式(11.58)を用いると

$$\frac{dh_t}{h_{t,2}} = \frac{\gamma-1}{\gamma}\left(\frac{p}{p_{t,2}}\right)^{-1/\gamma}(1-M)\frac{dp}{p_{t,2}} \tag{11.59}$$

すなわち，超音速流れ（$M>1$）では，膨張によって圧力が下がると，h_t が増加する．図11.25に示すように，比較的静圧が高く（$p/p_{t,2}>0.058$），マッハ数（式(11.58)）が

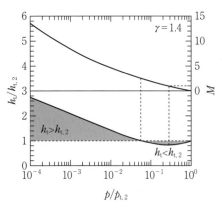

図11.25 非定常膨張による全エンタルピー，マッハ数の変化

低い（$M<2.5$）ときには，全エンタルピー（式(11.57)）はかえって低くなるが，さらに低圧まで膨張すると，全エンタルピーは増加するようになる。

式(11.57)より，非定常膨張の極限を考えると

$$\left.\frac{h_\mathrm{t}}{h_\mathrm{t.2}}\right|_{\frac{p}{p_\mathrm{t.2}}\to 0}=\frac{2}{\gamma-1} \tag{11.60}$$

これは，脱出速度（式(9.23)）での全エンタルピーに相当する。$\gamma=1.4$のとき，この極限値は5となる。反射衝撃波に上限が約1.3であったのに比べると，非定常膨張がいかに有効であるかがわかる。

クイーンズランド大学（ブリスベン，オーストラリア）にある大型イクスパンション管X3（図11.26）では，ストーカー管と同じように自由ピストンドライバーが採用されている。

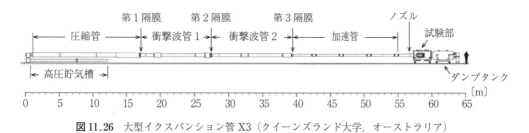

図11.26 大型イクスパンション管X3（クイーンズランド大学，オーストラリア）

11.7　バリスティックレンジ

バリスティックレンジ（ballistic range）（**図11.27**）は，高圧ガスによって飛行体（または**プロジェクタイル**，projectile）を高速まで加速して射出する装置であり，実験室での超音速飛行実験が可能である。また，固体の衝撃・超高圧発生実験などにも用いられる。飛行体は，駆動気体の圧力により加速されるが，速度が高くなるのにつれて，膨張波によって背後の圧力が低くなる。前方の初期状態は，試験部の圧力と等しくなっており，飛行体の運動によって圧縮波が衝撃波に遷移し，**プリカーサー衝撃波**（precursor shock wave）として伝播する[†]。図11.27の下側の図は，$t=t_1$における飛行体，プリカーサー衝撃波，膨

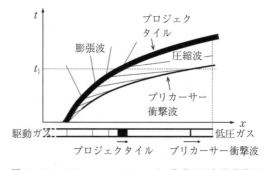

図11.27 バリスティックレンジの作動原理と波動線図

---

† 固体衝撃の実験では，前方の圧力は極力低くするほうが好ましい。

張波（波動線図に記載分のみ）の位置を示している．駆動部の長さが有限の場合，プロジェクタイル背後の膨張波は，管端で反射してプロジェクタイルに向かって伝播する．それが到達しないうちは，飛行体直後の圧力は，リーマン不変量より求めることができる．

自由飛行実験は，流体力学のみならず，航空宇宙工学関連の固体衝突実験にも用いられる．地球の低軌道を周回する宇宙ゴミの周回速度は秒速 8 km/s 程度にも達するため，軌道上物体との衝突を模擬するためにはその 2 倍程度の速度で衝突させる必要がある．衝撃波管で強い衝撃波を発生させるのと同様，バリスティックレンジでの射出速度を高めるためには，駆動気体として，水素，ヘリウムなど，音速の高い気体を用いる必要がある．また，駆動圧力を高めるため，衝撃風洞と同じ自由ピストン式ドライバーが用いられることも多い．このような装置を，**二段式軽ガス銃**（two-stage light gas gun）（**図 11.28**）と呼ぶ．ここで紹介するバリスティックレンジは，高圧ガスによって駆動するものであるが，ほかにも電磁力を用いる，レールガン（rail gun），コイルガン（coil gun）などの方式もある[†1]．

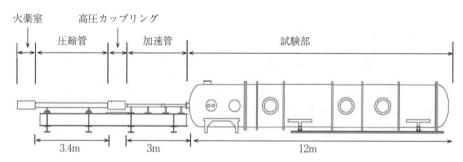

図 11.28　二段式軽ガス銃（東北大学流体科学研究所）

通常，バリスティックレンジの加速管は円形断面を持っている．自由飛行モデルは，必ずしもこの断面に合わないので，加速管内では通常**サボ**（sabot）と呼ばれる部材で，駆動気体の圧力を漏れなく受け止め，加速管内で飛行体姿勢を保つ．通常サボは飛行体とともに加速管を出たあと，空気力を使って飛行体の飛行経路から外れて，ストッパーに衝突，分離される．

これに対して，**管内カタパルト射出法**（in-tube catapult launch）[†2]（**図 11.29**）では，三次元形状の飛行体とサボを，加速管内で姿勢を乱すことなく分離する．この方法では，図に示すように，発射管（launch tube）の加速部（acceleration section）のあとに，ベント部（ventilation section），サボ分離部（sabot separation section）が接続され，テストチャンバ

[†1] これら特別するために，高圧ガスを用いるものを，エアロバリスティックレンジ（aero-ballistic range）と呼ぶこともある．

[†2] A. Sasoh, et al. : In-Tube Catapult Launch from Rectangular-Bore Aeroballistic Range, AIAA J. **53**, 9, pp. 2781-2784 (2015)

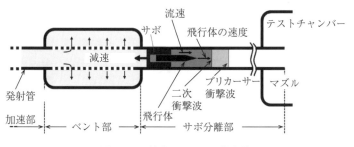

図11.29 管内カタパルト射出法

一内の発射管出口（**マズル**, muzzle）に達する前に，飛行体からサボを分離する。飛行体とサボは加速部で，一体となって加速される。ベント部では，発射管に多数の穴が開けられ，内部の気体が流出するようになっている。加速部で飛行体前方に発生したプリカーサー衝撃波は，ベント部で減衰するが，その一部はサボ分離部にも達する。飛行体とサボがサボ分離部に達すると，サボ背後では駆動気体がベント部で排気されるために圧力が低下する。一方，前方ではサボ分離管突入によって二次衝撃波が発生する。条件を適切に設定すれば，前方の圧力のほうが高くなり，サボは減速する。一方，飛行体周囲の流速はほぼサボと同一の速さとなるため，飛行体との速度差はわずかであり，飛行体に作用する抗力は，サボに対するものと比較すれば無視できる程度である。この抗力（減速度）差によって，サボは飛行体から分離していく。ただし，分離が早く進み過ぎるとサボによる支持がなくなるため，サボ分離部で飛行体の姿勢が乱れるリスクが高くなる。そこで，ちょうど発射管出口でサボが完全に分離するように最適条件として設定される。

図11.30 に，管内カタパルト射出法を採用したバリスティックレンジ（図(a)）とその実験例を示す。駆動気体には，ヘリウムを用いている。駆動チャンバー内の駆動気体は，初期状態において発射管とピストンによって仕切られている。ピストンの背後は，駆動気体よりも高い圧力になっており，駆動気体を封入している。ピストン背後の気体が放出されて圧力バランスが逆になると，ピストンが後方に動き，駆動気体が発射管内に流入して，サボに保持された飛行体が加速される。この装置では，加速管が横長の矩形断面をしており（図(b)），有翼飛行体などの三次元形状の飛行体を姿勢よく自由飛行させることができる。実験に用いた，飛行体とサボの写真（図(c)）に，それらを用いて得られた自由飛行体周りのシュリーレン写真（図(d)）と飛行経路の上下，飛行経路よりモデル長の1.5倍の位置に設置された平板に設置した圧力変換器で測定した静圧の履歴（図(e)）を示す。圧力履歴は，飛行速度に対応する動圧で無次元化した値 C_p で表示されている。

216　　11. 圧縮性流れの発生と利用

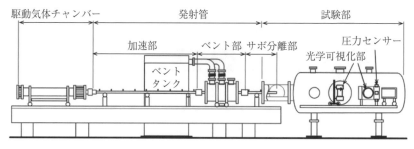

（a）装置全体図（全長 10.4 m）

（b）加速管断面

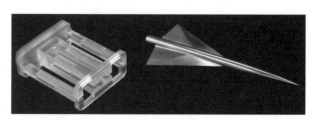

（c）サボと飛行体

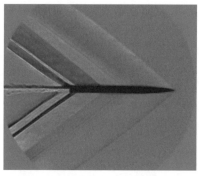

（d）マッハ数 1.7 自由飛行時のシュリーレン写真（バックグラウンド処理済）

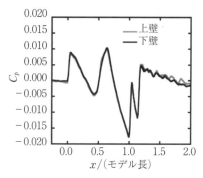

（e）圧力係数の時間変化，飛行条件は（d）と同じ

図 11.30　矩形断面バリスティックレンジと実験例（名古屋大学）

12

類 似 現 象

これまで示したように,圧縮性流れは,衝撃波や膨張波を伴い,非常に複雑であるが,たいへん美しい力学現象である。その原理は,ほかの自然現象,社会事象にも通じるものがある。本章では,同様な方程式で記述される類似現象を紹介する。

12.1 浅 水 流 れ

海で見られる波の伝播は,圧縮性流れと同様の方程式で近似的に表すことができる。図 12.1 に示すような水面の挙動を考える。三次元デカルト座標 (x,y,z) の中で,水の深さ方向に z 軸を定め,底面で $z=0$,水面の高さを $h=h(t,x,y)$ とする。流れは非粘性であるとする。水の密度 ρ(一定値)が高いため,z 方向の運動方程式には重力項を加える。オイラー方程式(3.17)を成分表示すると

$$\rho \frac{\mathrm{D}u}{\mathrm{D}t} = -\frac{\partial p}{\partial x} \tag{12.1}$$

$$\rho \frac{\mathrm{D}v}{\mathrm{D}t} = -\frac{\partial p}{\partial y} \tag{12.2}$$

$$\rho \frac{\mathrm{D}w}{\mathrm{D}t} = -\frac{\partial p}{\partial z} - \rho g \tag{12.3}$$

式(12.3)で,深さ方向の加速度 g は,重力に比べて無視できるとすると

$$\frac{\partial p}{\partial z} = -\rho g \tag{12.4}$$

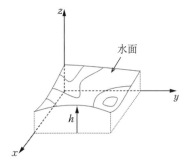

図 12.1 浅水流れモデル

積分して
$$p = \rho g(h-z) + p_{z=h} \tag{12.5}$$
したがって
$$\frac{\partial p}{\partial x} = \frac{\partial p}{\partial h}\frac{\partial h}{\partial x} = \rho g \frac{\partial h}{\partial x}$$

$$\frac{\partial p}{\partial y} = \frac{\partial p}{\partial h}\frac{\partial h}{\partial y} = \rho g \frac{\partial h}{\partial y}$$

これらを用いて，式(12.1)，(12.2)を流れの変数が(t,x,y)に依存する二次元非定常流れとしてベクトル形で表すと，運動量保存式はつぎのようになる．
$$\frac{D\mathbf{u}}{Dt} + g\nabla h = 0 \tag{12.6}$$
つぎに，質量保存式(3.4)を非圧縮性流体に適用して
$$\frac{\partial u}{\partial x} + \frac{\partial v}{\partial y} + \frac{\partial w}{\partial z} = 0$$
同様に，二次元非定常流れの形にすると
$$\nabla \cdot \mathbf{u} + \frac{\partial w}{\partial z} = 0 \tag{12.7}$$
これを，$z=0$から$z=h$まで積分して
$$\int_0^h \nabla \cdot \mathbf{u} \, dz + w_{z=h} - w_{z=0} = 0 \tag{12.8}$$
底面では$w_{z=0}=0$である．また，水面では
$$w_{z=h} = \frac{Dh}{Dt} = \frac{\partial h}{\partial t} + \mathbf{u}_{z=h} \cdot \nabla h \tag{12.9}$$
これらを式(12.8)に代入して
$$\int_0^h \nabla \cdot \mathbf{u} \, dz + \frac{\partial h}{\partial t} + \mathbf{u}_{z=h} \cdot \nabla h = 0 \tag{12.10}$$
ここで，浅水近似として，$\mathbf{u}$がzに依存しない，すなわち$\mathbf{u}=\mathbf{u}(t,x,y)$であるとすると
$$h\nabla \cdot \mathbf{u} + \frac{\partial h}{\partial t} + \mathbf{u} \cdot \nabla h = \frac{\partial h}{\partial t} + \nabla \cdot (h\mathbf{u}) = 0 \tag{12.11}$$

外力項のない圧縮性流れの運動量保存式（オイラー方程式）は
$$\rho \frac{D\mathbf{u}}{Dt} + \nabla p = 0 \tag{3.17}$$
衝撃波のない等エントロピー流れを仮定すると，式(8.7)より
$$\nabla p = a^2 \nabla \rho$$
これを式(3.17)に代入して
$$\rho \frac{D\mathbf{u}}{Dt} + a^2 \nabla \rho = 0 \tag{12.12}$$

表12.1で，浅水流れの保存式を圧縮性流れの保存式(3.4)，(12.12)と比較すると，浅水流れ↔圧縮性流れの相似性は$h↔ρ$，すなわち圧縮性流れの密度を波の高さに置き換えることによって成り立つことがわかる．このとき，運動量保存式の係数を比較することによって，波の伝播速度について

$$a=\sqrt{\rho h} \tag{12.13}$$

が成り立つことがわかる．すなわち，水波は水深が浅いほど遅くなる．これから，沖で発生した波は，沿岸の浅瀬で背後の波が追いつくことがわかる．これによってhの勾配が大きくなり，ついには衝撃波に相当する津波にまで発達する可能性があることが説明できる．

表12.1 浅水流れと圧縮性流れの保存式の比較

保存式	浅水流れ	圧縮性等エントロピー流れ
質量	$\dfrac{\partial h}{\partial t}+\nabla\cdot(h\mathbf{u})=0$	$\dfrac{\partial \rho}{\partial t}+\nabla\cdot(\rho\mathbf{u})=0$
運動量	$\dfrac{\mathrm{D}\mathbf{u}}{\mathrm{D}t}+g\nabla h=0$	$\dfrac{\mathrm{D}\mathbf{u}}{\mathrm{D}t}+\dfrac{a^2}{\rho}\nabla\rho=0$

12.2 交 通 流

道路を走る車の流れを，**交通流**（traffic flow）と呼ぶ．これは代表的な圧縮性流れの類似現象で，渋滞などに至る急激な密度変化を伴う波（図4.1(a)）などが現れる．ニュートン力学が成り立たないシステムで，現実の個々の車の挙動は，運転手の個性，動機，精神的・体力的状態などさまざまな要因に左右され，任意性があるので，決定論的なシミュレーションは不可能である．しかし，簡単なモデル化を行うことによって，渋滞の形成と解消など，現象の本質を再現できる．

12.2.1 平衡連続流体モデル[†]

まず，一方向に向かう一車線の交通流を考える．車を流れの粒子に見立てて，その集団の巨視的な挙動に着目し，全体を連続流体の系とみなす．車線に沿ってx座標をとる．車間距離Δxの逆数を密度ρと定義し，衝撃波以外の場所では連続関数であるとする．

$$\rho=\frac{1}{\Delta x} \quad 〔台数/長さ〕 \tag{12.14}$$

ある地点で観測したとき，単位時間に車が何台通過するかを表す量，すなわち車の流量をqとすると

[†] M. J. Lighthill & G. B. Whitham：Proc. Roy. Soc. Lond. A, 229, 1178, pp.317-345 (1955),
G. B. Whitham：Linear and Nonlinear Waves, John Wiley & Sons (1974)

$$q = \rho u \quad \text{[台数/時間]} \tag{12.15}$$

ここで，u は車の速度であり，これも連続関数であるとする。

〔1〕 **状態方程式**　　まず，いくつかの代表的な状態を考える。

① **渋　滞**　　速度が0になり，車間距離は最小，すなわち密度は最大になる（**図12.2**）。

$$\rho = \rho_{\max} = \frac{1}{\Delta x_{\min}}, \quad u = 0 \tag{12.16}$$

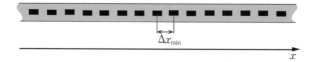

図 12.2　渋滞時の車の状態

② **通常走行状態**　　速度 u，車間距離 Δx で，これらは時間と位置の関数である（**図12.3**）。

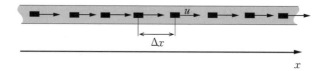

図 12.3　通常の走行状態

③ **最高速度での走行**　　前方に車がいなければ，最高速度 $u_{\max}$ で走行する（**図12.4**）。

$$u = u_{\max}, \quad \rho \to 0 \tag{12.17}$$

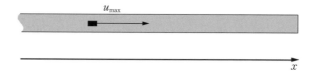

図 12.4　最高速度での走行状態

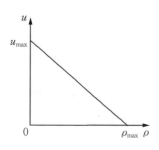

図 12.5　u と ρ の関係，式 (12.18)

ここで，①～③の状態をすべて満足する関係式を考える。平衡状態，すなわち，u が ρ の一価関数であるとする。もっとも簡単な関係式は，**図12.5** のように①と③の状態を線形補間するものである。

$$u = \left(1 - \frac{\rho}{\rho_{\max}}\right) u_{\max} \tag{12.18}$$

このとき，流量 q を計算すると

$$q = q(\rho) = \left(1 - \frac{\rho}{\rho_{\max}}\right)\rho\, u_{\max} \tag{12.19}$$

$$q = q(u) = \left(1 - \frac{u}{u_{\max}}\right)\rho_{\max} u \tag{12.20}$$

図 12.6 に示すように，渋滞時 $\rho = \rho_{\max}$ は速度が 0 となり，q も 0 となる．最高速度で走行するときも，ρ が 0 になるので，q も 0 となる．q は，ρ あるいは u の 2 次関数になり，$\rho = \rho_m/2$ あるいは $u = u_m/2$ で最大値をとる．後に示すように，q は気体の流れにおける圧力と似た役割をしている．そのように考えると，式(12.19)は，この交通流における圧力と密度の関係，すなわち状態方程式とみなすことができる．

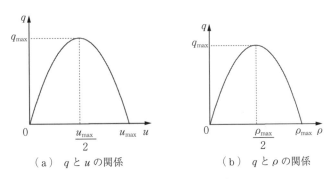

(a) q と u の関係　　　　(b) q と ρ の関係

図 12.6 q と u，ρ の関係

〔2〕 **衝撃波関係式**　　**図 12.7** のように，車が比較的速い速度で走行していたところ（領域 A），速度が遅い車に行き当たり，急に減速したとする（領域 B）．この減速はすべての車が一斉に行うのではなく，前方の車から順次行っていく．このような行動は，図に太線で示すように，波のように伝わる．すなわち，「減速」を伝える衝撃波が伝播する．その伝

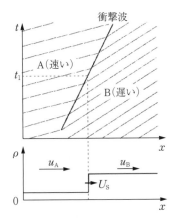

図 12.7 減速を伝える衝撃波の x-t 線図と $t = t_1$ における速度分布

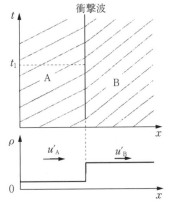

図 12.8 図 12.7 の衝撃波固定座標における表示

播速度は有限であり，前後の状態が与えられれば，保存関係から求めることができる。

4章で扱った気体に対する衝撃波の関係式では，質量，運動量，エネルギーの保存式と気体の状態方程式を用いて求めることができた。しかし，ここでは式(12.18)によって，密度と速度の関係が一義に与えられている。次節で詳しく述べるように，これは運動方程式において時間微分の項を0にした状態，いわゆる力学的平衡状態に相当する。したがって，この式を用いることにより，運動方程式，状態方程式を共に与えたことになる。また，ここでは車は交通の状態に応じて，エネルギーの保存に支配されることなく加速，減速することができるので，エネルギーの保存式は適用されない。以上により，衝撃波関係を支配するのは，車の台数が保存されるという関係式すなわち連続の式（気体の場合の質量保存式に相当）と，状態方程式(12.19)のみである。

図 12.7 のように比較的高速で移動していた車が，前方の低速車に行き当たることによってつぎつぎと減速していく。車の状態が一つの平衡状態 A から別の平衡状態 B に瞬時に変化すると，その変化は衝撃波として速度 U_s で伝播する。衝撃波伝播の向き，速さは前後の状態に依存し，この例では前方に伝播している。

図 12.8 のように衝撃波に固定した座標からみると，左側から流れが速度 u'_A で流入し，右側に速度 u'_B で流出する。ガリレイ変換（3.2節）を施して

$$\begin{cases} u'_A = u_A - U_s \\ u'_B = u_B - U_s \end{cases} \tag{12.21}$$

これを連続の式

$$\rho_A u'_A = \rho_B u'_B \tag{12.22}$$

に代入して

$$\rho_A(u_A - U_s) = \rho_B(u_B - U_s) \tag{12.23}$$

$$U_s = \frac{\rho_B u_B - \rho_A u_A}{\rho_B - \rho_A} = \frac{q_B - q_A}{\rho_B - \rho_A} = \frac{\Delta q}{\Delta \rho} \tag{12.24}$$

すなわち，U_s は q-ρ 線図（**図 12.9**）において，状態 A と B を結ぶ直線の傾きに等しい。また，式(12.15)より，原点と曲線上のある点を結ぶ直線の傾きは，速度 u になる。

図 12.10 は，$x = x_{SG}$ の位置にある信号が誘起する流れの例である。信号が青（Go）である時間，車は減速することなく信号を通過する。信号が赤（Stop）になると，手前の車から順次停車する。図中，状態 A は信号の影響を受けていない領域，B は停止状態，C は信号が再び青にな

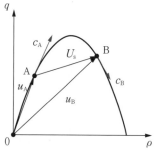

図 12.9 図 12.7 の流れの q-ρ 線図

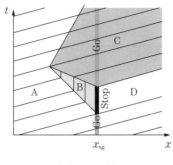
（a） x-t 線図

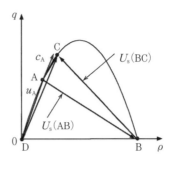
（b） 状態線図

図 12.10 信号が誘起する交通流

り車が走り出したあとの状態，D には車は存在しない．図では，C の先頭車は，A の速度よりも少し遅い．式(12.24)を用いて，それぞれの領域の境界をなす波の速度を求めてみよう．

A と B の境界は，背後（B）で密度が最高値 ρ_m まで増加する衝撃波である．$\rho_B = \rho_{max}$，$u_B = 0$ であることを用いて

$$U_s(AB) = \frac{\rho_B u_B - \rho_A u_A}{\rho_B - \rho_A} = \frac{-\rho_A u_A}{\rho_{max} - \rho_A} = -\frac{q_A}{\rho_{max} - \rho_A} \tag{12.25}$$

B と C の境界は，膨張波であるが，この場合には密度の減少が不連続的に起こるので，**膨張衝撃波**とみなすことができる．通常の気体では，膨張波が伝播するに従って圧力が変化する領域が広がっていき，膨張衝撃波が形成されることはないが，交通流の場合はそれが起こりうる．

$$U_s(BC) = \frac{\rho_C u_C}{\rho_C - \rho_{max}} = -\frac{q_C}{\rho_{max} - \rho_C} \tag{12.26}$$

A と C の境界をなす波は，前後の密度の大小関係によって，圧縮波か膨張波であるかが決まる．その速度は

$$U_s(AC) = \frac{\rho_C u_C - \rho_A u_A}{\rho_C - \rho_A} = \frac{q_C - q_A}{\rho_C - \rho_A} \tag{12.27}$$

ここで，もし $\rho_C \to \rho_A$ とすると，この波は特性線と等価になり，その特性速度 c は次式で与えられる．

$$c = \frac{dq}{d\rho} \tag{12.28}$$

D に接する境界では，$\rho_D = 0$ であるので

$$U_s(AD) = \frac{\rho_D u_D - \rho_A u_A}{\rho_D - \rho_A} = \frac{\rho_A u_A}{\rho_A} = u_A \tag{12.29}$$

$$U_s(DC) = \frac{\rho_C u_C - \rho_D u_D}{\rho_C - \rho_D} = \frac{\rho_C u_C}{\rho_C} = u_C \tag{12.30}$$

となり，特性速度が流速に等しくなる。

12.2.2 運動方程式を取り入れたモデルと特性速度

本節では，車の流量 q，速度 u が密度 ρ のみの関数ではない連続流体モデルを扱い，じょう乱伝播速度についてのより一般的な関係を考える。

〔1〕 **運動方程式**　ここでは，**最適速度モデル**（optimal velocity model）[†1] による運動方程式を考える。このモデルは，個々の車を粒子として取り扱い，車の速度が車間距離に応じた最適な値に近づくように運動するという仮定したものである。車の加減速は，速度 u と前方との車間距離 Δx によって決まり，次式によって与えられるとする。

$$\frac{du}{dt}=\frac{V(\Delta x)-u}{\tau} \tag{12.31}$$

こで，$V(\Delta x)$ は，Δx に対する**最適速度**と呼ばれる。u が $V(\Delta x)$ よりも低いときには加速し，高いときには減速する。τ は，そのような加減速の時定数（あるいは応答時間）で，その値が小さいほど加速度または減速度の値が大きくなる。

式(12.31)で，左辺を 0（加減速がない）とすると

$$u=V(\Delta x) \tag{12.32}$$

これは，速度が車間距離のみの関数となることを意味し，12.2.1項で扱った平衡モデルに帰着する[†2]。いいかえれば，平衡モデルは，τ が 0 となり，前方の車間距離に応じて瞬時に速度が変化する，極限的な状態に対するモデルである。τ が有限の値の場合は，u は Δx のみの関数にならず，車の運動は前節のように状態方程式で決められた軌跡を必ずしもたどらない。

V を $\rho=1/\Delta x$ の関数とし，連続流体としての関係式に直すと

$$\frac{du}{dt}=\frac{V(\rho)-u}{\tau} \tag{12.33}$$

式(12.33)では，du/dt は，ρ のみならず，u にも依存する。

〔2〕 **特性速度**　交通流を連続流体として扱うと，連続の式は次式で表すことができる。

$$\frac{\partial \rho}{\partial t}+\frac{\partial(\rho u)}{\partial x}=\dot{\omega} \tag{12.34}$$

ここで，$\dot{\omega}$ は車線変更，合流，分岐などによって車線に流入，流出する車の流量を表す。運動方程式(12.33)を，偏微分方程式の形式で表すと

$$\frac{\partial u}{\partial t}+u\frac{\partial u}{\partial x}=\frac{1}{\tau}\{V(\rho)-u\} \tag{12.35}$$

[†1] M. Bando, et al.：Dynamical model of traffic congestion and numerial simulation Phys. Rev., E 51, pp. 1035-1042 (1995)

[†2] 例えば，式 (12.18) で $\rho=1/\Delta x$ とすれば，u が Δx のみの関数になる。

ρ, u を，対象とする時間スケールにおいて一定とみなせる項（いわゆる定常項）（¯）と，じょう乱（′）の和であるとする。$\dot{\omega}$ は，定常項のみとする。

$$\rho = \bar{\rho} + \rho' \tag{12.36}$$

$$u = \bar{u} + u' \tag{12.37}$$

これらを式(12.34)，(12.35)に代入して，一次の項のみ残すと

$$\frac{\partial \rho'}{\partial t} + \bar{\rho}\frac{\partial u'}{\partial x} + \bar{u}\frac{\partial \rho'}{\partial x} = 0 \tag{12.38}$$

$$\frac{\partial u'}{\partial t} + \bar{u}\frac{\partial u'}{\partial x} = \frac{1}{\tau}\left(\frac{\mathrm{d}V}{\mathrm{d}\rho}\bigg|_{\bar{\rho}}\rho' - u'\right) \tag{12.39}$$

式(12.38)，(12.39)から u' の微分の項を消去し，式を変形すると

$$\left\{\left(\frac{\partial}{\partial t} + \bar{u}\frac{\partial}{\partial x}\right)^2 + \frac{1}{\tau}\left(\frac{\partial}{\partial t} + \bar{c}\frac{\partial}{\partial x}\right)\right\}\rho' = 0 \tag{12.40}$$

$$\bar{c} \equiv \bar{u} + \bar{\rho}\,\frac{\mathrm{d}V}{\mathrm{d}\rho}\bigg|_{\bar{\rho}} \tag{12.41}$$

これは，一次のじょう乱が速度 $\bar{c}$，二次のじょう乱が速度 $\bar{u}$ で伝わることを意味する。$\bar{u} = V(\bar{\rho})$ であるとすると

$$\bar{c} \equiv V(\bar{\rho}) + \bar{\rho}\,\frac{\mathrm{d}V}{\mathrm{d}\rho}\bigg|_{\bar{\rho}} = \frac{\mathrm{d}\rho V}{\mathrm{d}\rho}\bigg|_{\bar{\rho}} = \frac{\mathrm{d}q_{\mathrm{e}}}{\mathrm{d}\rho}\bigg|_{\bar{\rho}} \tag{12.42}$$

$$q_{\mathrm{e}} = \rho V(\rho) \tag{12.43}$$

これは，平衡状態における特性速度の式(12.28)と一致する。

12.2.3 粒子モデル

一台一台の車を粒子にみたてて，それぞれの運動方程式を時間積分することによって，その運動を解析する。

〔1〕 **粒子モデルの運動方程式** まず，一車線の場合を考える。**図 12.11** のように，進行方向に向かって x 軸をとり，上流から下流に向かって車に番号を付ける。i 番目の車と $i+1$ 番目の車の車間距離を Δx_i とする。前節で扱った最適速度モデルを粒子モデルに対して適用すると

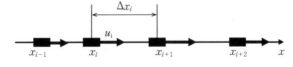

図 12.11 一車線の粒子モデル

$$\frac{\mathrm{d}u_i}{\mathrm{d}t} = \frac{V(\Delta x_i) - u_i}{\tau} \tag{12.44}^\dagger$$

通常，気体を粒子として扱う場合，原子，分子間の力はポテンシャルに支配される。ポテ

---

† Bando らは，運動方程式(12.44)に適当な無次元化を施したのち，最適速度を $V(\Delta x) = \tanh(\Delta x - \phi) + \tanh\phi$ で与えた。M. Bando, et al.: Phys. Rev., E 51, pp.1035-1042 (1995)

ンシャルは二体間の位置と向きのみの関数として与えられ，粒子の速度には依存しない．ポテンシャルを微分すると力になり，一つの粒子に働く力は，周りの原子，分子間に働く力を足し合わせればよい．これに対して，ここでの車の運動モデルでは，力が速度にも依存するため，位置のみの関数としてのポテンシャルを定義できない．

〔2〕 **線形安定性** 一定速度，等間隔で車が走行しているときの，じょう乱に対する系の安定性を調べよう[†]．車が，平衡状態（等間隔 Δx_0，一定速度 $V_0 = V(\Delta x_0)$）で走行しているとき，i 番目の車の位置を $x_{i,0}$ とする．

$$x_{i,0} = (\Delta x_0)i + V_0 t \tag{12.45}$$

実際の車の位置が，$x_{i,0}$ よりも y_i（一次の微小量）だけずれているとすると

$$x_i = x_{i,0} + y_i \tag{12.46}$$

これを式 (12.44) に代入して

$$\ddot{y}_i = \frac{f \Delta y_i - \dot{y}_i}{\tau} \tag{12.47}$$

ここで

$$f = V'(\Delta x_0) \tag{12.48}$$

$$\Delta y_i = y_{i+1} - y_i \tag{12.49}$$

y_i がつぎのような形の解を持つと仮定する．

$$y_i(t) = \exp(j\alpha i + zt) \quad (j \text{ は虚数単位，} z \text{ は複素数}) \tag{12.50}$$

$$\alpha = \alpha(k) = \frac{2\pi}{N} k \quad (k = 0, 1, 2, \cdots, N-1) \tag{12.51}$$

式 (12.47) に式 (12.49)〜(12.51) を代入して，一次の項だけを残すと

$$z^2 + \frac{1}{\tau} z - \frac{1}{\tau} f \{\exp(j\alpha) - 1\} = 0 \tag{12.52}$$

$$z = \xi + j\eta \quad (\xi, \eta \text{ は実数}) \tag{12.53}$$

とおいて，式 (12.52) に代入すると，実部，虚部に対してそれぞれつぎの式が成り立つ．

$$\xi^2 - \eta^2 + \frac{\xi}{\tau} - \frac{f}{\tau}(\cos\alpha - 1) = 0 \tag{12.54}$$

$$2\eta\xi + \frac{\eta}{\tau} - \frac{f}{\tau}\sin\alpha = 0 \tag{12.55}$$

η を消去して

$$\xi^2 + \frac{1}{\tau}\xi - \left(\frac{f \sin\alpha}{2\tau\xi + 1}\right)^2 - \frac{f}{\tau}(\cos\alpha - 1) = 0 \tag{12.56}$$

[†] Bando らは，運動方程式 (12.44) に適当な無次元化を施したのち，最適速度を $V(\Delta x) = \tanh(\Delta x - \phi) + \tanh\phi$ で与えた．M. Bando, et al. : Phys. Rev., E 51, pp.1035-1042 (1995)

あらゆる k の値に対して，ξ が負であるための必要条件は，$\xi=0$ が可能となる (f, α) の組合せが存在しないことである。式(12.56)で $\xi=0$ として変形すると

$$-(f \sin \alpha)^2 - \frac{f}{\tau}(\cos \alpha - 1) = 0 \tag{12.57}$$

$$(\cos \alpha - 1)\left\{f(1+\cos \alpha) - \frac{1}{\tau}\right\} = 0 \tag{12.58}$$

これが，いかなる k に対しても解を持たないためには

$$f = V'(\Delta x_0) < \frac{1}{2\tau} \tag{12.59}$$

であればよい。これがこの系の線形安定条件となる。

〔3〕 **非線形安定性** 系に有限の強さのじょう乱を与えたときその強さによって安定性が左右される性質は，非線形安定性と呼ばれる[†]。その例を交通流について，調べてみよう（図 12.12，図 12.13）。

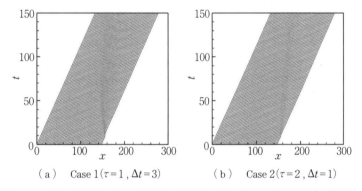

（a） Case 1($\tau=1$, $\Delta t=3$) 　　（b） Case 2($\tau=2$, $\Delta t=1$)

図 12.12 前の車が急に Δt の間止まったときの車の軌跡（非線形安定の場合）

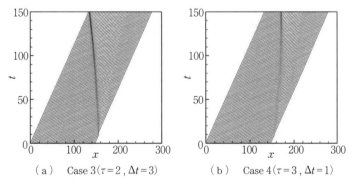

（a） Case 3($\tau=2$, $\Delta t=3$) 　　（b） Case 4($\tau=3$, $\Delta t=1$)

図 12.13 前の車が急に Δt の間止まったときの車の軌跡（非線形不安定の場合）

[†] A. Sasoh : Nonlinear Stability of Optimal Velocity Traffic Flow Model to Unsteady Disturbance, J. Phys. Soc. Jpn, 70, pp. 3161-3166 (2001)．以下に示す数値解では，Bando らの最適速度モデルの式に，車間距離が極端に短くなったときに車の衝突を避けるための補正項が加えられている。

228   12. 類 似 現 象

　一車線の車の列を考える．初期状態では，すべての車が一定車間距離 Δx_0，一定速度 $V(\Delta x_0)$ で進んでいる．先頭の車が時刻 $t=10$ で突然停車し，時間 Δt 経過後に再び $V(\Delta x_0)$ で動き出すとする．系に与えるじょう乱の強さは，Δt で特徴づけられる．式(12.44)で，τ は車の応答時間とみなすことができる．

　図12.12 は，比較的応答が速く，じょう乱が弱い条件での車列の軌跡を表す．先頭（右端）の車が停車したのち，後方の車も一端減速するが，やがてその影響はやわらいでいく（図12.14(a)）．これに対して，応答が遅くてじょう乱が強い場合（図12.13）は，後方でじょう乱が益々強くなり，系は不安定になる（図12.14(b)）．

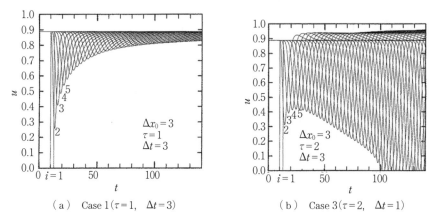

（a）Case 1（$\tau=1$，$\Delta t=3$）　　　　（b）Case 3（$\tau=2$，$\Delta t=1$）

図12.14　各車の速度履歴（先頭車両を1番として順次番号付けしている）

　図12.15(a) は，$\Delta x_0=3$ に対して，横軸を応答時間 τ，縦軸をじょう乱の強さ Δt として，系の安定性を示している．安定領域は τ，Δt がともに小さい部分になる．臨界条件（安定と不安定の境界）では，じょう乱の強さによって系の安定性が左右される．例えば，$\tau=2$ の場合，$\Delta t=1$ に対しては安定（Case 2）であるが，$\Delta t=3$ に対しては不安定になる（Case 3）．なお，$\Delta t \to 0$ としたときの臨界条件は，線形安定性の臨界条件(12.59)に一致する．

　図(b)は，車間距離（平衡速度が高い）が長い場合（$\Delta x_0=4$）の安定性を示したものである．この場合，臨界線は τ が大きい側に位置する．すなわち，車間距離が長い場合，それに伴って速度は速くなるが，系の安定性は応答時間に対して鈍感になる．特に都市部の交通は，天気に大きく左右され，雨が降ると渋滞が起こりやすくなる．これに対して，高速道路の渋滞は比較的天気に左右されることなく，定常状態（平衡状態）における交通量と道路の容量（可能な流量）との関係に大きく左右される．ここでの結果は，このような性質を定性的に表していると考えられる．

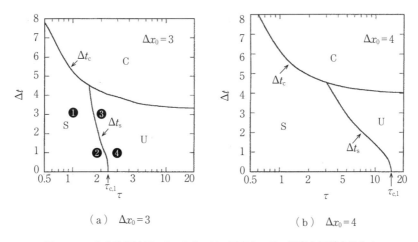

(a) $\Delta x_0 = 3$　　　　　　(b) $\Delta x_0 = 4$

図 12.15　安定性領域図．S；安定，U；不安定，C；衝突を回避するため強制的な停車が必要な領域，黒丸中の番号は，図 12.12, 12.13 の Case 番号をさす．$\tau_{c,1}$；線形安定臨界値（式(12.59)）．

〔4〕車線変更がある交通流　前項までの交通流は，すべて一車線のみの場合であった．車線が一方向で二車線以上になると，車線変更を考慮する必要がある．**図 12.16** は，一方向二車線の交通流のモデル[†1]で，j は車線番号[†2]，i はそれぞれの車線の車につけた通し番号を表す．車線変更が起こると，通し番号をつけ直す．x, y はそれぞれ，進行方向に沿った座標，それに垂直な座標を表す．

ある車線の連続の式(12.34)において，車線変更があると右辺の生成項 $\dot{\omega}$ が 0 でなくなる．車線変更を伴って衝撃波が一定速度 U_s で伝播するとする．衝撃波に固定した座標を X とすると

$$x = U_s t + X \tag{12.60}$$

したがって

$$\frac{\partial}{\partial t} = -U_s \frac{d}{dX} \tag{12.61}$$

$$\frac{\partial}{\partial x} = \frac{d}{dX} \tag{12.62}$$

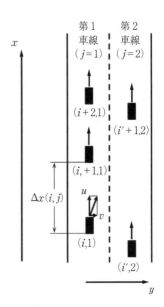

図 12.16　二車線交通流モデル

[†1] A. Sasoh : Impact of Unsteady Disturbance on Multi-Lane Traffic Flow, J. Phys. Soc. Jpn, 71, pp. 989-996 (2002).
A. Sasoh & T. Ohara : Shock Wave Relation Containing Lane Change Source Term for Two-Lane Traffic Flow J. Phys. Soc, 71, pp. 2075-2083 (2002)

[†2] 虚数単位ではない．

230   12. 類似現象

これらを式(12.34)に代入して

$$d\rho(u-U_s) = \dot{\omega}dX \tag{12.63}$$

十分遠方（$X \leqq X_1$, $X_2 \leqq X$）では，密度勾配が0になるとして，式(12.63)を積分すると

$$\rho_2(u_2-U_s) - \rho_1(u_1-U_s) = \dot{W} \tag{12.64}$$

$$\dot{W} = \int_{X_1}^{X_2} \dot{\omega} dt \tag{12.65}$$

これは，連続の式に生成項を含む衝撃波関係式である．変形して

$$U_s = \frac{q_2-q_1-\dot{W}}{\rho_2-\rho_1} \tag{12.66}$$

式(12.24)と比べると，分子の最後に車線変更による項が付け加わったことがわかる．

図12.17に，車線変更を含む二車線交通流の最も簡単な例を示す．第1車線の先頭車が停車したので，後続の車はつぎつぎと第2車線に流入する．第1車線は，「車がなくなる」という波が後方に伝わる．一方，第2車線では「車が流入する」という波が伝わる．注意すべきことは，これらの二つの波は同じ軌跡をたどるということである．

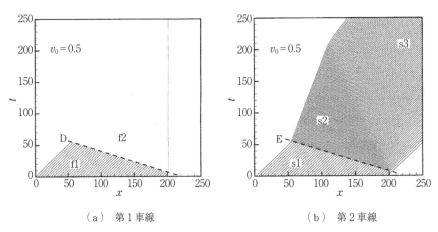

（a）第1車線   （b）第2車線

図 12.17 車線変更を含む二車線交通流の x-t 線図の例

これを，ρ-q 線図（**図12.18**）で見てみよう．図を横切る曲線は，平衡状態に対応する．以降，第1車線の状態を記号「f」をつけて表し，第2車線の状態を「s」をつけて表す．初期条件では，どちらの車線も同じ状態（f1, s1）にある．単位時間当り車線変更する車の台数は，どちらの車線に対しても等しいが，一方の車線から流出すれば，もう一方の車線に流入することになるので，符号が異なる．すなわち次式で表される．

$$\dot{W}_D = -\dot{W}_E < 0 \tag{12.67}$$

$\dot{W}_D$ の値が与えられると，図のように，$q=q_1-\dot{W}$ に対応するそれぞれの車線の状態は f1′, s1′ になる．衝撃波背後が平衡状態であるとすると，式(12.66)より，衝撃波の伝播速度は点 f1′, s1′ からそれぞれ平衡曲線に降ろした線分の傾きになる．両方の車線において，波の伝播速度が等しいので，傾きも等しくなる．この例の場合は，第 1 車線の衝撃波背後の状態 f2 がわかっている（$\rho_{f2}=q_{f2}=0$）ので，衝撃波速度 U_D が求まる．第 2 車線についても，線分の傾き

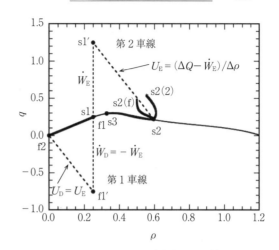

図 12.18 図 12.17 に対応する ρ-q 線図

がわかっているので，これと平衡曲線の交点として，背後の平衡状態 s2 を求めることができる．このようにして，衝撃波背後状態の一つのパラメータから，衝撃波伝播速度と背後のすべての状態を求めることができた．

その後，第 2 車線は先頭車の速度に応じた平衡状態 s3 まで変化する．

付　　録

付録 1　各種の座標系における微分演算子 (3章関連)[†]

付録 1.1　デカルト座標 (x,y,z)　　（付図 1.1 参照）

$$\nabla s = \begin{pmatrix} \dfrac{\partial s}{\partial x} \\ \dfrac{\partial s}{\partial y} \\ \dfrac{\partial s}{\partial z} \end{pmatrix}, \quad \Delta s = \nabla^2 s = \dfrac{\partial^2 s}{\partial x^2} + \dfrac{\partial^2 s}{\partial y^2} + \dfrac{\partial^2 s}{\partial z^2} \tag{付 1.1}$$

$$\nabla \cdot \mathbf{u} = \dfrac{\partial u_x}{\partial x} + \dfrac{\partial u_y}{\partial y} + \dfrac{\partial u_z}{\partial z} \tag{付 1.2}$$

$$\nabla \times \mathbf{u} = \begin{pmatrix} \dfrac{\partial u_z}{\partial y} - \dfrac{\partial u_y}{\partial z} \\ \dfrac{\partial u_x}{\partial z} - \dfrac{\partial u_z}{\partial x} \\ \dfrac{\partial u_y}{\partial x} - \dfrac{\partial u_x}{\partial y} \end{pmatrix} \tag{付 1.3}$$

$$\mathbf{u} \cdot \nabla \mathbf{u} = \left(u_x \dfrac{\partial}{\partial x} + u_y \dfrac{\partial}{\partial y} + u_z \dfrac{\partial}{\partial z} \right) \begin{pmatrix} u_x \\ u_y \\ u_z \end{pmatrix} \tag{付 1.4}$$

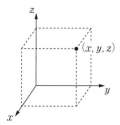

付図 1.1　デカルト座標（流体力学では，主流を x 軸あるいは z 軸方向に取ることが多いが，ここでは一般的に頻出する向きにしている。）

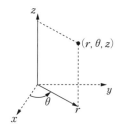

付図 1.2　円柱座標

付録 1.2　円柱座標 (r,θ,z)　　（付図 1.2 参照）

$$\nabla s = \begin{pmatrix} \dfrac{\partial s}{\partial r} \\ \dfrac{1}{r}\dfrac{\partial s}{\partial \theta} \\ \dfrac{\partial s}{\partial z} \end{pmatrix}, \quad \Delta s = \nabla^2 s = \dfrac{1}{r}\dfrac{\partial}{\partial r}\left(r\dfrac{\partial s}{\partial r} \right) + \dfrac{1}{r^2}\dfrac{\partial^2 s}{\partial \theta^2} + \dfrac{\partial^2 s}{\partial z^2} \tag{付 1.5}$$

[†]　s は任意のスカラー関数。

$$\nabla \cdot \mathbf{u} = \frac{1}{r}\frac{\partial}{\partial r}(ru_r) + \frac{1}{r}\frac{\partial u_\theta}{\partial \theta} + \frac{\partial u_z}{\partial z} \tag{付1.6}$$

$$\nabla \times \mathbf{u} = \begin{pmatrix} \dfrac{1}{r}\dfrac{\partial u_z}{\partial \theta} - \dfrac{\partial u_\theta}{\partial z} \\ \dfrac{\partial u_r}{\partial z} - \dfrac{\partial u_z}{\partial r} \\ \dfrac{1}{r}\dfrac{\partial}{\partial r}(ru_\theta) - \dfrac{1}{r}\dfrac{\partial u_r}{\partial \theta} \end{pmatrix} \tag{付1.7}$$

$$\mathbf{u}\cdot\nabla\mathbf{u} = \begin{pmatrix} u_r\dfrac{\partial u_r}{\partial r} + \dfrac{u_\theta}{r}\dfrac{\partial u_r}{\partial \theta} - \dfrac{u_\theta^2}{r} + u_z\dfrac{\partial u_r}{\partial z} \\ u_r\dfrac{\partial u_\theta}{\partial r} + \dfrac{u_\theta}{r}\dfrac{\partial u_\theta}{\partial \theta} + \dfrac{u_r u_\theta}{r} + u_z\dfrac{\partial u_\theta}{\partial z} \\ u_r\dfrac{\partial u_z}{\partial r} + \dfrac{u_\theta}{r}\dfrac{\partial u_z}{\partial \theta} + u_z\dfrac{\partial u_z}{\partial z} \end{pmatrix} \tag{付1.8}$$

付録 1.3 球座標（三次元極座標）(r, θ, ϕ)　　（付図1.3 参照）

$$\nabla s = \begin{pmatrix} \dfrac{\partial s}{\partial r} \\ \dfrac{1}{r}\dfrac{\partial s}{\partial \theta} \\ \dfrac{1}{r\sin\theta}\dfrac{\partial s}{\partial \phi} \end{pmatrix} \tag{付1.9}$$

$$\Delta s = \nabla^2 s$$
$$= \frac{1}{r^2}\frac{\partial}{\partial r}\left(r^2\frac{\partial s}{\partial r}\right) + \frac{1}{r^2\sin\theta}\frac{\partial}{\partial \theta}\left(\sin\theta\frac{\partial s}{\partial \theta}\right) + \frac{1}{r^2\sin^2\theta}\frac{\partial^2 s}{\partial \phi^2} \tag{付1.10}$$

$$\nabla\cdot\mathbf{u} = \frac{1}{r^2}\frac{\partial}{\partial r}(r^2 u_r) + \frac{1}{r\sin\theta}\frac{\partial}{\partial \theta}(u_\theta \sin\theta) + \frac{1}{r\sin\theta}\frac{\partial u_\phi}{\partial \phi} \tag{付1.11}$$

$$\nabla\times\mathbf{u} = \begin{pmatrix} \dfrac{1}{r\sin\theta}\dfrac{\partial}{\partial \theta}(u_\phi \sin\theta) - \dfrac{1}{r\sin\theta}\dfrac{\partial u_\theta}{\partial \phi} \\ \dfrac{1}{r\sin\theta}\dfrac{\partial u_r}{\partial \phi} - \dfrac{1}{r}\dfrac{\partial}{\partial r}(ru_\phi) \\ \dfrac{1}{r}\dfrac{\partial}{\partial r}(ru_\theta) - \dfrac{1}{r}\dfrac{\partial u_r}{\partial \theta} \end{pmatrix} \tag{付1.12}$$

$$\mathbf{u}\cdot\nabla\mathbf{u} = \begin{pmatrix} u_r\dfrac{\partial u_r}{\partial r} + \dfrac{u_\theta}{r}\dfrac{\partial u_r}{\partial \theta} + \dfrac{u_\phi}{r\sin\theta}\dfrac{\partial u_r}{\partial \phi} - \dfrac{u_\theta^2 + u_\phi^2}{r} \\ u_r\dfrac{\partial u_\theta}{\partial r} + \dfrac{u_\theta}{r}\dfrac{\partial u_\theta}{\partial \theta} + \dfrac{u_\phi}{r\sin\theta}\dfrac{\partial u_\theta}{\partial \phi} + \dfrac{u_r u_\theta}{r} - \dfrac{u_\phi^2}{r\tan\theta} \\ u_r\dfrac{\partial u_\phi}{\partial r} + \dfrac{u_\theta}{r}\dfrac{\partial u_\phi}{\partial \theta} + \dfrac{u_\phi}{r\sin\theta}\dfrac{\partial u_\phi}{\partial \phi} + \dfrac{u_\phi u_r}{r} + \dfrac{u_\theta u_\phi}{r\tan\theta} \end{pmatrix} \tag{付1.13}$$

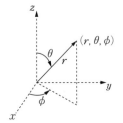

付図 1.3　球座標
（三次元極座標）

付録2 デカルト座標系以外の座標系における保存式 (3章関連)

付録2.1 円柱座標 (r, θ, z)

・質量保存式

$$\frac{\partial \rho}{\partial t}+\frac{1}{r}\frac{\partial \rho r u_r}{\partial r}+\frac{1}{r}\frac{\partial \rho u_\theta}{\partial \theta}+\frac{\partial \rho u_z}{\partial z}=0 \tag{付2.1}$$

・運動量保存式

r 成分: $\rho\left(\dfrac{\partial u_r}{\partial t}+u_r\dfrac{\partial u_r}{\partial r}+\dfrac{u_\theta}{r}\dfrac{\partial u_r}{\partial \theta}-\dfrac{u_\theta^2}{r}+u_z\dfrac{\partial u_r}{\partial z}\right)=-\dfrac{\partial p}{\partial r}+\rho f_r$ (付2.2)

θ 成分: $\rho\left(\dfrac{\partial u_\theta}{\partial t}+u_r\dfrac{\partial u_\theta}{\partial r}+\dfrac{u_\theta}{r}\dfrac{\partial u_\theta}{\partial \theta}+\dfrac{u_r u_\theta}{r}+u_z\dfrac{\partial u_\theta}{\partial z}\right)=-\dfrac{1}{r}\dfrac{\partial p}{\partial \theta}+\rho f_\theta$ (付2.3)

z 成分: $\rho\left(\dfrac{\partial u_z}{\partial t}+u_r\dfrac{\partial u_z}{\partial r}+\dfrac{u_\theta}{r}\dfrac{\partial u_z}{\partial \theta}+u_z\dfrac{\partial u_z}{\partial z}\right)=-\dfrac{\partial p}{\partial z}+\rho f_z$ (付2.4)

付録2.2 球座標 (三次元極座標) (r, θ, ϕ)

・質量保存式

$$\frac{\partial \rho}{\partial t}+\frac{1}{r^2}\frac{\partial}{\partial r}(\rho r^2 u_r)+\frac{1}{r\sin\theta}\frac{\partial}{\partial \theta}(\rho u_\theta \sin\theta)+\frac{1}{r\sin\theta}\frac{\partial}{\partial \phi}(\rho u_\phi)=0 \tag{付2.5}$$

・運動量保存式

r 成分: $\rho\left(\dfrac{\partial u_r}{\partial t}+u_r\dfrac{\partial u_r}{\partial r}+\dfrac{u_\theta}{r}\dfrac{\partial u_r}{\partial \theta}+\dfrac{u_\phi}{r\sin\theta}\dfrac{\partial u_r}{\partial \phi}-\dfrac{u_\theta^2+u_\phi^2}{r}\right)=-\dfrac{\partial p}{\partial r}+\rho f_r$ (付2.6)

θ 成分: $\rho\left(\dfrac{\partial u_\theta}{\partial t}+u_r\dfrac{\partial u_\theta}{\partial r}+\dfrac{u_\theta}{r}\dfrac{\partial u_\theta}{\partial \theta}+\dfrac{u_\phi}{r\sin\theta}\dfrac{\partial u_\theta}{\partial \phi}+\dfrac{u_r u_\theta}{r}-\dfrac{u_\phi^2}{r\tan\theta}\right)=-\dfrac{1}{r}\dfrac{\partial p}{\partial \theta}+\rho f_\theta$ (付2.7)

ϕ 成分: $\rho\left(\dfrac{\partial u_\phi}{\partial t}+u_r\dfrac{\partial u_\phi}{\partial r}+\dfrac{u_\theta}{r}\dfrac{\partial u_\phi}{\partial \theta}+\dfrac{u_\phi}{r\sin\theta}\dfrac{\partial u_\phi}{\partial \phi}+\dfrac{u_\phi u_r}{r}+\dfrac{u_\theta u_\phi}{r\tan\theta}\right)=-\dfrac{1}{r\sin\theta}\dfrac{\partial p}{\partial \phi}+\rho f_\phi$

(付2.8)

付録3 圧縮性流体の応力テンソル (3章関連)

デカルト座標 (x_1, x_2, x_3) における流速ベクトルを,(u_1, u_2, u_3) と表す.流速ベクトルの u_i 成分の x_j 方向の変化を

$$\delta\mathbf{u}=\delta\dot{\mathbf{r}}=\dot{\mathbf{D}}\cdot\delta\mathbf{x} \quad \text{あるいは} \quad \delta u_i = \sum_{j=1}^{3}\dot{D}_{ij}\delta x_j \quad (i=1,2,3) \tag{付3.1}$$

と表す.ここで,$\dot{\mathbf{D}}$ は**変形速度テンソル** (deformation rate tensor) で

$$\dot{\mathbf{D}}=\begin{pmatrix}\dfrac{\partial u_1}{\partial x_1} & \dfrac{\partial u_1}{\partial x_2} & \dfrac{\partial u_1}{\partial x_3}\\ \dfrac{\partial u_2}{\partial x_1} & \dfrac{\partial u_2}{\partial x_2} & \dfrac{\partial u_2}{\partial x_3}\\ \dfrac{\partial u_3}{\partial x_1} & \dfrac{\partial u_3}{\partial x_2} & \dfrac{\partial u_3}{\partial x_3}\end{pmatrix} \quad \text{あるいは} \quad \dot{\mathbf{D}}=\{\dot{D}_{ij}\},\quad \dot{D}_{ij}=\dfrac{\partial u_i}{\partial x_j} \tag{付3.2}$$

これを,(i と j を入れ換えても変化しない) 対称テンソル $\dot{E}_{ij}$ と (i と j を入れ換えると符号のみが変化する) 反対称テンソル $\dot{F}_{ij}$ に分解する.

$$\dot{D}_{ij}=\underbrace{\frac{1}{2}\left(\frac{\partial u_i}{\partial x_j}+\frac{\partial u_j}{\partial x_i}\right)}_{\equiv \dot{E}_{ij}}+\underbrace{\frac{1}{2}\left(\frac{\partial u_i}{\partial x_j}-\frac{\partial u_j}{\partial x_i}\right)}_{\equiv \dot{F}_{ij}} \tag{付3.3}$$

$\dot{E}_{ij}$ は**ひずみ速度テンソル**である.非対角成分 $\dot{E}_{ij}(i\neq j)$ は,**ずれひずみ速度** (shear strain rate) である.対角成分 $\dot{E}_{ii}$ は,流体要素の i 方向の**伸縮ひずみ速度** (elongation-contraction rate) で,こ

れを用いると，**体積ひずみ速度**（volume dilation rate）は，次式で与えられる。

$$\frac{\delta \dot{v}}{v} = \sum_{i=1}^{3} \frac{\partial u_i}{\partial x_i} = \sum_{i=1}^{3} \dot{E}_{ii} = \nabla \cdot \mathbf{u} \tag{付 3.4}$$

$\dot{F}_{ij}$ は**渦度テンソル**で

$$\dot{F}_{ij} = \frac{1}{2}\begin{pmatrix} 0 & -\dot{\Omega}_3 & \dot{\Omega}_2 \\ \dot{\Omega}_3 & 0 & -\dot{\Omega}_1 \\ -\dot{\Omega}_2 & \dot{\Omega}_1 & 0 \end{pmatrix} = -\frac{1}{2}\sum_{k} \varepsilon_{ijk}\dot{\Omega}_k \tag{付 3.5}$$

ここで，渦度ベクトル $\dot{\mathbf{\Omega}}$ およびその成分は

$$\dot{\mathbf{\Omega}} \equiv \boldsymbol{\omega} = \begin{pmatrix} \dot{\Omega}_1 \\ \dot{\Omega}_2 \\ \dot{\Omega}_3 \end{pmatrix} = \nabla \times \mathbf{u}, \quad \dot{\Omega}_k = \sum_{i=1}^{3}\sum_{j=1}^{3}\varepsilon_{ijk}\frac{\partial \dot{r}_j}{\partial x_i} \tag{付 3.6}$$

$$\dot{\Omega}_1 = \left(\frac{\partial u_3}{\partial x_2} - \frac{\partial u_2}{\partial x_3}\right), \quad \dot{\Omega}_2 = \left(\frac{\partial u_1}{\partial x_3} - \frac{\partial u_3}{\partial x_1}\right), \quad \dot{\Omega}_3 = \left(\frac{\partial u_2}{\partial x_1} - \frac{\partial u_1}{\partial x_2}\right) \tag{付 3.7}$$

流体の場合，流速の勾配がなくても圧力（静圧）$p(>0)$ が働き，応力テンソルの対角成分に含まれる。

$$\mathbf{P} = \begin{pmatrix} -p & 0 & 0 \\ 0 & -p & 0 \\ 0 & 0 & -p \end{pmatrix} \tag{付 3.8}$$

ここで，マイナスの符号がつくのは，固体力学において引張り応力を正にとることと整合をとるためである。以上より，圧縮性の粘性流体の応力テンソルは，次式で与えられる。

$$\begin{aligned}\sigma_{ij} &= -p\delta_{ij} + \tau_{ij} = -p\delta_{ij} + \lambda\left(\sum_{k=1}^{3}\dot{E}_{kk}\right)\delta_{ij} + 2\mu \dot{E}_{ij} \\ &= -p\delta_{ij} + \lambda(\nabla\cdot\mathbf{u})\delta_{ij} + 2\mu\dot{E}_{ij}\end{aligned} \tag{付 3.9}$$

ここで，τ_{ij} は粘性応力，μ，λ はそれぞれ（**ずれ**）**粘性係数**，**第 2 粘性係数**である。式(付 3.9)の対角和をとると

$$-\frac{1}{3}\sum_{i=1}^{3}\sigma_{ii} = p - \chi\nabla\cdot\mathbf{u} \tag{付 3.10}$$

$$\chi \equiv \lambda + \frac{2}{3}\mu \tag{付 3.11}$$

χ は**体積粘性率**（bulk viscosity）と呼ばれ，気体が膨張すると粘性によって圧力が下がることを意味している。しかし，このような効果は無視してよい場合が多い。χ を用いる応力テンソルは，次式で表される。

$$\sigma_{ij} = (-p + \underline{\chi\nabla\cdot\mathbf{u}})\delta_{ij} + 2\mu\left\{\dot{E}_{ij} - \frac{1}{3}(\nabla\cdot\mathbf{u})\delta_{ij}\right\} \tag{付 3.12}$$

下線を引いた項は，非圧縮流れの場合は 0 になる。

付録 4　等エントロピー圧縮率（8 章関連）[†]

等エントロピー圧縮率（isentropic compressibility）κ は，気体の圧力 p によって比体積 v が等エントロピー的に変化する割合を表す。

$$\kappa \equiv -\frac{1}{v}\left(\frac{\partial v}{\partial p}\right)_s \tag{付 4.1}$$

[†] s はエントロピー。

$$\rho = \frac{1}{v} \tag{付4.2}$$

より

$$dv = -\frac{1}{\rho^2} d\rho \tag{付4.3}$$

式(付4.1)～(付4.3)より

$$\kappa = -\rho \frac{dv}{d\rho}\left(\frac{\partial \rho}{\partial p}\right)_s = -\rho\left(-\frac{1}{\rho^2}\right)\left(\frac{\partial \rho}{\partial p}\right)_s = \frac{1}{\rho}\left(\frac{\partial \rho}{\partial p}\right)_s \tag{付4.4}$$

すなわち，音速 a は κ を用いてつぎのように表すことができる．

$$a = \sqrt{\left(\frac{\partial p}{\partial \rho}\right)_s} = \frac{1}{\sqrt{\kappa\rho}} \tag{付4.5}$$

付録5　特性速度と不変量の一般的導出（8章関連）

　特性速度とリーマン不変量を，三次元のオイラー方程式から導出する．流れの保存式を以下のように変形すると，特性速度はその固有値として求めることができる．いま，外力，外部との熱出入りはないものとする．3章で示した流れの保存式は

$$\text{質量保存式(3.4)}: \frac{\partial \rho}{\partial t} + \nabla \cdot \rho \mathbf{u} = 0 \tag{付5.1}$$

$$\text{運動量保存式(3.14)}: \rho \frac{\partial \mathbf{u}}{\partial t} + \rho(\mathbf{u} \cdot \nabla)\mathbf{u} = -\nabla p \tag{付5.2}$$

$$\text{エネルギー保存式(3.22)}: \rho \frac{De}{Dt} = -p \nabla \cdot \mathbf{u} \tag{付5.3}$$

　三次元流れの場合，運動量保存式は3成分よりなるので，上記の3個の式は，5個のスカラー偏微分方程式で構成される．これらの式を変形することによって，すべての式が $\rho, \mathbf{u} = (u, v, w), p$ の5個の変数に対する微分方程式になるようにする．熱力学の第1法則より

$$Tds = de + pd\left(\frac{1}{\rho}\right) = de - \frac{p}{\rho^2}d\rho \tag{付5.4}$$

等エントロピー流れを仮定しているので

$$\left(\frac{\partial e}{\partial \rho}\right)_s = \frac{p}{\rho^2} \tag{付5.5}$$

これと，音速の定義式(8.6)を用いて

$$\left(\frac{\partial e}{\partial p}\right)_s = \frac{\left(\frac{\partial e}{\partial \rho}\right)_s}{\left(\frac{\partial p}{\partial \rho}\right)_s} = \frac{\frac{p}{\rho^2}}{a^2} = \frac{p}{\rho^2 a^2} \tag{付5.6}$$

式(付5.3)に代入して

$$\rho \frac{De}{Dt} = \rho\left\{\left(\frac{\partial e}{\partial p}\right)_s \frac{Dp}{Dt}\right\} = \frac{p}{\rho a^2}\frac{Dp}{Dt} = -p \nabla \cdot \mathbf{u}$$

$$\frac{\partial p}{\partial t} + \mathbf{u} \cdot \nabla p + \rho a^2 \nabla \cdot \mathbf{u} = 0 \tag{付5.7}$$

式(付5.1)，(付5.2)，(付5.7)を，速度成分を用いて表すと

$$\frac{\partial \rho}{\partial t} + \left(u\frac{\partial \rho}{\partial x} + \rho\frac{\partial u}{\partial x}\right) + \left(v\frac{\partial \rho}{\partial y} + \rho\frac{\partial v}{\partial y}\right) + \left(w\frac{\partial \rho}{\partial z} + \rho\frac{\partial w}{\partial z}\right) = 0 \tag{付5.8}$$

$$\begin{pmatrix} \dfrac{\partial u}{\partial t} \\ \dfrac{\partial v}{\partial t} \\ \dfrac{\partial w}{\partial t} \end{pmatrix} + \begin{pmatrix} u\dfrac{\partial u}{\partial x}+\dfrac{1}{\rho}\dfrac{\partial p}{\partial x}+v\dfrac{\partial u}{\partial y} & +w\dfrac{\partial u}{\partial z} \\ u\dfrac{\partial v}{\partial x} & +v\dfrac{\partial v}{\partial y}+\dfrac{1}{\rho}\dfrac{\partial p}{\partial y}+w\dfrac{\partial v}{\partial z} \\ u\dfrac{\partial w}{\partial x} & +v\dfrac{\partial w}{\partial y} & +w\dfrac{\partial w}{\partial z}+\dfrac{1}{\rho}\dfrac{\partial p}{\partial z} \end{pmatrix} = \begin{pmatrix} 0 \\ 0 \\ 0 \end{pmatrix}$$

(付5.9)

$$\frac{\partial p}{\partial t}+\left(u\frac{\partial p}{\partial x}+\rho a^2\frac{\partial u}{\partial x}\right)+\left(v\frac{\partial p}{\partial y}+\rho a^2\frac{\partial v}{\partial y}\right)+\left(w\frac{\partial p}{\partial z}+\rho a^2\frac{\partial w}{\partial z}\right)=0 \tag{付5.10}$$

これらは，まとめてつぎのようなベクトル形に書き表される。

$$\frac{\partial \mathbf{V}}{\partial t}+(\widetilde{\mathbf{A}}\cdot\nabla)\mathbf{V}=\mathbf{0}, \quad (\widetilde{\mathbf{A}}\cdot\nabla)\mathbf{V}=\left(\mathbf{A}\frac{\partial}{\partial x}+\mathbf{B}\frac{\partial}{\partial y}+\mathbf{C}\frac{\partial}{\partial z}\right)\mathbf{V} \tag{付5.11}$$

$$\mathbf{V}=\begin{pmatrix} \rho \\ \mathbf{u} \\ p \end{pmatrix}, \quad \widetilde{\mathbf{A}}=\begin{pmatrix} \mathbf{A} \\ \mathbf{B} \\ \mathbf{C} \end{pmatrix}, \quad \nabla=\begin{pmatrix} \dfrac{\partial}{\partial x} \\ \dfrac{\partial}{\partial y} \\ \dfrac{\partial}{\partial z} \end{pmatrix} \tag{付5.12}$$

$$\mathbf{A}=\begin{pmatrix} u & \rho & 0 & 0 & 0 \\ 0 & u & 0 & 0 & \dfrac{1}{\rho} \\ 0 & 0 & u & 0 & 0 \\ 0 & 0 & 0 & u & 0 \\ 0 & \rho a^2 & 0 & 0 & u \end{pmatrix} \tag{付5.13}$$

$$\mathbf{B}=\begin{pmatrix} v & 0 & \rho & 0 & 0 \\ 0 & v & 0 & 0 & 0 \\ 0 & 0 & v & 0 & \dfrac{1}{\rho} \\ 0 & 0 & 0 & v & 0 \\ 0 & 0 & \rho a^2 & 0 & v \end{pmatrix} \tag{付5.14}$$

$$\mathbf{C}=\begin{pmatrix} w & 0 & 0 & \rho & 0 \\ 0 & w & 0 & 0 & 0 \\ 0 & 0 & w & 0 & 0 \\ 0 & 0 & 0 & w & \dfrac{1}{\rho} \\ 0 & 0 & 0 & \rho a^2 & w \end{pmatrix} \tag{付5.15}$$

$$\mathbf{0}=\begin{pmatrix} 0 \\ 0 \\ 0 \end{pmatrix} \tag{付5.16}$$

いま，式(付5.11)が，波動解

$$\mathbf{V}=\overline{\mathbf{V}}e^{i\varphi(\mathbf{x},t)}, \quad (\text{i は虚数単位}) \tag{付5.17}$$

を持つとする。式(付5.17)を，式(付5.11)に代入すると

$$\frac{\partial \varphi}{\partial t}\overline{\mathbf{V}}+\widetilde{\mathbf{A}}\cdot(\nabla\varphi)\overline{\mathbf{V}}=\mathbf{0} \quad \text{あるいは} \quad \left(\frac{\partial \varphi}{\partial t}\mathbf{I}+\mathbf{A}\frac{\partial \varphi}{\partial x}+\mathbf{B}\frac{\partial \varphi}{\partial y}+\mathbf{C}\frac{\partial \varphi}{\partial z}\right)\overline{\mathbf{V}}=\mathbf{0} \tag{付5.18}$$

ここで，以下を定義する。

$$\lambda \equiv -\frac{\partial \varphi}{\partial t} \tag{付5.19}$$

$$\mathbf{k} \equiv \nabla \varphi \tag{付5.20}$$

$$\mathbf{K} \equiv \widetilde{\mathbf{A}} \cdot \mathbf{k} \tag{付5.21}$$

ここで，$\mathbf{k}$ は同位相面（$\varphi=$一定，**特性面**（characteristic）と呼ぶ）の法線ベクトルで，固有値を特性速度と一致させるため，単位ベクトル（$|\mathbf{k}|=1$）とする．式（付5.18）に式（付5.19）～（付5.21）を代入して

$$(\mathbf{K}-\lambda \mathbf{I})\overline{\mathbf{V}}=\mathbf{0} \quad \text{または} \quad \mathbf{K}\overline{\mathbf{V}}=\lambda\overline{\mathbf{V}} \tag{付5.22}$$

ここで，$\mathbf{I}$ は単位行列を表す．$\overline{V}$ が $\mathbf{0}$ でない解を持つためには，つぎの特性方程式を満たさなければならない．

$$|\mathbf{K}-\lambda \mathbf{I}|=0 \tag{付5.23}$$

このとき λ, $\overline{V}$ はそれぞれ，行列 $\mathbf{K}$ の固有値，固有ベクトルになる．$\mathbf{K}$ は 5×5 の行列であるから，5個の固有値を持つ．固有値を対角項に持つ行列を，$\mathbf{\Lambda}$ で表すと

$$\mathbf{KL}=\mathbf{L\Lambda} \quad \text{または} \quad \mathbf{\Lambda}=\mathbf{L}^{-1}\mathbf{KL} \tag{付5.24}$$

$$\mathbf{L}=(\overline{\mathbf{V}}_1, \overline{\mathbf{V}}_2, \cdots, \overline{\mathbf{V}}_5) \tag{付5.25}$$

ここで，$\overline{\mathbf{V}}_1, \overline{\mathbf{V}}_2, \cdots, \overline{\mathbf{V}}_5$ は，それぞれ $\lambda_1, \lambda_2, \cdots, \lambda_5$ に対する固有ベクトルを表す．

$$\mathbf{\Lambda}=\begin{pmatrix} \lambda_1 & & & & \\ & \cdot & & & \\ & & \cdot & & \\ & & & \cdot & \\ & & & & \lambda_5 \end{pmatrix} \tag{付5.26}$$

$$\mathbf{K}=\begin{pmatrix} \mathbf{u}\cdot\mathbf{k} & \rho k_x & \rho k_y & \rho k_z & 0 \\ 0 & \mathbf{u}\cdot\mathbf{k} & 0 & 0 & \dfrac{1}{\rho}k_x \\ 0 & 0 & \mathbf{u}\cdot\mathbf{k} & 0 & \dfrac{1}{\rho}k_y \\ 0 & 0 & 0 & \mathbf{u}\cdot\mathbf{k} & \dfrac{1}{\rho}k_z \\ 0 & \rho a^2 k_x & \rho a^2 k_y & \rho a^2 k_z & \mathbf{u}\cdot\mathbf{k} \end{pmatrix} \tag{付5.27}$$

したがって，特性方程式（付5.23）は

$$\begin{vmatrix} \mathbf{u}\cdot\mathbf{k}-\lambda & \rho k_x & \rho k_y & \rho k_z & 0 \\ 0 & \mathbf{u}\cdot\mathbf{k}-\lambda & 0 & 0 & \dfrac{1}{\rho}k_x \\ 0 & 0 & \mathbf{u}\cdot\mathbf{k}-\lambda & 0 & \dfrac{1}{\rho}k_y \\ 0 & 0 & 0 & \mathbf{u}\cdot\mathbf{k}-\lambda & \dfrac{1}{\rho}k_z \\ 0 & \rho a^2 k_x & \rho a^2 k_y & \rho a^2 k_z & \mathbf{u}\cdot\mathbf{k}-\lambda \end{vmatrix}=0$$

$$(\mathbf{u}\cdot\mathbf{k}-\lambda)^3[(\mathbf{u}\cdot\mathbf{k}-\lambda)^2-a^2]=0 \tag{付5.28}$$

この解は

$$\begin{cases} \lambda_1=\lambda_2=\lambda_3=\mathbf{u}\cdot\mathbf{k} \\ \lambda_4=\mathbf{u}\cdot\mathbf{k}+a=(\mathbf{u}+a\mathbf{k})\cdot\mathbf{k} \\ \lambda_5=\mathbf{u}\cdot\mathbf{k}-a=(\mathbf{u}-a\mathbf{k})\cdot\mathbf{k} \end{cases} \tag{付5.29}$$

$$\overline{\mathbf{V}} = \begin{pmatrix} X_1 \\ \vdots \\ X_5 \end{pmatrix} \tag{付5.30}$$

とおくと，式(付5.22)より

$$\begin{cases} \mathbf{u} \cdot \mathbf{k} X_1 + \rho k_x X_2 + \rho k_y X_3 + \rho k_z X_4 & = \lambda X_1 \\ \mathbf{u} \cdot \mathbf{k} X_2 & + \dfrac{1}{\rho} k_x X_5 = \lambda X_2 \\ \mathbf{u} \cdot \mathbf{k} X_3 & + \dfrac{1}{\rho} k_y X_5 = \lambda X_3 \\ \mathbf{u} \cdot \mathbf{k} X_4 & + \dfrac{1}{\rho} k_z X_5 = \lambda X_4 \\ \rho a^2 k_x X_2 + \rho a^2 k_y X_3 + \rho a^2 k_z X_4 + \mathbf{u} \cdot \mathbf{k} X_5 = \lambda X_5 \end{cases} \tag{付5.31}$$

$\lambda = \mathbf{u} \cdot \mathbf{k}$ に対して，式(付5.31)が成り立つためには

$$\begin{cases} X_1 = \text{arbitrary（任意）} \\ \begin{pmatrix} X_2 \\ X_3 \\ X_4 \end{pmatrix} \cdot \begin{pmatrix} k_x \\ k_y \\ k_z \end{pmatrix} = 0 \\ X_5 = 0 \end{cases} \tag{付5.32}$$

これを満たす直交する三つの固有ベクトル（単位ベクトル）を例示すると

$$\overline{\mathbf{V}}_1 = \begin{pmatrix} k_x \\ 0 \\ k_z \\ -k_y \\ 0 \end{pmatrix}, \quad \overline{\mathbf{V}}_2 = \begin{pmatrix} k_y \\ -k_z \\ 0 \\ k_x \\ 0 \end{pmatrix}, \quad \overline{\mathbf{V}}_3 = \begin{pmatrix} k_z \\ k_y \\ -k_x \\ 0 \\ 0 \end{pmatrix} \tag{付5.33}$$

$\lambda = \mathbf{u} \cdot \mathbf{k} \pm a$ に対して，式(付5.31)が成り立つためには（複合同順）

$$X_1 = \frac{1}{a^2} X_5, \quad X_2 = \pm \frac{k_x}{\rho a} X_5, \quad X_3 = \pm \frac{k_y}{\rho a} X_5, \quad X_4 = \pm \frac{k_z}{\rho a} X_5 \tag{付5.34}$$

これを満たし，たがいに直交する固有ベクトルを例示すると，$\lambda = \mathbf{u} \cdot \mathbf{k} + a$，$\lambda = \mathbf{u} \cdot \mathbf{k} - a$ に対して，それぞれ

$$\overline{\mathbf{V}}_4 = \begin{pmatrix} \rho/2a \\ k_x/2 \\ k_y/2 \\ k_z/2 \\ \rho a/2 \end{pmatrix}, \quad \overline{\mathbf{V}}_5 = \begin{pmatrix} \rho/2a \\ -k_x/2 \\ -k_y/2 \\ -k_z/2 \\ \rho a/2 \end{pmatrix} \tag{付5.35}$$

式(付5.25)の逆行列は

$$\mathbf{L}^{-1} = \begin{pmatrix} k_x & 0 & k_z & -k_y & -k_x/a^2 \\ k_y & -k_z & 0 & k_x & -k_y/a^2 \\ k_z & k_y & -k_x & 0 & -k_z/a^2 \\ 0 & k_x & k_y & k_z & 1/\rho a \\ 0 & -k_x & -k_y & -k_z & 1/\rho a \end{pmatrix} \tag{付5.36}$$

これを，式(付5.11)に左からかけて

$$\mathbf{L}^{-1} \frac{\partial \mathbf{V}}{\partial t} + \mathbf{L}^{-1} (\widetilde{\mathbf{A}} \cdot \nabla) \mathbf{V} = \mathbf{0} \tag{付5.37}$$

$$\mathbf{L}^{-1}\frac{\partial \mathbf{V}}{\partial t}=\begin{pmatrix} k_x\dfrac{\partial \rho}{\partial t} & & +k_z\dfrac{\partial v}{\partial t} & -k_y\dfrac{\partial w}{\partial t} & -\dfrac{k_x}{a^2}\dfrac{\partial p}{\partial t} \\ k_y\dfrac{\partial \rho}{\partial t} & -k_z\dfrac{\partial u}{\partial t} & & +k_x\dfrac{\partial w}{\partial t} & -\dfrac{k_y}{a^2}\dfrac{\partial p}{\partial t} \\ k_z\dfrac{\partial \rho}{\partial t} & +k_y\dfrac{\partial u}{\partial t} & -k_x\dfrac{\partial v}{\partial t} & & -\dfrac{k_z}{a^2}\dfrac{\partial p}{\partial t} \\ & k_x\dfrac{\partial u}{\partial t} & +k_y\dfrac{\partial v}{\partial t} & +k_z\dfrac{\partial w}{\partial t} & +\dfrac{1}{\rho a}\dfrac{\partial p}{\partial t} \\ & -k_x\dfrac{\partial u}{\partial t} & -k_y\dfrac{\partial v}{\partial t} & -k_z\dfrac{\partial w}{\partial t} & +\dfrac{1}{\rho a}\dfrac{\partial p}{\partial t} \end{pmatrix} \quad (\text{付}5.38)$$

$$\widetilde{\mathbf{A}}\cdot\nabla=\begin{pmatrix} \mathbf{u}\cdot\nabla & \rho\dfrac{\partial}{\partial x} & \rho\dfrac{\partial}{\partial y} & \rho\dfrac{\partial}{\partial z} & 0 \\ 0 & \mathbf{u}\cdot\nabla & 0 & 0 & \dfrac{1}{\rho}\dfrac{\partial}{\partial x} \\ 0 & 0 & \mathbf{u}\cdot\nabla & 0 & \dfrac{1}{\rho}\dfrac{\partial}{\partial y} \\ 0 & 0 & 0 & \mathbf{u}\cdot\nabla & \dfrac{1}{\rho}\dfrac{\partial}{\partial z} \\ 0 & \rho a^2\dfrac{\partial}{\partial x} & \rho a^2\dfrac{\partial}{\partial y} & \rho a^2\dfrac{\partial}{\partial z} & \mathbf{u}\cdot\nabla \end{pmatrix} \quad (\text{付}5.39)$$

$\mathbf{L}^{-1}(\widetilde{\mathbf{A}}\cdot\nabla)=$

$$\begin{pmatrix} k_x\mathbf{u}\cdot\nabla & 0 & k_z\mathbf{u}\cdot\nabla & -k_y\mathbf{u}\cdot\nabla & k_z\dfrac{1}{\rho}\dfrac{\partial}{\partial y}-k_y\dfrac{1}{\rho}\dfrac{\partial}{\partial z}-\dfrac{k_x}{a^2}\mathbf{u}\cdot\nabla \\ k_y\mathbf{u}\cdot\nabla & -k_z\mathbf{u}\cdot\nabla & 0 & k_x\mathbf{u}\cdot\nabla & -k_z\dfrac{1}{\rho}\dfrac{\partial}{\partial x}+k_x\dfrac{1}{\rho}\dfrac{\partial}{\partial z}-\dfrac{k_y}{a^2}\mathbf{u}\cdot\nabla \\ k_z\mathbf{u}\cdot\nabla & k_y\mathbf{u}\cdot\nabla & -k_x\mathbf{u}\cdot\nabla & 0 & k_y\dfrac{1}{\rho}\dfrac{\partial}{\partial x}-k_x\dfrac{1}{\rho}\dfrac{\partial}{\partial y}-\dfrac{k_z}{a^2}\mathbf{u}\cdot\nabla \\ 0 & k_x\mathbf{u}\cdot\nabla+a\dfrac{\partial}{\partial x} & k_y\mathbf{u}\cdot\nabla+a\dfrac{\partial}{\partial y} & k_z\mathbf{u}\cdot\nabla+a\dfrac{\partial}{\partial z} & k_x\dfrac{1}{\rho}\dfrac{\partial}{\partial x}+k_y\dfrac{1}{\rho}\dfrac{\partial}{\partial y}+k_z\dfrac{1}{\rho}\dfrac{\partial}{\partial z}+\dfrac{1}{\rho a}\mathbf{u}\cdot\nabla \\ 0 & -k_x\mathbf{u}\cdot\nabla+a\dfrac{\partial}{\partial x} & -k_y\mathbf{u}\cdot\nabla+a\dfrac{\partial}{\partial y} & -k_z\mathbf{u}\cdot\nabla+a\dfrac{\partial}{\partial z} & -k_x\dfrac{1}{\rho}\dfrac{\partial}{\partial x}-k_y\dfrac{1}{\rho}\dfrac{\partial}{\partial y}-k_z\dfrac{1}{\rho}\dfrac{\partial}{\partial z}+\dfrac{1}{\rho a}\mathbf{u}\cdot\nabla \end{pmatrix}$$
(付5.40)

式(付5.37)に式(付5.38), (付5.40)を代入すると, その第1行は

$$k_x\underbrace{\left\{\left(\frac{\partial}{\partial t}+\mathbf{u}\cdot\nabla\right)\rho-\frac{1}{a^2}\left(\frac{\partial}{\partial t}+\mathbf{u}\cdot\nabla\right)p\right\}}_{(A)}-k_y\underbrace{\left\{\left(\frac{\partial}{\partial t}+\mathbf{u}\cdot\nabla\right)w+\frac{1}{\rho}\frac{\partial p}{\partial z}\right\}}_{(B)}+k_z\underbrace{\left\{\left(\frac{\partial}{\partial t}+\mathbf{u}\cdot\nabla\right)v+\frac{1}{\rho}\frac{\partial p}{\partial y}\right\}}_{(C)}=0$$
(付5.41)

この式がつねに成り立つためには, 下記の関係が満足されなければならない.

(A) $\dfrac{d\mathbf{x}}{dt}=\mathbf{u}$ にそって, $d\rho-\dfrac{1}{a^2}dp=0$ すなわち $ds=0$ \hfill (付5.42)

(B) z 方向の運動量保存式と等価

(C) y 方向の運動量保存式と等価

式(付5.37)第2, 3行からも, 第1行と同様の結果が得られる. 第4行から

$$\mathbf{k}\cdot\left\{\left(\frac{\partial}{\partial t}+\mathbf{u}\cdot\nabla\right)\mathbf{u}\right\}+a\nabla\cdot\mathbf{u}+\frac{1}{\rho a}\left\{\frac{\partial}{\partial t}+(\mathbf{u}+a\mathbf{k})\cdot\nabla\right\}p=0 \quad (\text{付}5.43)$$

ここで $\mathbf{k}$ およびたがいに垂直な二つの単位ベクトル $\mathbf{l}$, $\mathbf{m}$ を考える.

$$\mathbf{k}\cdot\mathbf{l}=\mathbf{k}\cdot\mathbf{m}=\mathbf{l}\cdot\mathbf{m}=0, \quad |\mathbf{l}|=|\mathbf{m}|=1 \quad (\text{付}5.44)$$

それぞれのベクトルに平行な勾配の成分は

$$\nabla_k = \mathbf{k} \cdot \nabla, \quad \nabla_l = \mathbf{l} \cdot \nabla, \quad \nabla_m = \mathbf{m} \cdot \nabla \tag{付5.45}$$

であるから

$$\nabla \cdot \mathbf{u} = \mathbf{k} \cdot \{(\mathbf{k} \cdot \nabla)\mathbf{u}\} + \mathbf{l} \cdot \{(\mathbf{l} \cdot \nabla)\mathbf{u}\} + \mathbf{m} \cdot \{(\mathbf{m} \cdot \nabla)\mathbf{u}\} \tag{付5.46}$$

$\mathbf{k}$ は波面の法線ベクトルであり，それに垂直な方向には変化がない（$\mathbf{l} \cdot \nabla = \mathbf{m} \cdot \nabla = 0$）ので

$$\nabla \cdot \mathbf{u} = \mathbf{k} \cdot \{(\mathbf{k} \cdot \nabla)\mathbf{u}\} \tag{付5.47}$$

したがって，式(付5.43)，(付5.47)から

$$\mathbf{k} \cdot \left[\left\{\frac{\partial}{\partial t} + (\mathbf{u} + a\mathbf{k}) \cdot \nabla\right\}\mathbf{u}\right] + \frac{1}{\rho a}\left\{\frac{\partial}{\partial t} + (\mathbf{u} + a\mathbf{k}) \cdot \nabla\right\}p = 0 \tag{付5.48}$$

$$d_+ \equiv \frac{\partial}{\partial t} + (\mathbf{u} + a\mathbf{k}) \cdot \nabla \tag{付5.49}$$

とおくと

$$\mathbf{k} \cdot d_+ \mathbf{u} + \frac{1}{\rho a} d_+ p = 0 \tag{付5.50}$$

同様に，式(付5.37)第5行より

$$d_- \equiv \frac{\partial}{\partial t} + (\mathbf{u} - a\mathbf{k}) \cdot \nabla \tag{付5.51}$$

$$\mathbf{k} \cdot \left[\left\{\frac{\partial}{\partial t} + (\mathbf{u} - a\mathbf{k}) \cdot \nabla\right\}\mathbf{u}\right] - \frac{1}{\rho a}\left\{\frac{\partial}{\partial t} + (\mathbf{u} - a\mathbf{k}) \cdot \nabla\right\}p = 0 \tag{付5.52}$$

$$\mathbf{k} \cdot d_- \mathbf{u} - \frac{1}{\rho a} d_- p = 0 \tag{付5.53}$$

すなわち，**特性速度**（characteristics）

$$\mathbf{c}_\pm = \mathbf{u} \pm a\mathbf{k} \tag{付5.54}$$

の方向に

$$dJ_\pm \equiv \mathbf{k} \cdot d_\pm \mathbf{u} \pm \frac{1}{\rho a} d_\pm p = 0 \tag{付5.55}$$

の関係が成り立つ。J_+，J_- は，リーマン不変量である。

以上をまとめる。$\mathbf{k}$ を波面が伝播する方向にとると

$$\frac{d\mathbf{x}}{dt} = \mathbf{c}_+ = \mathbf{u} + a\mathbf{k} \quad \text{に対して} \quad dJ_+ = \mathbf{k} \cdot d_+ \mathbf{u} + \frac{1}{\rho a} d_+ p = 0 \tag{付5.56}$$

$$\frac{d\mathbf{x}}{dt} = \mathbf{c}_- = \mathbf{u} - a\mathbf{k} \quad \text{に対して} \quad dJ_- = \mathbf{k} \cdot d_- \mathbf{u} - \frac{1}{\rho a} d_- p = 0 \tag{付5.57}$$

$$\frac{d\mathbf{x}}{dt} = \mathbf{c}_0 = \mathbf{u} \quad \text{に対して} \quad ds = 0 \tag{付5.58}$$

となる。

索　引

【あ】

亜音速飛行	3
圧縮管	205
圧縮性	1
圧縮性因子	23
圧縮性流体力学	1
圧縮波	9, 108, 132
圧縮比	7
圧　力	10
圧力推力	16, 105, 192
圧力損失	27
圧力波	1, 132
アボガドロ数	21

【い】

イクスパンション管	204, 211
イクスパンションファン	108, 115
異常反射	126
一般化された	
――ユゴニオ曲線	87
――ランキン・ユゴニオ関係式	85
――レイリー直線	86
一般気体定数	11
インパルス風洞	204

【う】

運動量推力	16, 105, 192
運動量保存式	41
運動量流束	15

【え】

影響係数	78
影響領域	2
エネルギーの変化	48
エネルギー付加	173
エネルギー物質	149
エネルギー保存式	41
エンタルピー	10, 13, 26, 37
円柱座標	232, 234
エントロピー	10, 12, 24
――の変化	49

【お】

オイラーの運動方程式	35, 38
音	132
オーバードリブン（過駆動）デトネーション	90
オリフィス	187
音圧レベル	132
音響インピーダンス	171
音　速	2, 27, 132, 133
音速条件	124
音速ノズル	187
温　度	10, 17
音　波	1, 132

【か】

界　面	46
――の逆位相変形	70
可逆過程	11
可逆変化	12
過度テンソル	235
過膨張流れ	195
ガリレイ変換	38
間欠風洞	204
慣性座標系	38
カントロビッツ限界	198
管内カタパルト射出法	214

【き】

擬似衝撃波	201
擬似定常流れ	125
気体定数	11
きのこ雲	71
希薄波	9
球座標	233, 234
境界層	126
局所熱力学的平衡状態	18

【く】

空気吸込みエンジン	105
空力加熱	67
グランシングインシデンス	59
クロネッカーのデルタ	33

【け】

撃　力	7
ケルビン・ヘルムホルツ不安定性	72
検査体積	15
検査面	15

【こ】

高圧室	158
後退デトネーションドライバー	205
交通流	219
混合領域	201

【さ】

最適速度	224
最適速度モデル	224
先細ノズル	79, 187
サ　ボ	214
三重点	121

【し】

自己相似解	125
仕事率	25
実験室座標	38
実在気体	23
実在気体効果	23
実質微分	35
質量分率	29, 30
質量保存式	33, 41
質量流束	15
質量流量	189
質量流量係数	190
始　動	199
銃	98
収縮率	198
自由ピストン式衝撃風洞	209
自由ピストンドライバー	205
準一次元流れ	73
準静的過程	57
衝撃インピーダンス	171
衝撃層	67, 206
衝撃波	3, 45, 108, 132, 139
強い――	50
弱い――	50
衝撃波圧縮	57
衝撃波管	158
衝撃波・境界層干渉	201

衝撃波極線	121	対流項	35	【ね】		
衝撃波形成距離	140	対流熱伝達	67	熱速度		14
衝撃波吸込み条件	199	対流微分	35	熱的完全気体		13
衝撃波前後	51	脱出速度	155	熱伝導		67
衝撃波背後		断熱過程	12	熱閉塞		81
——の状態	47	【ち】		熱閉塞モード		101
——のマッハ数	56			熱力学		10
衝撃波マッハ数	52	チャップマン・ジュゲ		熱力学第1法則		11, 37
衝撃風洞	204, 206	デトネーション	90	熱力学第2法則		12
状態方程式	10, 21	チャップマン・ジュゲ		熱量的完全気体		13
状態量	10	デフラグレーション	91	粘性係数		235
衝突断面積	20	チューンドオペレーション	205			
じょう乱	132	超音速ディフューザー	196	【の】		
ショックトレイン	201	超音速飛行	3	ノイマンスパイク		95
伸縮ひずみ速度	234	貯気槽	205	ノズル		79, 187
【す】		【て】		ノズル圧力比		194
吸込み風洞	204	低圧室	158	【は】		
垂直衝撃波	46	定圧比熱	13	背圧		191
推力	16, 104	定積比熱	13	推力係数		
推力係数	192	ディフューザー	79, 105, 196	排気プルーム		123
数密度	20	デカルト座標	232	爆縮		70
末広ノズル	79	適正膨張	194, 196	爆発		148
スクラムジェット	105	デトネーション	88	爆風		149
ストーカー管	209	デフラグレーション	88, 191	剥離バブル		127
滑り面	46	テーラード条件	209	波線		2
ずれひずみ速度	234	電子励起エネルギー	18	波動線図		1
スロート	79, 187	テンソル積	34	バブル		173
【せ】		【と】		バリスティックレンジ		204, 213
				バロクリニック効果		69
静圧	17	動圧	16	パワー		25
静エンタルピー	26	等エントロピー圧縮率	235	反射衝撃波		121, 163
静温	27	等エントロピー過程	13	反応帯		95
正常反射	120	等エントロピー非閉塞条件	198	【ひ】		
生成項	85	等エントロピー変化	57			
接触面	9, 46	等価直径	75	比		11
セル構造	97	凍結音速	30	非可逆過程		11
セルサイズ	97	特性曲線法	178	非可逆変化		12
全圧	27	特性速度	5, 137, 241	ひずみ速度テンソル		234
全域亜音速流れ	194	特性方程式	135	比体積		11
全エネルギー	19, 35	特性面	238	左進行波		151
全エンタルピー	26	ドルトンの法則	29	ピトー圧		27
全温	27			ピトー管		27
【そ】		【な】		比熱比		13
		内部エネルギー	10, 17, 19	非粘性流れ		32
双曲型	178	内部自由度	18	非平衡		31
相似性	38	流れ	10	非保存形		35
【た】		斜め衝撃波	46, 108	標準生成エンタルピー		29
大気圏再突入	206	【に】		【ふ】		
対向衝撃波管	161	二乗平均平方根	20	ファノ流れ		81
体積粘性率	235	二段式軽ガス銃	214	ファンデルワールスの状態		
体積ひずみ速度	234	入射衝撃波	120, 163	方程式		23
体積力	33	ニュートン流近似	64	噴出し風洞		204
第2粘性係数	235			輻射熱伝達		67

不始動	197, 199	
不足膨張	196	
付着衝撃波	65, 108	
プラントルの関係式	55	
プラントル・マイヤー関数	108, 112	
プラントル・マイヤー膨張	115	
プリカーサー衝撃波	213	
不連続面	43	
プロジェクタイル	98, 213	
分子量	29	

【へ】

平均自由行程	21
平均自由時間	21
平衡	31
平衡音速	31
並進エネルギー	17
閉塞条件	81
閉塞状態	188
閉塞流れ	195
ベルヌーイの式	28
ベルヌーイの定理	112
変形速度テンソル	234
偏向角	61, 110

【ほ】

膨張衝撃波	223
膨張波	9, 108, 132
膨張比	192
保存形	35
ボルツマン定数	17

【ま】

マクスウェル分布	19
マズル	215
マッハ角	63
マッハコーン	3
マッハ数	27
——の変化	50
マッハステム	121
マッハディスク	123
マッハ波	3, 62, 108
マッハ反射	120

【み】

右進行波	151
密度	10, 15

【め】

メシュコフの実験	70

【や】

ヤコビ行列	40

【ゆ】

誘起帯	95
ユゴニオ曲線	48, 53
ユゴニオの式	48
弓形衝撃波	67

【よ】

よどみ状態	189
よどみ線	66
よどみ点圧力	27
よどみ点エンタルピー	26
よどみ点温度	27

【ら】

ラバールノズル	79, 187
ラム圧縮	105
ラム加速器	97
ラムジェット	105
ランキン・ユゴニオ関係式	45

【り】

力学的平衡条件	125
理想気体	10, 21
離脱衝撃波	66, 108
離脱条件	124
リヒトマイアー・メシュコフ不安定性	69, 71
リーマン不変量	114, 137
リーマン問題	151
粒子速度	9
流線	25
流速	10, 14
流束	15
流体	1
臨界圧力比	190, 194
臨界状態	190
臨界流れ	194
臨界ノズル	187
臨界流量	190

【れ】

レイリー線	47, 52
レイリー・テイラー不安定性	68
レイリーのピトー管公式	28
連続循環式風洞	203
連続流体	32, 43

【ろ】

ロシュミット数	20

【C】

CD-ST	161

【N】

NPR	194

【T】

Taylor-Maccoll の解	117

【Z】

ZND モデル	94

―― 著者略歴 ――

- 1984年　東京大学工学部航空学科卒業
- 1986年　東京大学大学院工学系研究科修士課程修了（航空学専攻）
- 1989年　東京大学大学院工学系研究科博士課程修了（航空学専攻）
　　　　　工学博士
- 1989年　名古屋大学助手
- 1991年　東北大学助教授
- 2003年　東北大学教授
- 2006年　名古屋大学教授
　　　　　現在に至る

圧縮性流体力学・衝撃波
Compressible Fluid Dynamics and Shock Waves　　　© Akihiro Sasoh 2017

2017年3月27日　初版第1刷発行　　　　　　　　　　　　　　　　　★
2023年4月20日　初版第2刷発行

検印省略	著　者　　佐　宗　章　弘	
	発　行　者　株式会社　コロナ社	
	代　表　者　牛来真也	
	印　刷　所　新日本印刷株式会社	
	製　本　所　有限会社　愛千製本所	

112-0011　東京都文京区千石 4-46-10
発行所　株式会社 **コロナ社**
CORONA PUBLISHING CO., LTD.
Tokyo Japan

振替00140-8-14844・電話(03)3941-3131(代)
ホームページ　https://www.coronasha.co.jp

ISBN 978-4-339-04653-3　C3053　Printed in Japan　　　　　　　（中原）

　JCOPY　<出版者著作権管理機構 委託出版物>
本書の無断複製は著作権法上での例外を除き禁じられています。複製される場合は, そのつど事前に,
出版者著作権管理機構（電話 03-5244-5088, FAX 03-5244-5089, e-mail: info@jcopy.or.jp）の許諾を
得てください。

本書のコピー, スキャン, デジタル化等の無断複製・転載は著作権法上での例外を除き禁じられています。
購入者以外の第三者による本書の電子データ化及び電子書籍化は, いかなる場合も認めていません。
落丁・乱丁はお取替えいたします。

機械系 大学講義シリーズ

（各巻A5判，欠番は品切または未発行です）

■編集委員長　藤井澄二
■編集委員　臼井英治・大路清嗣・大橋秀雄・岡村弘之
　　　　　　黒崎晏夫・下郷太郎・田島清灝・得丸英勝

配本順		書名	著者	頁	本体
1.	(21回)	材料力学	西谷弘信著	190	2300円
3.	(3回)	弾性学	阿部・関根共著	174	2300円
5.	(27回)	材料強度	大路・中井共著	222	2800円
6.	(6回)	機械材料学	須藤　一著	198	2500円
9.	(17回)	コンピュータ機械工学	矢川・金山共著	170	2000円
10.	(5回)	機械力学	三輪・坂田共著	210	2300円
11.	(24回)	振動学	下郷・田島共著	204	2500円
12.	(26回)	改訂 機構学	安田仁彦著	244	2800円
13.	(18回)	流体力学の基礎（1）	中林・伊藤・鬼頭共著	186	2200円
14.	(19回)	流体力学の基礎（2）	中林・伊藤・鬼頭共著	196	2300円
15.	(16回)	流体機械の基礎	井上・鎌田共著	232	2500円
17.	(13回)	工業熱力学（1）	伊藤・山下共著	240	2700円
18.	(20回)	工業熱力学（2）	伊藤猛宏著	302	3300円
21.	(14回)	蒸気原動機	谷口・工藤共著	228	2700円
23.	(23回)	改訂 内燃機関	廣安・寶諸・大山共著	240	3000円
24.	(11回)	溶融加工学	大・中・荒木共著	268	3000円
25.	(29回)	新版 工作機械工学	伊東・森脇共著	254	2900円
27.	(4回)	機械加工学	中島・鳴瀧共著	242	2800円
28.	(12回)	生産工学	岩田・中沢共著	210	2500円
29.	(10回)	制御工学	須田信英著	268	2800円
30.		計測工学	山本・宮城・臼田・高辻・榊原共著		
31.	(22回)	システム工学	足立・酒井・髙橋・飯國共著	224	2700円

定価は本体価格+税です。
定価は変更されることがありますのでご了承下さい。

図書目録進呈◆